O último suspiro de César

Sam Kean

O último suspiro de César

A história épica do ar à nossa volta

Tradução:
Maria Luiza X. de A. Borges

Revisão técnica:
Samira Portugal
professora do Instituto de Biociências/Unirio

Título original:
Caesar's Last Breath
(*Decoding the Secrets of the Air Around Us*)

Tradução autorizada da primeira edição americana,
publicada em 2017 por Little, Brown and Company,
de Nova York, Estados Unidos

Copyright © 2017, Sam Kean

Copyright da edição brasileira © 2019:
Jorge Zahar Editor Ltda.
rua Marquês de S. Vicente 99 – 1º | 22451-041 Rio de Janeiro, RJ
tel (21) 2529-4750 | fax (21) 2529-4787
editora@zahar.com.br | www.zahar.com.br

Grafia atualizada respeitando o novo
Acordo Ortográfico da Língua Portuguesa

Preparação: Angela Ramalho Vianna
Revisão: Carolina Sampaio, Eduardo Monteiro
Capa: Sérgio Campante | Indexação: Gabriella Russano

CIP-Brasil. Catalogação na publicação
Sindicato Nacional dos Editores de Livros, RJ

K33u Kean, Sam
 O último suspiro de César: a história épica do ar à nossa volta/Sam Kean; tradução Maria Luiza X. de A. Borges; revisão técnica Samira Portugal. – 1.ed. – Rio de Janeiro: Zahar, 2019.

      il.

 Tradução de: Caesar's last breath
 Inclui bibliografia e índice
 ISBN 978-85-378-1843-5

 1. Ciência – História. 2. Ar 3. Atmosfera. I. Borges, Maria Luiza X. de A. II. Portugal, Samira. III. Título.

              CDD: 551.51
19-56965   CDU: 551.51

Meri Gleice Rodrigues de Souza – Bibliotecária – CRB-7/6439

"Ver o mundo num grão de areia
E o céu numa flor do campo,
Conter o infinito na palma da mão
E a eternidade em uma hora."

William Blake, "Auguries of innocence"

Sumário

Introdução
O último suspiro

Permita-me submetê-lo a um modesto experimento. Durante os próximos segundos, tente prestar muita atenção ao ar que sai do seu corpo, como se ele fosse seu último suspiro de vida na Terra. Quanto você sabe realmente sobre esse ar? Sinta seus pulmões se esvaziarem e afrouxarem dentro do peito. O que de fato está acontecendo lá dentro? Ponha a mão diante de seus lábios e sinta como o gás que escapa deles se transformou dentro de você, ficando mais quente e mais úmido, talvez adquirindo um odor. Que espécie de alquimia causou isso? E embora seu sentido do tato esteja longe de ter capacidade de discriminação suficiente, imagine que consegue sentir cada molécula de gás batendo nas pontas de seus dedos, minúsculos halteres colidindo e ricocheteando no ar à sua volta. Quantas são essas moléculas e para onde elas vão?

Algumas não vão longe. Assim que você respira de novo, elas voltam correndo para seus pulmões como ondas que se lançam na praia antes de serem recolhidas pelo mar. Outras se afastam um pouco mais e correm para a liberdade no quarto ao lado antes de retornar também, filhos pródigos em miniatura. A maioria simplesmente se junta às massas anônimas da atmosfera e começa a se espalhar em volta do globo. Mas mesmo nesse caso, talvez meses mais tarde, alguns cansados peregrinos voltarão cambaleando para você. É possível que você seja uma pessoa muito diferente entre o primeiro e o segundo encontro com essas moléculas, mas os fantasmas de respirações passadas continuam a esvoaçar à sua volta cada segundo de cada hora, confrontando-o com cada ontem.

Claro que você não é o único a experimentar isso; a mesma coisa acontece com todas as outras pessoas na Terra. Além do mais, seus fantasmas estão quase certamente emaranhados com os delas, pois elas decerto inalaram e expeliram e voltaram a inspirar algumas dessas mesmas moléculas depois de você – ou mesmo antes. De fato, se você está lendo isso em público, está inalando a exalação de cada pessoa à sua volta nesse instante – ar de segunda mão. Sua reação a isso provavelmente dependerá da companhia em que estiver. Às vezes gostamos dessa mistura de ares, igual a quando amantes se inclinam sobre nós e sentimos seu hálito em nosso pescoço; às vezes o abominamos, como quando o tagarela ao nosso lado no avião comeu alho no almoço. Mas, a menos que respiremos num tanque, não escapamos do ar daqueles que nos cercam. Reciclamos o hálito de nossos vizinhos o tempo todo, mesmo vizinhos distantes. Assim como a luz de estrelas pode se refletir em nossa íris, o que perdura da respiração de um estranho de Tombuctu pode chegar flutuando na próxima brisa.

No que é ainda mais assombroso, nosso hálito pode nos enredar com o passado histórico. É possível que algumas das moléculas em sua próxima respiração sejam emissárias do 11 de Setembro, da queda do Muro de Berlim ou testemunhas da Primeira Guerra Mundial. E se expandirmos nossa imaginação o suficiente no espaço e no tempo, evocamos algumas perspectivas fascinantes. Por exemplo, será possível que sua próxima respiração – esta, agora mesmo – inclua um pouco do mesmo ar que Júlio César exalou quando morreu?

Você conhece a história. Os idos de março, Roma, 44 a.C. Júlio César – *pontifex maximus*, *dictator perpetuo*, o xará de julho e o primeiro romano vivo a ter sua imagem numa moeda – entra na sala de reunião do Senado, parecendo surpreendentemente lépido após uma noite conturbada. Num jantar a que comparecera, a conversa derivara para o assunto um tanto mórbido da melhor maneira de morrer. (César havia declarado sua preferência por uma morte repentina, inesperada.) Epiléptico, ele havia também dormido mal aquela noite, e sua mulher tivera sonhos agourentos sobre a casa deles desmoronando enquanto ela segurava um César ensanguentado nos braços.

Em consequência de tudo isso, ele quase ficou em casa naquela manhã. Mas no último minuto mandou seus criados prepararem a liteira, e enquanto seu séquito dirigia-se para o Fórum, finalmente relaxou, seu fôlego tornou-se mais livre e natural. Até caçoou de um adivinho pelo caminho, um homem que um mês antes profetizara ruína para César em algum momento antes de meados de março. César encheu os pulmões e gritou: "Os idos de março chegaram!" O vidente respondeu sem sorrir: "Sim, César, mas não passaram."

Quando César entrou na sala de reunião, centenas de senadores se levantaram. Estava provavelmente abafado ali dentro, pois a respiração misturada e o calor corporal de todos aqueciam o ar havia algum tempo. Antes que César pudesse se acomodar em sua cadeira dourada, porém, um senador chamado Címber aproximou-se dele com um pedido de perdão para o irmão. Címber sabia que César jamais o concederia, mas esse era o objetivo. Címber continuou suplicando e César continuou negando, e sessenta senadores tiveram nesse momento uma oportunidade para avançar furtivamente, como se oferecessem apoio. César continuava sentado entre eles, imperial e cada vez mais irritado. Tentou interromper a discussão, mas Címber pôs as mãos em concha sobre os ombros de César como para lhe fazer um rogo – em seguida puxou para baixo sua toga púrpura, expondo o peito de César.

– Ora, isso é uma violência – disse César. Ele não fazia ideia do quanto estava certo. Um senador chamado Casca deu-lhe uma estocada com seu punhal um instante depois, fazendo um talho no pescoço de César. – Casca, seu canalha, o que está fazendo? – bradou César, mais atônito que furioso. Contudo, quando a multidão dos "suplicantes" avançou sobre ele, cada um dos homens puxou a própria toga para um lado, expondo um pouco de pele, e abriu a bolsa de couro no cinto, onde normalmente se guardava um estilo. Em vez de sessenta penas, sessenta punhais de ferro emergiram. César finalmente entendeu. *Sic semper tyrannis.**

César defendeu-se no princípio, mas após as primeiras punhaladas o piso de mármore sob suas sandálias ficou escorregadio de sangue. Ele logo se enredou em seus trajes e caiu. Diante disso os assassinos precipitaram-se,

---

* "Assim sempre aos tiranos." A frase latina é uma versão abreviada de *Sic semper evello mortem tyrannis*: "Assim sempre eu levo a morte aos tiranos." (N.T.)

apunhalando César 23 vezes ao todo. Ao examinar o corpo mais tarde, o médico determinou que 22 dos talhos eram superficiais. Sem dúvida o corpo de César foi tomado de pânico um pouco mais a cada ferimento, e o choque teria retirado sangue da periferia para o centro, a fim de manter o oxigênio fluindo para os órgãos vitais. Mas ele ainda teria sobrevivido, disse o médico, não fosse por uma das perfurações: uma única punhalada no coração.

Segundo a maior parte das narrativas, César enrolou-se na toga antes de cair e morreu sem um gemido. Mas, de acordo com um relato – e é fácil ver por que esse relato, mais que todos os outros, cativou as pessoas por 2 mil anos –, César sentiu uma punhalada na virilha pouco antes de cair e limpar os olhos lambuzados de sangue. Ao fazê-lo, avistou seu protegido Brutus no meio do bando, um brilho vermelho no punhal. César compreendeu e murmurou: "Até tu, meu filho?", entre perguntando e afirmando. Em seguida cobriu-se para preservar um pouco de dignidade e desabou no chão com um último e doloroso suspiro. O que "aconteceu" então com essa exalação? A princípio a resposta parece óbvia: desapareceu. César morreu tanto tempo atrás que pouco resta do prédio onde ele tombou, muito menos de seu corpo, queimado até se reduzir a cinzas. Os punhais de ferro provavelmente já se desintegraram, transformados em crosta de poeira pela ferrugem. Como poderia então algo tão efêmero quanto uma exalação ainda perdurar? Na melhor das hipóteses, a atmosfera se expande tão amplamente que o último suspiro de César decerto dissolveu-se no nada, a essa altura eliminado no éter. Você pode cortar uma veia no oceano, mas não espera que meio litro de sangue seja lançado à praia 2 mil anos depois.

Quero dizer, considere os números. Seus pulmões expelem meio litro de ar a cada respiração normal; um César arquejante provavelmente exalou um litro inteiro, volume equivalente a um balão com treze centímetros de largura. Agora compare esse balão com o simples tamanho da atmosfera. Dependendo do lugar onde você a corta, a massa da atmosfera forma uma concha em volta da Terra de cerca de dezesseis quilômetros de altura. Dadas essas dimensões, essa concha tem um volume de 8,3 bilhões de quilômetros cúbicos. Comparada com a totalidade da atmosfera,

A morte de César, de Vincenzo Camuccini.

portanto, uma exalação de um litro representa 0,0000000000000000001% do ar na Terra. Veja que pequenez: imagine reunir todas as 100 bilhões de pessoas que já viveram – você, eu, o último imperador romano, o papa e o Dr. Who. Se deixarmos esses bilhões de pessoas representarem a atmosfera, e reduzirmos nossa população por essa porcentagem, teríamos exatamente 0,00000000001 "pessoa" sobrando, um pontinho de algumas centenas de células, realmente um último suspiro. Comparado com a atmosfera, o arquejo de César parece um erro de arredondamento, uma insignificância, e a probabilidade de encontrar alguma coisa dele em sua próxima respiração parece zero.

Antes de fecharmos a porta à possibilidade, contudo, considere a rapidez com que os gases se espalham em torno do planeta. Dentro de duas semanas, ventos dominantes terão alastrado o último suspiro de César pelo mundo todo, numa faixa aproximadamente na mesma latitude que Roma – através do mar Cáspio, através da Mongólia meridional, através de Chicago e de Cape Cod. Em dois meses, a exalação cobriria todo o hemisfério Norte. E dentro de um ou dois anos, o globo inteiro. (O mesmo continua a ser verdade hoje, naturalmente – qualquer exalação, arroto ou gás de escapamento em qualquer lugar da Terra levará aproximadamente duas semanas, dois meses ou um ou dois anos para chegar a você, dependendo de sua localização relativa.)

Certamente, contudo, esses ventos teriam espalhado a exalação de tal modo que nada restaria dela, não? A amplitude da exalação não a teria apagado? Talvez não. Até aqui tratamos a exalação de César como uma única massa, uma única coisa. Mas, se esquadrinharmos bem, essa massa singular de ar se divide nos pixels de moléculas discretas. Assim, enquanto em um nível (o nível humano) o último suspiro de César parece de fato ter desaparecido na atmosfera, num nível microscópico essa exalação não desapareceu em absoluto, pois as moléculas individuais que o constituem ainda existem. (Por mais "mole" que o ar pareça, a maioria de suas moléculas é bastante dura: as ligações que vinculam seus átomos são algumas das mais fortes na natureza.) Assim, ao perguntar se você acaba de inalar um pouco do último suspiro de César, estou realmente perguntando se você inalou quaisquer *moléculas* que ele por acaso tenha expelido naquele momento.

A resposta, claro, depende do número de moléculas de que estamos falando. E, com um pouco de química para iniciantes, você pode calcular que um litro de ar em qualquer tipo de temperatura e pressão razoável corresponde a aproximadamente 25 sextilhões (25.000.000.000.000.000.000.000) de moléculas. Este é um número assombroso, incompreensivelmente grande. Imagine Bill Gates convertendo em dinheiro toda a sua fortuna de US$80 bilhões, transformando-a em notas de US$1 e depois enfiando-as debaixo do colchão. Imagine em seguida que ele retira cada dólar, um a um, e usa cada um deles como capital inicial para fundar mais uma empresa de software. Agora imagine que cada uma dessas 80 bilhões de companhias seja um tremendo sucesso e produza por si só um lucro de US$80 bilhões. Some todo esse dinheiro – 80 bilhões vezes 80 bilhões –, e você ainda terá um número quatro vezes menor que o das moléculas que inala a cada respiração. Todas as estradas e todos os canais do mundo e todos os aeroportos na história da humanidade lidaram com muito menos tráfego do que nossos pulmões a cada segundo. Dessa perspectiva, o último suspiro de César parece incontável, e parece inevitável que você inale pelo menos algumas moléculas dele em sua próxima respiração.

Sendo assim, que número leva a melhor? O número gigantesco de moléculas que César expeliu ou a insignificância de cada respiração singular comparada à atmosfera? Para responder, talvez ajude considerar uma situação análoga, uma fuga em massa da prisão e a perseguição a alguém.

Digamos que todos os trezentos prisioneiros de Alcatraz em seu apogeu – Al Capone, Robert "Birdman" Stroud, George "Machine Gun" Kelly e 297 amigos do peito – dominaram os guardas, arranjaram alguns barcos e fugiram para o continente. Digamos também que, sendo espertos, os fugitivos evitam São Francisco e (mais ou menos como um gás) espalham-se por todo o país para reduzir as chances de serem capturados. Digamos finalmente que você está um pouco paranoico em relação a tudo isso, e quer saber se há probabilidade de que algum fugitivo vá parar na sua cidade natal. Seus temores se justificam?

Bom, os Estados Unidos cobrem 9 milhões e 800 mil quilômetros quadrados. Considerando-se trezentos prisioneiros, isso dá cerca de um fugitivo por 32 mil quilômetros quadrados. Minha cidade natal, em Dakota do Sul, se espalha por cerca de 194 quilômetros quadrados de pradaria, portanto, o número de fugitivos de Alcatraz que poderíamos esperar por lá – divida 194 por 32 mil – é 0,006. Em outras palavras, zero. Não podemos ter certeza de que seja zero porque um deles poderia aparecer aleatoriamente. Mas com toda a probabilidade Alcatraz simplesmente não teria inundado o país com um número suficiente de bandidos para transformar minha cidade natal num provável refúgio.

Há, no entanto, prisões maiores que Alcatraz. Imagine a mesma situação hipotética acontecendo na Cook County Jail, em Chicago, que abriga 10 mil detentos. Como mais prisioneiros estariam inundando o país, a probabilidade de que um fosse parar em minha cidade natal aumentaria para cerca de 20%. Ainda não é uma certeza, mas de repente estou suando. Evidentemente a probabilidade aumentaria ainda mais se toda a população carcerária dos Estados Unidos (incríveis 2,2 milhões de pessoas) escapasse ao mesmo tempo. Desta vez o número de presidiários fugindo da polícia em minha cidade natal saltaria para 43 – não por cento, mas 43 fugitivos reais. Em outras palavras, com Alcatraz, o tamanho pequenino de minha cidade natal a manteria a salvo dentro dos vastos Estados Unidos. Mas numa evasão apocalíptica, de âmbito nacional, o simples número de fugitivos superaria essa pequenez e quase asseguraria que alguns dos bandidos ali se refugiassem.

Com isso em mente, considere mais uma vez o último suspiro de César. As moléculas de ar que saem de seus pulmões são os prisioneiros fugindo de suas celas. Sua difusão através do país é a difusão das moléculas de gás na atmosfera. E a probabilidade de um prisioneiro acabar numa dada cidade (relativamente pequenina) é a probabilidade de qualquer uma das moléculas ser inalada em sua (relativamente pequenina) próxima respiração. Assim, a questão torna-se: está o último suspiro de César, como Alcatraz, derramando muito poucas moléculas no ar para fazer diferença? Ou ele se assemelha à fuga de toda a população carcerária dos Estados Unidos, o que o torna uma certeza estatística?

Algum lugar entre uma coisa e outra. Mais ou menos como matéria encontrando antimatéria, as 25.000.000.000.000.000.000.000 moléculas e o 0,0000000000000000001% se cancelam mutuamente de maneira quase exata. Quando você fizer os cálculos, descobrirá que aproximadamente uma partícula do "ar de César" vai aparecer em sua próxima respiração. Esse número pode cair um pouco dependendo das suposições que você faz, mas é muitíssimo provável que você tenha acabado de inalar um dos mesmíssimos átomos que César usou para proferir seu grito consternado contra Brutus. E é uma certeza que, no curso de um dia, você inala milhares deles.

Pense nisso. Através de toda essa distância de tempo e espaço, algumas das moléculas que dançavam dentro dos pulmões de César estão dançando dentro dos seus agora mesmo. E, dada a frequência com que respiramos (uma vez a cada quatro segundos), isso acontece 20 mil vezes por dia. Ao longo dos anos você poderia até incorporar algumas delas em seu corpo. Nada líquido ou sólido de Júlio César perdura. Mas você e César são quase parentes. Para citar de maneira equivocada um poeta, os átomos que pertencem à respiração dele praticamente pertencem a você.

V<small>EJA</small> <small>BEM</small>, não há nada de especial em relação a César, tampouco. Ouvi variantes do problema do "suspiro de César" que usavam Jesus na cruz como protagonista (frequentei uma escola católica), e você realmente poderia escolher qualquer pessoa que tenha padecido um último suspiro atroz: as massas em Pompeia, as vítimas de Jack o Estripador, os soldados que morreram durante ataques com gás na Primeira Guerra Mundial. Ou eu poderia ter escolhido qualquer pessoa que morreu na cama, cujo último suspiro foi sereno – a física é idêntica. Droga, eu poderia ter escolhido Rin-Tin-Tin ou Jumbo, o enorme elefante de circo. Pense em qualquer coisa que já tenha respirado, de bactérias a baleias-azuis, e um pouco de sua respiração estará circulando dentro de você agora, ou estará em breve.

Não deveríamos nos limitar tampouco a histórias sobre respiração. O exercício "Quantas moléculas no último suspiro de X" tornou-se um experimento mental clássico em cursos de física e química. Mas sempre que ouvi alguém discorrer sobre o último suspiro de fulano de tal fiquei impaciente. Por que não ir mais longe e buscar a origem dessas moléculas de ar em fenômenos ainda maiores e mais extraordinários? Por que não contar a história completa de *todos* os gases que inalamos?

Veja, cada marco na história da Terra – das primeiras erupções vulcânicas hadeanas ao surgimento de vida complexa – dependeu muito do comportamento e da evolução dos gases. Eles não somente nos deram o ar, eles remodelaram os continentes sólidos e transfiguraram os oceanos líquidos. A história da Terra é a história de seus gases. Quase o mesmo pode ser dito sobre os seres humanos, sobretudo nos últimos séculos. Quando finalmente aprendemos a aproveitar a força física bruta dos gases, de súbito conseguimos fabricar máquinas a vapor e perfurar em segundos montanhas de 1 bilhão de anos com explosivos. De maneira semelhante, quando aprendemos a tirar proveito da química dos gases, pudemos finalmente produzir aço para a contrução de arranha-céus, abolir a dor em cirurgias e cultivar comida suficiente para alimentar o mundo. Como o último suspiro de César, essa história nos envolve a cada segundo: toda vez que o vento passa ruidosamente pelas árvores, ou um balão de ar quente se eleva no céu, ou um inexplicável cheiro de lavanda, menta ou mesmo de flatulência franze o seu nariz, você está repleto de química do ar. Ponha a mão em frente à boca mais uma vez e cheire-a: podemos captar o mundo numa única inspiração.

Esse é o objetivo de *O último suspiro de César*: tornar visíveis essas histórias invisíveis de gases, de modo que você possa vê-las tão claramente quanto seu hálito numa fria manhã de inverno. Em vários pontos do livro vamos nadar com porcos radioativos no oceano e caçar insetos do tamanho de bassês. Veremos Albert Einstein se esforçar para inventar uma geladeira melhor e viajaremos ao lado de pilotos que desencadeiam uma ultrassecreta "guerra meteorológica" no Vietnã. Marcharemos com multidões furiosas e seremos enterrados numa avalanche de vapores tão quente que o cérebro das pessoas cozinha dentro do crânio. Todas essas histórias giram em torno do surpreendente comportamento dos gases, gases de poços de lava e das tripas de micróbios, de tubos de ensaio e motores de carro, de cada canto da tabela periódica. Ainda respiramos a maior parte deles hoje, e cada capítulo deste livro escolhe um deles como lente para examinar o papel por vezes trágico, por vezes cômico, que os gases desempenharam na saga humana.

A primeira parte do livro, "A fabricação do ar: nossas quatro primeiras atmosferas", abrange gases na natureza. Isso inclui a formação de nosso planeta a partir de uma nuvem de gás espacial 4,5 bilhões de anos atrás. Mais tarde uma atmosfera apropriada emergiu, quando vulcões começaram a expelir gases das profundezas da Terra. Em seguida o surgimento de vida revolveu e remisturou essa atmosfera, levando à chamada "catástrofe do oxigênio" (que na realidade funcionou bastante bem para nós, animais). De forma geral, a primeira parte explica de onde vem o ar e como os gases se comportam em diferentes situações.

A segunda parte, "O aproveitamento do ar: a relação humana com o ar", examina como os seres humanos aproveitaram o talento especial de diferentes gases ao longo dos últimos séculos. Normalmente não pensamos no ar como algo com muita massa e peso, mas ele tem: se você traçasse um cilindro imaginário em volta da Torre Eiffel, o ar dentro dele pesaria mais que todo o metal. E porque têm peso, o ar e outros gases podem erguer, empurrar e até matar. Gases impulsionaram a Revolução Industrial e realizaram o antigo sonho da humanidade de voar.

A terceira parte do livro – "Fronteiras: os novos céus" – pesquisa como nossa relação com o ar evoluiu nas últimas décadas. Primeiramente, mudamos a composição do que respiramos: o ar que você inala agora não é o mesmo ar que seus avós inalavam em sua juventude, e é totalmente diferente do ar que as pessoas respiravam três centenas de anos atrás. Começamos também a explorar as atmosferas dos planetas para além de nosso sistema solar, abrindo a possibilidade de que nossos descendentes abandonem a Terra por completo e comecem tudo de novo num planeta cheio de gases que ainda não podemos nem imaginar.

Além dessas grandes histórias, o livro também contém uma série de vinhetas, coletivamente chamadas "Interlúdios". Elas aprofundam os temas e ideias propostos nos capítulos principais e explicam o papel que os gases desempenham em fenômenos como refrigeração, iluminação doméstica e disfunção intestinal. (Só por diversão, algumas delas também se desviam para alguns tópicos não tão triviais, como a combustão espontânea e a "invasão" extraterrestre de Roswell.) Muitos dos gases apresentados nessas seções são componentes-traço do ar – compostos que constituem apenas algumas partes por milhão ou algumas partes por bilhão do que respiramos. Mas nesse contexto *traço* não quer dizer insignificante. Pense num copo de vinho. O vinho é 99% água e álcool, mas água e álcool apenas não fazem um vinho. Vinhos têm um grande número de outros sabores – toques de couro, chocolate, almíscar, ameixas e assim por diante. Precisamente dessa maneira, gases-traço no ar acrescentam nuances e conotações ao ar que respiramos e às histórias que contamos.

Se você pergunta às pessoas na rua o que é ar, obtém explicações muito diferentes, dependendo dos gases em que se concentram ou se estão falando sobre o ar no nível micro ou macroscópico. Isso é ótimo: o ar é grande o bastante para justificar todos esses pontos de vista. De fato, espero que este livro o obrigue a rever sua imagem mental do ar, e acho que sua noção de ar irá se transformar de capítulo para capítulo, deixando-o com uma visão mais holística sobre ele. Vale a pena perguntar a si mesmo o que você pensa do ar, também, porque ele é a coisa mais importante em seu ambiente neste momento. Você pode sobreviver sem comida, sem sólidos, por semanas. Pode sobreviver sem água, sem líquidos, por dias. Sem ar, sem gases, você duraria no máximo alguns minutos. Aposto, porém, que você passa o mínimo de tempo pensando sobre o que está respirando. *O último suspiro de César* pretende mudar isso. O ar puro é incolor e (idealmente) inodoro, e por si só parece nada. Isso não significa que seja mudo, que não tenha voz. Ele está aflito para contar sua história. Aqui está ela.

PARTE I

A fabricação do ar

Nossas quatro primeiras atmosferas

Em "A fabricação do ar" vamos examinar duas importantes questões: de onde vem nossa atmosfera e quais são seus principais ingredientes. Em toda a sua história, a Terra teve várias atmosferas distintas, cada qual com uma mistura singular de gases. Muitos desses gases vieram basicamente de vulcões e alguns deles remontam aos primeiríssimos dias de nosso planeta, muito antes de a vida existir. Mas a vida refez e retrabalhou a atmosfera de muitas formas desde então, especialmente pela adição de oxigênio.

1. O ar primitivo da Terra

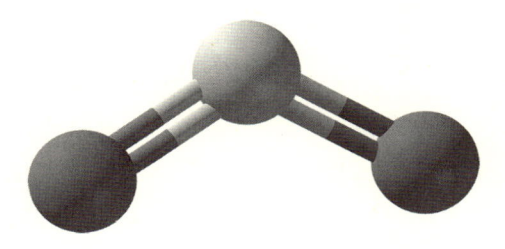

Dióxido de enxofre (SO_2) – atualmente 0,00001 parte por milhão no ar; você inala 120 bilhões de moléculas cada vez que respira.

Sulfeto de hidrogênio (H_2S) – atualmente 0,000005 parte por milhão; você inala 60 bilhões de moléculas cada vez que respira.

Foi o medo de ser assassinado que impeliu Harry Truman a se esconder no sopé do monte Santa Helena em 1926. Não *aquele* Harry Truman, embora este – Harry Randall Truman – de fato apreciasse seu xará. "Ele é um coroa destemido", dizia Truman sobre Truman. "Aposto que vai ser lembrado como um dos mais malditos presidentes." Este Truman sabia alguma coisa sobre ser um coroa destemido. Após fugir para o estado de Washington aos trinta anos, ele suportou 54 anos de invernos brutais, desoladores, sob o esplendor do monte Santa Helena. E mesmo quando o monte começou a fumegar, resfolegar e bramir, na primavera de 1980, isso não conseguiu desalojá-lo, exceto da maneira mais espetacular possível – explodindo-o diretamente para a atmosfera.

A família de lenhadores de Truman havia se mudado para o estado de Washington durante sua infância, e depois de se formar no ensino médio ele se alistou no Exército, servindo como mecânico de aviões durante a Primeira Guerra Mundial. (Contador de histórias nato, Truman afirmaria mais tarde que pilotou missões de combate no estrangeiro, com o cachecol branco ondulando atrás dele nos cockpits abertos da época.) De volta ao lar, casou-se com a filha do dono de uma serraria e tornou-se mecânico de automóveis, mas tanto o casamento quanto o emprego regular lhe pareciam entediantes. Ele tentou garimpar ouro, o que lhe pareceu pior que entediante, um completo pé no saco.

Assim, quando a Lei Seca foi baixada, Truman começou a contra-bandear bebida, trabalho mais condizente com seu temperamento. Des-respeitar a lei o empolgava, e ele gostava de dinheiro fácil. Apreciava também um drinque de vez em quando, e não agradava a ele ter um bando de bons samaritanos lhe fazendo sermões sobre os males do uís-que. Finalmente associou-se a alguns gângsteres no norte da Califórnia e começou a contrabandear bebida para a costa, abastecendo prostíbulos e bares clandestinos pelo caminho. Estava se divertindo a valer com tudo isso, mas em 1926 algo o assustou. Nunca disse exatamente o quê. Talvez tenha ficado amigo demais da namorada de alguém, ou tentado se intrometer no território de alguma quadrilha. Fosse como fosse, co-meçou a carregar uma metralhadora para toda parte. Um dia finalmente pegou a mulher e a filha e fugiu para se esconder nas florestas em torno do monte Santa Helena.

Para se virar, começou a administrar um posto de gasolina e um ar-mazém a cerca de cinco quilômetros ao norte do pico; pouco a pouco expandiu isso para um acampamento com cabanas e barcos de aluguel. O local logo se tornou popular. Esplêndidos pinheiros, alguns com 76 metros de altura e 2,5 metros de diâmetro, circundavam sua casa. Havia ainda o

O falastrão Harry Randall Truman tomando um copo de "xixi de pantera" em sua amada cabana à sombra do monte Santa Helena.

lago Spirit, uma faixa de água com quatro quilômetros de comprimento, tão fria e clara quanto gim congelado. Dada a distância, Truman podia continuar contrabandeando bebidas também, e ele armazenava na floresta vários barris de uísque feito em casa – que chamava de "xixi de pantera".

Sua mulher, por sua vez, achava o isolamento irritante. Não gostava tampouco de estar separada da filha, que estudava num internato a vários quilômetros de distância. Talvez inevitavelmente, Truman e ela divorciaram-se no início dos anos 1930. Ele rapidamente voltou a se casar em 1935, mas a segunda sra. Truman – absolutamente tão rabugenta e irascível quanto o próprio Truman – não durou muito. (Não ajudava que Truman tentasse "vencer" as discussões com ela jogando-a no lago Spirit. Ela não sabia nadar.) Assim, Harry tentou mais uma vez, primeiro cortejando outra garota do lugar e depois trocando-a pela irmã, Edna. Não foi exatamente um começo romântico, mas depois que se apaixonou por Eddie, Truman nunca mais conseguiu arrancar realmente a flecha de seu coração.

Eddie deve tê-lo amado imensamente também, porque Truman não parecia ser o mais fácil dos maridos. Na maioria das madrugadas, enquanto ele se desincumbia de suas tarefas, ela acordava cedo para preparar às pressas o café da manhã predileto dele: miolos de boi refogados e um copo de leite desnatado de acompanhamento. "Isso mantém um homem vi-i-ril", ele cacarejava. Eddie precisava também tolerar a boca do marido. Como ele falava depressa, as pessoas às vezes tinham dificuldade de entendê-lo, mas sempre era possível distinguir os palavrões. Os amigos eram "velhos patifes", ao passo que pessoas que ele conhecia menos eram "estúpidos filhos da puta". (Certa vez ele expulsou William Douglas, juiz da Suprema Corte, de sua propriedade por parecer um maricas, embora mais tarde tenham ficado amigos.) Truman também podia ser um sabe-tudo. Sempre que um fotógrafo aparecia por lá para fazer algumas fotos do monte Santa Helena, ele se intrometia: "Você tem de pôr um ser humano nessa porcaria", queixava-se. "Um pouco de interesse humano é o que significa tanto para a droga do público." Ouvindo suas entrevistas décadas mais tarde, depois que Truman ficou famoso, você poderia pensar que a palavra favorita dele era *piii*.

Depois de um dia bom alugando barcos no lago Spirit, Truman podia embolsar US$1.500 em espécie. Ele procurava Eddie no café que administravam juntos, entregava-lhe o dinheiro e em seguida se servia de um grande copo de seu xixi de pantera favorito – uísque Schenley misturado com Coca-Cola – e conversava fiado com os hóspedes. Como casal, às vezes eles esbanjavam dinheiro em coisas como o Cadillac 1956 cor-de-rosa de Harry, que não era exatamente prático nas estradas da montanha, mas que ele amava quase tanto quanto amava Eddie. O mais das vezes, contudo, eles reinvestiam o dinheiro nos acampamentos ou no café. Ou o poupavam para os meses magros, aqueles invernos em que caíam quase três metros de neve e o dinheiro ficava, adivinhe quem dizia, "mais apertado que traseiro de touro em época de mosca". Mas mesmo então Truman não podia deixar de se maravilhar com sua sorte, vivendo onde vivia. "Olhe para isso!", dizia ele, apontando para o monte Santa Helena. "Você nunca verá nada mais belo em toda a droga deste mundo que aquela velha montanha."

Por mais correto que fosse o sentimento – o monte Santa Helena era realmente belo, o ideal platônico da montanha coroada de neve –, isso era na verdade geologia ruim da parte de Truman, porque o cone do monte Santa Helena não era velho de maneira alguma; ele mal existia no tempo de Júlio César. Parece impossível que milhares de metros de montanha se elevassem em apenas alguns milhares de anos, mas o monte Santa Helena era um vulcão ativo, e vulcões ativos ganham altura rapidamente acumulando lava sobre as encostas. De fato, embora a montanha do Fogo (como os índios locais a chamavam) não tivesse entrado em erupção desde 1857, até um amador reconhecia as provas de erupções passadas em toda parte, como trilhas polvilhadas de cinzas antigas e pedras-pomes vulcânicas tão porosas que, quando lançadas ao lago Spirit, flutuavam. Volta e meia os visitantes sentiam um tremor também. Mas, para Truman, o perigo só aumentava a sedução da montanha.

Truman tinha vivido quase cinquenta anos à sombra do monte Santa Helena quando tudo aconteceu. Uma noite, em setembro de 1975, Eddie sentiu-se mal e foi se deitar cedo. Truman ia receber a visita de amigos da cidade naquela noite, e telefonou-lhes pedindo que levassem uma garrafa de Schenley para ele e um presente surpresa para Eddie, uma planta, para alegrá-la. Quando chegaram, ele levou a planta imediatamente para o quarto do casal – e voltou correndo escada abaixo logo depois. Falava ainda mais depressa que o normal, beirando a incoerência. "Eddie está passando mal! Eddie está passando mal!", foi tudo o que eles conseguiram entender. Na verdade, Eddie já havia morrido de um ataque cardíaco. No entanto, ele passou mais uma hora suplicando às pessoas que a ajudassem.

A morte de Eddie cavou um buraco dentro de Truman. Sorrisos só se abriam com relutância, e os amigos, que sempre tinham rido do quanto ele parecia ágil e em boa forma – "rijo como um touro", diziam dele –, agora comentavam como ele parecia alquebrado, revelando cada um de seus 79 anos. Durante os verões ele pelo menos tinha o acampamento para se distrair. Mas as pessoas se preocupavam com ele durante aqueles invernos que se estendiam por seis meses, quando, durante semanas a fio,

Truman não tinha outra companhia além do monte Santa Helena – duas figuras isoladas, solitárias, olhando uma para a outra através de quilômetros de floresta.

Mas esse isolamento estava prestes a acabar. Por volta da época em que Eddie morreu, alguns geólogos que haviam recolhido amostras de camadas de rochas em volta do monte Santa Helena anunciaram ter descoberto uma assustadora história de erupções no passado. Um relatório que publicaram em 1978 ia ainda mais longe, descrevendo a montanha como "mais ativa e mais explosiva durante os últimos 4.500 anos que qualquer outro vulcão nas áreas contíguas dos Estados Unidos". Palavras proféticas. Na natureza, belo muitas vezes significa mortífero, e aquele belo cone montanhoso era praticamente um cano de canhão.

O monte Santa Helena foi a maior lição de geologia da história americana. Isso possibilitou também, acredite ou não, uma fascinante olhadela nos primeiros dias de nosso planeta e na criação de nossa atmosfera. Em geral não pensamos no ar como algo criado – parece que ele simplesmente *existe* –, mas todos os planetas têm de fabricar sua atmosfera a partir do nada. E, por mais que possam parecer desagradáveis, os vapores vulcânicos forneceram os ingredientes básicos na Terra. A compreensão do ar, portanto, requer a compreensão dessas explosões de lava e gás – e não há lugar melhor para começar que a erupção mais detalhadamente examinada na história e o improvável herói que ajudou a torná-la famosa.

É POSSÍVEL ENCONTRAR a origem do perigo que se escondia debaixo do monte Santa Helena nos primeiríssimos dias do planeta Terra. Cerca de 4,5 bilhões de anos atrás, uma supernova explodiu em nossa região do cosmo e lançou uma onda de choque no espaço. Essa onda de choque colidiu com um mar constituído sobretudo de gás hidrogênio, que por acaso estava próximo, e despertou algo dentro dele, fazendo com que o mar se encapelasse e rodopiasse num vórtice em torno do centro. A gravidade acabou por sugar 99,9% desse ar, unindo-o para formar uma nova estrela, o Sol. A maior parte do gás remanescente foi empurrada para as bordas desse sistema solar incipiente, onde formou gigantes gasosos, como Júpiter e Saturno.

Enquanto isso, uma pequena quantidade de gás ficou encalhada entre o Sol e esses gigantes, e os elementos dentro dessa nuvem – oxigênio, carbono, silício, ferro e outros – começaram a se compactar, primeiro em grãos microscópicos, depois em penedos e asteroides, depois em rochas de tamanho continental. Como a gravidade é uma trabalhadora eficiente, essa aglomeração de pequenas partículas em grandes massas aconteceu depressa – 1 milhão de anos, segundo alguns cálculos. Quando um número suficiente de pedaços havia se aglutinado, vários planetas rochosos emergiram, incluindo a Terra. Tudo que está à sua volta, portanto, por mais sólido que pareça – o chão sob seus pés, o livro que você está segurando, até o seu corpo –, começou como um gás. Você *é* um ex-gás.

Embora pareça suspeito falar sobre um corpo sólido feito a Terra como um gás antigo, isso faz sentido se você examinar o que são fundamentalmente os sólidos e os gases. As moléculas num sólido têm um endereço fixo e não podem mudar muito de lugar; é por isso que os sólidos conservam tão bem a sua forma. Nos líquidos, as moléculas ainda se tocam e roçam umas nas outras, mas têm mais energia e mais liberdade para deslizar, o que explica por que os líquidos fluem e tomam a forma de seus recipientes. As moléculas de gás não se acotovelam de maneira alguma; elas são ferozes, com muito mais espaço entre os vizinhos. E quando acontece de as moléculas de gás se encontrarem, elas se chocam e ricocheteiam em novas direções, como um caótico jogo de bilhar em 3-D. Uma molécula comum de ar a 22°C corre de um lado para outro a milhares de quilômetros por hora.

Em algum nível, portanto, sólidos, líquidos e gases parecem inteiramente diferentes – e os cientistas antigos de fato classificavam água, gelo e vapor d'água como substâncias distintas. Hoje sabemos que isso não é verdade. Aqueça gelo sólido, e suas moléculas separam as cadeias e começam a deslizar de cá para lá como um líquido. Injete ainda mais energia térmica, e as moléculas líquidas saltam no ar e se tornam um gás. É tudo a mesma substância, apenas sob diferentes aspectos. E outros materiais também sofrem essa transformação. Não estamos acostumados a pensar sobre, digamos, o ferro, o silício ou o urânio dentro das rochas como vapores potenciais, mas cada elemento na tabela periódica pode se tornar um gás se estiver suficientemente quente. O processo inverso funciona também. Retire calor de um gás, e ele se condensará se tornando líquido. Subtraia mais calor, e um sólido se forma. O aumento da pressão em um gás pode também comprimir suas moléculas em estados menos lépidos da matéria.

Esses diferentes estados da matéria se mesclavam desconfortavelmente na Terra primitiva – uma massa fervente, derretida, que em nada se parecia com o planeta bem-arrumado que conhecemos hoje. De início, depois que as rochas espaciais (sólidas) começaram a se aglomerar para formar um planeta, as imensas pressões gravitacionais aí envolvidas dissolveram a maior parte delas, tornando-as líquidas. Líquidos mais densos (como ferro fundido) afundaram para o centro, enquanto os mais leves subiram – apenas para se ressolidificar na superfície quando encontravam o estímulo frio do espaço exterior. Em seu todo, essa Terra parecia um ovo, com uma gema composta sobretudo de ferro, um manto viscoso envolvendo-a e uma fina casca preta de rocha. A grande diferença consistia em que essa casca era fraturada em milhões de pedaços, com lava derretida escapando entre as rachaduras. A escuridão nunca baixava por completo sobre a Terra primitiva por causa do brilho laranja dessa lava, e não raro uma espuma dela saltava no ar, como fontes de um jardim no inferno.

Essa Terra primitiva tinha de fato uma atmosfera (atmosfera número um, para os que estão registrando), mas ela era tão esparsa que mal merecia esse nome. Consistia sobretudo em hidrogênio e hélio que tinham ficado encalhados entre o Sol e Júpiter. E não muito tempo depois que se formou, essa atmosfera desapareceu, quando o vento solar – uma grande tempestade de prótons e elétrons que se originou dentro do Sol – varreu esses gases da Terra, lançando-os no espaço. Muitos desses átomos de gases escaparam por si mesmos também. Uma lei dos gases diz que moléculas pequenas se movem mais rapidamente que moléculas grandes, pesadas. Hidrogênio e hélio situam-se no alto da tabela periódica como os elementos mais leves, e por isso mais rápidos, e todos os dias certa fração deles excedia a velocidade de escape da Terra (11,2 quilômetros por segundo). Como trilhões de minúsculos foguetes Saturno, eles davam então adeus à nossa infernal paisagem hadeana em busca da gélida calma do espaço sideral.

Logo surgiu uma segunda atmosfera no lugar da primeira, uma atmosfera produzida a partir do próprio solo. Assim como há oxigênio dissolvido no sangue e dióxido de carbono no champanhe, há gases dissolvidos no magma (lava subterrânea). E assim como o dióxido de carbono escapa sibilando de garrafas abertas, esse magma expelia os gases quando chegava a uma rachadura na superfície da Terra e a pressão sobre ele caía subitamente. Esses gases que escapavam provavelmente (os geólogos discutem sobre isso) consistiam sobretudo em vapor de água e dióxido de carbono, mas outros gases jorravam também. Se você algum dia já esteve perto de uma fenda vulcânica, é provável que adivinhe alguns deles, como os compostos sulfurosos que dão aos ovos podres e à pólvora seu cheiro (sulfeto de hidrogênio e dióxido de enxofre, respectivamente). As fendas também liberavam uma tênue névoa de quentes vapores metálicos, incluindo átomos de ouro e mercúrio. Coisas ótimas para se respirar.

Alguns geólogos afirmaram que todos esses gases foram expelidos velozmente do solo ao mesmo tempo – o chamado Big Belch ("Grande Arroto"). Infelizmente para aqueles que têm mentalidade pueril, o Big Belch provavelmente nunca aconteceu: em vez disso, a Terra parece ter acumulado seus gases deixando-os escapar pouco a pouco. Não que uma liberação gradual tornasse as coisas mais agradáveis. O vapor ainda teria escaldado sua pele, os gases compostos de enxofre ainda teriam esfolado seu nariz, os ácidos e amônia ainda teriam esfrangalhado seus pulmões. As pressões aí envolvidas tampouco eram agradáveis. O magma naquele tempo era muito mais efervescente, tendo uma concentração bem mais elevada de gases, e bilhões de toneladas de gases eram liberados a cada dia. A pressão do ar daí resultante, talvez cem vezes maior que os níveis atuais, teria implodido seu crânio e o teria esmagado, transformando você numa versão muito mais esférica. A mais ligeira brisa num ar tão denso o teria derrubado, arremessando-o aos trambolhões num poço de magma.

Essa segunda atmosfera não é o mesmo oceano de ar sob o qual vivemos hoje, e por algumas razões. O principal componente do ar naquela época, o vapor d'água, acabou por se condensar como chuva e começou a se acumular no solo em lagos e mares. A formação de mares e lagos também teve efeitos colaterais, porque o segundo ingrediente mais comum do ar de então, o dióxido de carbono, se dissolve facilmente na água e reage com os minerais ali presentes para formar precipitados sólidos. Isso remove o CO_2 de circulação.

Outra razão por que não vivemos hoje sob milhares de quilos de pressão é que asteroides extraviados (e/ou cometas) continuavam nos golpeando e arremessando aquele ar primitivo de volta ao espaço. Nem todo impacto era um desastre, contudo. Asteroides menores provavelmente até adicionavam gases à nossa atmosfera, a partir dos vapores presos dentro deles. Mas cada vez que nosso planeta capturava um dos grandes, aprendia uma dura lição sobre conservação de energia. Grande parte da energia cinética do movimento do asteroide era transformada em calor quando ele chegava ao destino, calor que fervia os gases atmosféricos até que se dissipassem no espaço. O resto da energia cinética criava uma gigantesca onda de choque que varria ainda mais ar para cima e para longe. Alguns geólogos afirmam que impactos como esses esvaziaram nossa atmosfera múltiplas vezes, desnudando-nos por completo. Se isso for verdade, em vez de nos referirmos à nossa atmosfera nascida de vulcões como *a* segunda atmosfera, deveríamos provavelmente falar sobre atmosferas 2a, 2b, 2c e assim por diante. Cada uma tinha a mesma mistura de gases, mas asteroides e cometas as esvaziavam incessantemente.

Uma dessas expulsões merece atenção especial, uma vez que também criou a Lua. Na realidade, a nossa é uma lua estranha. Todos os outros planetas dotados de satélites têm meros mosquitos circulando-os, corpos muito menores; nós temos um albatroz, um corpo com um quarto de nosso tamanho. No século XX, astrônomos conceberam várias teorias para explicar essa anomalia. Alguns afirmaram que a Lua se formou de maneira independente, como um planeta separado, e que nós um dia a agarramos em nossa luva de beisebol gravitacional, quando ela tentava passar por nós despercebida. Outros, aceitando uma sugestão do filho de Charles Darwin, o astrônomo George Darwin, afirmaram que a Lua de algum modo se cindiu da Terra em seus dias não muito sólidos, como uma célula-filha brotando de sua mãe.

Rochas colhidas na Lua em 1969 finalmente decidiram a questão, apontando para uma combinação dessas teorias. Entre outras pistas, as rochas lunares tinham menos gases voláteis presos dentro delas que as terrestres, sugerindo que alguma coisa havia evaporado esses gases. Para ferver e dissipar todos os gases dentro de um corpo tão grande quanto a Lua, no entanto, teriam sido necessárias enormes quantidades de calor, o que sugere uma colisão inconcebivelmente grande: quando os astrônomos fizeram os cálculos, descobriram que esse corpo impactante hipotético – agora chamado de Theia – era aproximadamente tão grande quanto Marte. Theia provavelmente se formou como um planeta separado num ponto diferente da órbita da Terra, alguns meses "atrás" ou "à frente" de nós, enquanto circulávamos o Sol. Mas a gravidade, aquela eterna intrometida, não podia tolerar dois planetas circulando na mesma vizinhança, e dentro dos primeiros 50 milhões de anos depois da sua formação, aproximadamente, decidiu bater um contra o outro como rochas. Os astrônomos chamam isso de Big Thwack ("Grande Paulada").

Se você está pensando aqui no asteroide que exterminou os dinossauros, pense de novo. Aquela pancada produziu colunas de fogo saídas diretamente do Êxodo, sem dúvida, e jogou para o alto poeira suficiente para obscurecer o Sol durante vários anos. Mas a Terra como um todo mal se abalou: mesmo depois que o pardal rachou o para-brisa, o carro continuou avançando. O que aconteceu com Theia foi mais semelhante a uma trombada com um alce – um grande dano estrutural. A colisão não apenas ejetou nossa atmosfera, mas é possível também que tenha fervido os oceanos e vaporizado continentes inteiros de rocha. Ela também sulcou profundamente o manto e deixou a Terra torta, como se alguém tivesse socado um globo de mesa. O planeta Theia vaporizou-se, e a maior parte dos restos gasosos começou a fluir para o espaço e a girar à nossa volta, criando nosso anel celeste. Mas, diferentemente dos anéis de Saturno, que são sobretudo gelo e rochas, esse quentíssimo anel de gás acabou esfriando e se aglutinou na Lua.

A longo prazo, o impacto de Theia nos deu toda espécie de coisas poéticas, como luas cheias e até primavera e outono, uma vez que cutucou a Terra, inclinando-a de lado em relação a seu eixo vertical, e propiciou a luz solar variável que produz as estações. A curto prazo, porém, Theia conseguiu tornar nosso planeta ainda menos hospitaleiro que antes. Em particular, ficamos com uma atmosfera ainda mais quente e desagradável que a atmosfera vulcânica que a precedera. Essa atmosfera, que durou talvez mil anos, consistia sobretudo em silício abrasadoramente quente (pense em areia vaporizada) perfurado por "chuva" de ferro. Ela teria um travo salgado também, por causa de vapores de cloreto de sódio; imagine cada respiração com o gosto de um pingo de sal.

A nova Lua velava por tudo isso de uma altura de apenas 24.140 quilômetros; ela aparecia no céu doze vezes maior que o Sol de hoje. E seu estado abrasador, fundido, devia deixá-la brilhando como um olho roxo, injetado de sangue. Podia haver poesia nessa Lua, mas era mais Dante que Frost.

Por fim restaram ao sistema solar poucos asteroides com que bombardear a Terra (pelo menos regularmente). Em consequência, quaisquer gases que se acumulassem em nossa atmosfera podiam permanecer por aqui em vez de ser arremessados no espaço. De maneira também importante, os vulcões propriamente ditos emergiram. É provável que eles não fossem comuns na Terra muito primitiva, porque o magma podia expelir seus gases mais facilmente através das rachaduras na casca externa semifundida. Mas quando as rochas espaciais pararam de nos atingir, o planeta esfriou e adquiriu uma crosta superficial dura, com muito menos rachaduras; em vez disso, o magma começou a se acumular em poços subterrâneos. Como esse magma ainda continha gases dissolvidos, a pressão dentro dos poços muitas vezes aumentava até níveis perigosos. Com o tempo, a pressão ficava tão elevada que lava e gases quentes irrompiam através da rocha que os recobria e queimavam tudo em seu caminho.

Embora o magma hoje seja muito menos efervescente que outrora, esse ciclo de bilhões de anos de pressão se acumulando sob o solo e depois explodindo para cima ainda continua. De fato, foi exatamente o que aconteceu com o monte Santa Helena em 1980.

A MORTE DE EDDIE depauperou Truman. Dias e semanas passavam despercebidos em letargia, e ele se tornou distraído e negligente no trabalho. Ao derrubar uma árvore, ela atingiu-o na cabeça. Ele prendeu a mão numa máquina limpa-neve. Desmaiou ao cair da varanda e despertou na neve de ceroulas. O acampamento também sofria. Sem Eddie para fazer a cama dos hóspedes, as cabanas pareciam desmazeladas. Truman também fracassava como cozinheiro. Eddie nunca chegara exatamente a merecer uma estrela Michelin no café; entre outras iguarias, servia cachorro-quente e hambúrguer num massudo pão branco. Mas Truman deixava os comensais com transtorno do estresse pós-traumático culinário. O almoço podia ser manteiga de amendoim com cebolas, ao passo que o jantar consistia em "sopa de frango", uma carcaça de ave fervida com 25 dentes de alho. Você quase se perguntava se ele estava tentando afugentar os fregueses.

No entanto, se Truman se sentia desanimado, a montanha que se agigantava sobre ele tornava-se cada mês mais cheia de energia, devido a deslocamentos nas placas continentais debaixo dela. Em 1980 as expressões "deriva continental" e "tectônica de placas" apenas começavam a parecer confortáveis na boca dos geólogos – situação que poucos deles teriam previsto quinze anos antes. A primeira pessoa a propor a teoria da deriva continental foi o meteorologista alemão Alfred Wegener, que passou o início dos anos 1900 quebrando a cabeça diante do fato de que as bordas da América do Sul e da África pareciam se encaixar como fragmentos quebrados de cerâmica. Ele observou que os dois continentes compartilhavam fósseis semelhantes também, e depois de levar um tiro na garganta durante a Primeira Guerra Mundial, decidiu passar sua convalescença escrevendo um livro no qual propunha que os continentes se apoiavam sobre grandes placas que ao longo do tempo tinham de alguma maneira se deslocado.

Dizer que os geólogos não acataram a teoria de Wegener é mais ou menos dizer que o general Sherman não teve a mais calorosa das acolhidas em Atlanta.* Os geólogos abominaram a tectônica de placas e chegavam a se comprazer com essa abominação. Mas, à medida que um número de provas cada vez maior foi aparecendo durante todos os anos 1940 e 1950, a deriva de placas continentais deixou de parecer tola. A balança enfim se inclinou no final dos anos 1960, e, numa das reviravoltas mais assombrosas da história da ciência, em 1980 praticamente todos os geólogos na face da Terra tinham aceitado as ideias de Wegener. A derrota foi tão completa que hoje temos dificuldade em avaliar a importância da teoria. Da mesma maneira que a teoria da seleção natural embasou a biologia, a tectônica de placas tomou uma miscelânea de fatos sobre terremotos, montanhas, vulcões e atmosfera e fundiu-os num único esquema abrangente.

Placas continentais podem às vezes se deslocar repentinamente de forma brusca, em solavancos que chamamos de terremotos. De maneira muito mais comum, as placas se esfregam umas nas outras, movendo-se aproximadamente no ritmo em que as unhas crescem. (Pense sobre isso da próxima vez que cortar as unhas: estamos esse tanto mais próximos do Big One.**) Quando uma placa desliza sob a outra, num processo chamado subducção, essa fricção produz calor, que derrete a placa inferior reduzindo-a a magma. Parte desse magma desaparece nas entranhas da Terra; mas a fração mais leve dela realmente volta a subir através de rachaduras aleatórias na crosta, deslizando em direção à superfície. (É por isso que nacos de pedra-pomes, uma rocha vulcânica, flutuam quando lançados na água, porque essa pedra vem de material com baixa densidade.) O calor do atrito também libera dióxido de carbono a partir da placa que se funde, bem como quantidades menores de sulfeto de hidrogênio, dióxido de enxofre e outros gases, inclusive quantidades-traço de nitrogênio.

---

* Alusão à Batalha de Atlanta, episódio da Guerra Civil Americana ocorrido em julho de 1864. (N.T.)
** Terremoto hipotético de magnitude 8,0 ou maior que atingiria a área ao longo da falha de San Andreas, na Califórnia. (N.T.)

Nesse meio-tempo, enquanto o magma quente é empurrado para cima através de rachaduras na crosta, a água na crosta filtra-se para baixo através das mesmas rachaduras. E é aqui que as coisas ficam perigosas. Um fato essencial sobre os gases – e que surge a todo momento – é que eles se expandem quando aquecidos. Um fato relacionado a esse é que a versão gasosa de uma substância sempre ocupa muito mais espaço que sua versão líquida ou sólida. Assim, quando essa água líquida que goteja para baixo encontra aquele magma borbulhando para cima, a água transforma-se, num átimo, em vapor e se expande com a força de uma supernova, ocupando subitamente um volume 1.700 vezes maior que antes. Os bombeiros têm um motivo especial para temer esse fenômeno: quando eles jogam água fria sobre chamas quentes, sibilantes, a explosão de vapor num espaço fechado pode queimá-los instantaneamente. O mesmo ocorre com os vulcões. Ficamos de olho na lava laranja que jorra em abundância pelas encostas, mas são os gases que causam as explosões e produzem a maior parte do dano.

No mundo todo, há aproximadamente seiscentos vulcões ativos. A maioria deles situa-se ao longo do famoso Anel de Fogo ao redor do oceano Pacífico, que se assenta sobre várias placas instáveis. No caso do monte Santa Helena, a placa Juan de Fuca, ao largo do estado de Washington, se atrita contra a placa Norte-Americana, aproximadamente 160 quilômetros abaixo da superfície. Essa profundidade deixa uma pesada calota de rocha sobre os poços de magma, evitando que vapores nocivos sejam expelidos constantemente. Mas quando uma dessas cavidades profundas estoura, a artilharia é bem mais pesada.

No dia 20 de março de 1980, um tremor de magnitude 4,0 sacudiu o monte Santa Helena. Sentir o chão estremecer não era incomum naquelas bandas, mas, ao contrário do que ocorrera em terremotos anteriores, desta vez o solo continuou sacudindo. Num período normal de cinco anos, o monte Santa Helena podia sofrer quarenta tremores. Na semana após 20 de março, ele foi sacudido cem vezes.

Isso pôs os cientistas numa posição delicada. Eles não queriam alarmar o público quanto a uma erupção que poderia nunca acontecer. Apenas cinco anos antes uma previsão apocalíptica relativa ao vulcão do monte Baker, ao norte de Seattle, tinha falhado, fazendo os geólogos passarem por tolos. Entretanto, o monte Santa Helena não iria se acalmar. Em 27 de março um penacho de fumaça abriu caminho através do pico, elevando-se a mais de 2.100 metros e manchando de preto a neve branca. Pouco depois, funcionários estaduais fecharam todas as estradas em volta do monte com barricadas. De maneira mais controversa, começaram a evacuar os residentes à força. Um jovem geólogo louro chamado David Johnston explicou o raciocínio para os repórteres: "É como ficar parado junto de um barril de dinamite. O estopim está aceso, mas você não sabe qual é o comprimento dele."

Um residente da zona de evacuação, no entanto, decidiu que o governo não sabia de que diabo estava falando. Harry Truman, a apenas 4,8 quilômetros de distância daquele cone belo, mortífero, desprezou o primeiro tremor como uma mera avalanche. Mesmo durante o violento ataque de tremores secundários, ele se recusou a acreditar que estava em perigo. Vivera a maior parte de sua vida à sombra da montanha, incluindo os melhores anos com Eddie.

Logo se espalhou o rumor sobre "o homem que não queria deixar a montanha", especialmente entre os repórteres, que estavam achando a vigília em torno do vulcão frustrante. Com exceção da fala sobre o "barril de dinamite" de Johnston, repórteres em busca de fatos concretos não conseguiam extrair muita coisa dos geólogos, que faziam ressalvas a cada previsão e depois faziam ressalvas às ressalvas. Assim, a maioria das reportagens ia em sentido inverso, mal mencionando a ciência e enfatizando a cor local. Como Truman costumava dizer para os fotógrafos, você precisa da porcaria de um ser humano na coisa para manter as pessoas interessadas, e sua rotina de velho rabugento – ele até usava meias com sandálias – funcionava bem na mídia. Durante décadas Truman de fato evitara publicidade, ainda com pavor de que alguém de seus dias de contrabando de bebida aparecesse para lhe dar um tiro. Mas que diabo, estamos agora em 1980, isso fora meio século atrás, e Truman descobriu que gostava de contar velhas histórias para novos ouvidos. Como aquela vez em que lutou com um urso com um ancinho, vestindo apenas uma cueca. Ou a vez em que alimentou a lenda do Pé Grande* entalhando dois grandes pés de madeira e deixando pegadas na neve. Tirou também a poeira de várias histórias da Primeira Guerra Mundial, e afirmou que andava pensando em colocar seu velho capacete de piloto e jogar uma bomba na cratera para fechá-la.

Além de contar histórias, Truman falava mal dos agentes locais sempre que tinha uma chance. "Eles dizem que ela vai explodir de novo, mas estão mentindo como quem respira", zombava. Gabava-se também de que podia avaliar a intensidade de um terremoto na escala Richter mais depressa que os geólogos, simplesmente observando quanto a tabuleta da Rainier Beer na vitrine do café balançava de um lado para outro. Todos os meios de comunicação importantes do país foram procurá-lo em algum momento, e todos os repórteres sabiam que deviam levar-lhe um pouco de uísque Schenley de presente. Truman não demorou a ter um armário cheio de garrafas, e brincava que agora a montanha podia fazer o maior estrago – ele tinha como esperar que qualquer coisa passasse.

Os agentes pensaram em prender Truman para cumprir a ordem de evacuação e reprimir o rebuliço. Mas e daí? Jogar um velho na cadeia não iria exatamente convencer o público, e só com sorte se encontraria um júri que o condenasse. Melhor deixá-lo se gabar até no *New York Times* e na *National Geographic*.

Para o público, cada semana que se passava sem uma explosão reduzia a tensão e o alvoroço. Plaquinhas em jardins das comunidades locais diziam "Santa Helena: mantenha sua cinza fora do meu gramado". Dada a quantidade de trilhas para transporte de troncos em torno da montanha, qualquer pessoa com um mapa decente conseguia contornar as barreiras

---

* Criatura mítica com a forma de um grande macaco que viveria nas regiões selvagens e remotas dos Estados Unidos e do Canadá. É chamada de Sasquatch ou Big Foot. (N.T.)

nas estradas, e as pessoas começaram praticamente a fazer piqueniques nas encostas, empolgadas com a perspectiva de ver alguma lava de verdade. Até a governadora de Washington, Dixy Lee Ray – que, como ex-cientista (bióloga marinha), realmente deveria ter sido mais sensata –, se deixou levar. "Eu sempre disse", inflamou-se, "que esperava viver o bastante para ver um de nossos vulcões entrar em erupção." Num ponto alto da brincadeira, uma equipe de filmagem de Seattle embarcou num helicóptero e filmou um comercial de cerveja perto do pico.

Enquanto isso, os gases continuavam a se acumular dentro do monte Santa Helena. Aviões que circulavam acima dele detectavam odores cada vez mais fortes de dióxido de enxofre (o cheiro de pólvora), o que significava que o magma rico em enxofre estava subindo para a superfície. (Voar acima da montanha estava tecnicamente proibido, mas tantos aviões violavam a proibição que um piloto comparou o enxame a um combate aéreo *dogfight*.) Num nível mais ameaçador, em meados de abril, os geólogos observaram um tumor no lado norte da montanha, uma grande bolha de rocha protuberante. Ninguém sabia com que rapidez a saliência estava crescendo, por isso aviões subiam com equipamento de medição dotado de lasers capazes de detectar até uma elevação de apenas alguns milímetros por dia. Alguns milímetros não parecem nada de tão extraordinário, até você se dar conta de que está falando sobre o soerguimento de toda uma face de uma montanha. Acontece que eles não precisavam de um parâmetro tão refinado: a protuberância estava crescendo cada dia mais de 1,5 metro. Geólogos do governo tinham visto maus sinais suficientes para que, em 9 de maio, recuassem suas torres de observação até uma distância de dez quilômetros, bem além da zona de perigo calculada. Truman riu dos medrosos.

Pelo menos era o que ele fazia publicamente; no íntimo, a pressão estava se acumulando dentro dele também. Truman sempre afirmara que os enormes abetos que estavam entre ele e o vulcão iriam servir de amortecedor e protegê-lo, mas, à medida que as semanas se passavam, os amigos viam sua convicção vacilar. Ele estava mais sozinho que nunca, e embora os repórteres rissem de suas bravatas de que usava esporas na cama para evitar ser jogado no chão, ele não estava apenas brincando. Algumas noites os tremores chocalhavam os pratos no café várias vezes numa hora, deixando-o nervoso. Nas noites em que conseguia adormecer, acordava com a cama sendo empurrada pelo quarto. Ele não queria abandonar o que fora seu lar com Eddie, mas isso não significava que queria passar toda noite em pânico.

Percebendo isso, amigos e agentes fizeram um último esforço em meados de maio para persuadir o gato selvagem a descer da montanha. Truman disse que não. Fez isso em parte porque estava recebendo sacos cheios de correspondência de pessoas inspiradas por sua coragem. Propostas de casamento chegavam aos poucos também. ("Ora, por que haveria de um broto de dezoito anos querer se casar com um velho [*piii*] como eu?", ele se espantava.) Também recebeu uma carta de Dixy Lee Ray elogiando sua firmeza, a qual praticamente sacudia com entusiasmo acima de sua cabeça. É difícil dizer se a fama e a adulação reforçaram o que ele queria mesmo fazer ou se a pressão de ser famoso o forçou a tomar decisões que de outro modo não teria tomado. De uma maneira ou de outra, ele não iria a lugar algum.

Desistindo de Truman, os agentes estaduais decidiram retirar todas as outras coisas da montanha. Após três dias de paz sísmica, eles até suspenderam os bloqueios para donos de cabanas, em 17 de maio, permitindo-lhes subir as estradas depressa em caminhões vazios e recolher cadeiras, mesas, torradeiras, câmeras e tudo o mais que pudessem pegar. Os agentes deram permissão para uma segunda viagem na manhã seguinte. A montanha tinha outros planos.

APESAR DE TODAS AS RESSALVAS, o monte Santa Helena ainda conseguiu constranger os cientistas. Não foi tanto não acertar *quando* que os aborreceu. É quase impossível prever erupções, por isso não havia nenhuma vergonha em não figurar domingo, 18 de maio, às 8h32min11seg no bolão de apostas do escritório. Mas todos os geólogos tinham concordado sobre *o que* iria acontecer quando a rajada começasse – o cone da montanha canalizaria toda a força para cima e descarregaria o gás e a fumaça no céu. Não exatamente. Em vez disso, a bolha na face norte estourou e, após um breve desmoronamento para dentro, toda a asquerosa substância começou a jorrar para o lado, no maior desabamento já registrado na história. Em especial, os gases supercarregados desceram silvando pelas encostas, misturando-se com a cinza e a fumaça e vaporizando tudo em seu caminho.

Seria possível marcar a devastação numa série de círculos concêntricos. Pessoas a 320 quilômetros de distância ouviram o estrondo. A 160 quilômetros, as janelas chacoalharam em suas molduras e louças

A erupção do monte Santa Helena em 18 de maio de 1980, um domingo.

transmitidas de geração em geração caíram dentro dos armários. Em Yakima, 136 quilômetros a leste, bolas de lama desabaram do céu, e o próprio céu ficou negro o suficiente para provocar o acendimento de lâmpadas de rua às nove e meia da manhã. A 72 quilômetros de distância, a temperatura em alguns riachos elevou-se a mais de 32°C, forçando os salmões a saltar para as margens.

Curiosamente, quanto mais perto se chegasse da montanha, menos provável era que se ouvisse o estrondo. A areia grossa e os escombros absorveram grande parte do barulho na vizinhança imediata. O som tende também a se elevar no ar quente próximo ao solo, de modo que o ruído deslizou sobre as cabeças da maioria das pessoas nas proximidades. (Mais sobre esse fenômeno adiante.) A falta de um estrondo, contudo, não significava que as coisas tenham sido pacíficas dentro da zona da explosão. Todas as árvores num raio de 24 quilômetros foram aplainadas, como se alguém tivesse pegado um pente gigantesco e repartido o cabelo do monte Santa Helena. Caminhões carregados de troncos pesando várias toneladas tombaram de lado como carrinhos Matchbox. Pessoas foram golpeadas com pedregulhos chamejantes e tiveram o cabelo chamuscado. Um homem e uma mulher apanhados dentro dessa zona, que se salvaram pulando no oco de uma árvore arrancada, fizeram a promessa de se casar se sobrevivessem. Sobreviveram e se casaram.

Dentro de cerca de dezesseis quilômetros quase tudo que podia morrer morreu. Isso incluiu 7 mil mamíferos grandes (alces, cervos, ursos), bem como David Johnston, o geólogo louro que havia comparado o monte Santa Helena a um barril de dinamite. Jovem e em boa forma (ele corria maratonas, o que era incomum na época), Johnston havia se oferecido para cumprir turnos nas torres de observação mais próximas, pois supunha que tinha mais chance de escapar que os colegas mais velhos. Mas não deveria estar trabalhando no dia 18 de maio. Nesse dia, tinha feito uma troca de turno com seu chefe, que queria passar um tempo com um amigo proveniente da Alemanha que o visitava. Quando o monte Santa Helena explodiu, Johnston teve tempo apenas de passar um rádio para o quartel-general, gritando: "É agora!" Os colegas disseram que ele parecia radiante.

O corpo de Johnston nunca foi encontrado, mas dúzias de outros apareceram nessa região. Médicos-legistas determinaram que a maioria deles morrera em decorrência da inalação de cinzas, as quais, assim que atingiram a saliva, adensaram-se num breu e bloquearam as vias aéreas. Depois de mortos, os corpos grelharam no calor e seus órgãos internos se desidrataram, ficando como carne-seca. Alguns estavam tão rijos e saturados de cinzas que cegavam as lâminas dos bisturis.

Num raio de oito quilômetros, as equipes de resgate nem se deram ao trabalho de procurar corpos. O cheiro de enxofre devia ser avassalador ali, num flashback da Terra primitiva. E como na Terra primitiva, a paisagem era desprovida de características. Quando Jimmy Carter sobrevoou a região alguns dias depois, ficou pasmo: "Isso faz a superfície da Lua parecer um campo de golfe." O único ponto de referência agora era o lago Spirit renascido. Como tudo o mais, o lago Spirit tinha sido soterrado debaixo de dezenas de metros de cinzas candentes. Mas a água conseguiu abrir seu caminho à força pelos escombros e se reconstituir como um novo lago, 54 metros mais alto. Enquanto o original fora frio, claro e convidativo, com uma visibilidade de nove metros, o lago Spirit II parecia uma pocilga marrom fumegante, com visibilidade de centímetros.

Finalmente, num raio de 4,8 quilômetros encontrava-se Harry Truman. É suficiente dizer que jamais saberemos ao certo o que aconteceu com ele, além do fato óbvio de que morreu. Mas podemos reconstituir seus últimos momentos com base nas vítimas de outros vulcões e nas leis da química.

Em primeiro lugar, suas roupas devem ter queimado como papel flash no calor – jeans, suéter e meias, todos incineraram-se num instante. O esmalte de seus dentes deve ter rachado, e seus pulmões, antes úmidos, devem ter enegrecido, ficando como carvão quebradiço. Mesmo assim, ele provavelmente morreu sem sofrimento. Muitos corpos recuperados depois da erupção do monte Vesúvio em 79 d.C., especialmente de pessoas que se abrigaram em aposentos ao longo da praia, não mostravam vestígio algum de medo ou luta: nenhum deles cobria o rosto com as mãos, por exemplo, num sinal comum de agonia. Isso sugere que o choque térmico

Caixas de correio quase enterradas em cinzas quentes
da erupção do monte Santa Helena.

provavelmente as matou em menos de um segundo – rápido demais para
que seus reflexos registrassem qualquer dor.

O calor do Vesúvio também fez com que os músculos de muitas vítimas
se contraíssem depois que elas morreram, dobrando os dedos sob os pés e
os braços para cima, em direção ao peito – a chamada pose de pugilista. Os
corpos foram então enterrados em cinzas, que endureceram em volta deles
como uma máscara mortuária. Estranhamente, à medida que eles se decom-
puseram, um buraco com formato humano foi deixado para trás. Enchendo
esses buracos de gesso, os arqueólogos criaram o molde dos corpos que os
turistas veem hoje em Pompeia. Esse é, portanto, um fim possível: uma
cavidade com a forma de Harry Truman enterrada vários metros abaixo
da crosta vulcânica. Mas há outra possibilidade, mais macabra. O Vesúvio
devastou outras aldeias além de Pompeia, e nesses lugares – que receberam
uma onda direta de calor, mais ou menos como o acampamento de Truman
– várias pessoas se vaporizaram em contato com essa onda.

Os pouquíssimos estudos existentes sobre vaporização do corpo dividem o processo em três estágios: vaporização da água, vaporização das vísceras e vaporização dos ossos. A vaporização da água requer dois passos. Primeiro deve-se elevar a temperatura da água no interior do corpo do normal (cerca de 37°C) até a temperatura de ebulição (100°C). O conteúdo de água de seres humanos na realidade muda à medida que envelhecemos, caindo de 75%, nos fofos recém-nascidos, para menos de 60%, nos áridos idosos. Dados a idade e o peso de Truman, ele provavelmente carregava 45 quilos de água dentro de si. Água absorve o calor muito bem, por isso a elevação dessa quantidade de água a 100° requer muita energia, algo em torno de 2.900 calorias. (Em comparação, são necessárias 305 calorias para aquecer 45 quilos de ferro a essa mesma temperatura; com o ouro são necessárias 88 calorias.) E tudo que temos até agora é água quente. A criação de vapor real requer muito mais energia ainda. Isso ocorre porque as moléculas de água têm uma forte atração por suas vizinhas; elas hesitam em deixar essas vizinhas para trás e se elevar no ar para se tornar gás. Em consequência, são necessárias mais 24 mil calorias para criar 45 quilos de vapor.

Quanto à vaporização das vísceras, há centenas de órgãos e tecidos envolvidos aqui, todos com diferentes propriedades de perfis de absorção de calor. Em vez de tabular essas diferenças, alguns cientistas usam uma variável representativa: carne de porco seca, uma vez que os seres humanos e os porcos têm vísceras semelhantes. Um ser humano médio tem (depois que a água é subtraída) aproximadamente onze quilos de órgãos, cartilagem e gordura, e levando-se em consideração que a carne de porco seca tem cerca de 230 calorias por cem gramas, são necessárias por volta de mais 27 mil calorias para desintegrar todas as moléculas das vísceras.

Com base no estado das vítimas perto do Vesúvio, sabemos que a água e as vísceras evaporam facilmente sob o violento ataque do calor vulcânico. Vaporizar o esqueleto humano de onze quilos é mais difícil, porque o principal mineral no osso (hidroxiapatita de cálcio, $Ca_{10}(PO_4)_6(OH)_2$) tem um ponto de ebulição muito alto. Com isso, podemos dizer que, o esqueleto de Truman provavelmente permaneceu intacto. Isso não significa que ficou ileso. Acima de 482°C, os ossos ficam amarelo-claros, depois, de um marrom avermelhado, e por fim pretos; eles também derretem ligeiramente à medida que suas moléculas se rearranjam. Esse rearranjo os enfraquece, tornando-os quebradiços. Algumas vítimas no Vesúvio também haviam perdido o topo da cabeça. Ao que parece, os quentes gases vulcânicos ferveram o cérebro, e como os vapores cerebrais procuravam sair por algum lugar, foram expelidos pelo topo do crânio, como num pequeno monte Santa Helena.

No total, para ferver a água e vaporizar as tripas e o esqueleto de um velhote como Harry Truman teria sido necessário algo em torno de 75 mil calorias,[*1] o equivalente a um bom mês de ingestão de comida. Isso é ainda mais impressionante quando se considera que toda essa energia teria que vir num só golpe. Poucas coisas afora a bomba atômica podem vaporizar um corpo humano em menos de um segundo, e os vulcões pertencem a esse clube.

Os últimos instantes da vida de Harry Truman devem ter se passado mais ou menos assim. Tão perto da explosão, ele provavelmente não ouviu nada, embora o chão deva ter roncado sob seus pés e o desequilibrado. Se por acaso ele olhasse para cima, teria visto algo sublime, no antigo sentido poético de algo apavorante e assombroso. A face da montanha com a qual ele tanto se maravilhava teria desabado como um suflê e depois se restabelecido, com todos os gases em seu interior escapando de uma só vez. Dada a velocidade da nuvem negra que emergiu (até 560 quilômetros por hora), Truman deve tê-la visto avançar descontroladamente montanha abaixo, talvez por um minuto, num penacho de cem andares de altura e dezesseis quilômetros de largura. O intenso calor deve ter dissipado qualquer neve próxima e torcido aqueles abetos de 76 metros de altura como pedaços de plástico numa fogueira. Quando essa frente entrou com estrondo no acampamento de Truman, deve ter empolado a tinta de seu Cadillac cor-

---

* As notas indicam que você pode ir para a seção "Notas e miscelânea" (p.326), a fim de encontrar conteúdo extra sobre o assunto em questão. Se quiser ir imediatamente para cada nota, por favor, faça isso; ou, se preferir, pode ler todas as notas de uma vez depois de cada capítulo, como um epílogo. Mas não deixe de consultá-las. Há algumas preciosidades escondidas, eu garanto...

de-rosa e talvez estourado os pneus quando o ar dentro deles se expandiu. As garrafas de Schenley no armário devem ter explodido como um coquetel-molotov, e todo o xixi de pantera deve ter se queimado em chamas azuis. As roupas de Truman devem ter ardido e desaparecido, e depois o próprio Truman deve ter sublimado, no sentido científico – se transformado de sólido em espírito quase instantaneamente. E com um silvo final, ele deve ter se elevado no ar, unindo-se à atmosfera mais ampla.

Tal como ocorre com o suspiro de agonia de César, portanto, há uma chance razoável de que você tenha inalado um pouquinho de Harry Truman em sua mais recente respiração.

O MONTE SANTA HELENA LEVOU 2 mil anos para erigir seu belo cone e cerca de dois segundos para destroçá-lo. Ele diminuiu rapidamente, de 2.956 metros para 2.560 metros, perdendo 400 milhões de toneladas de peso nesse processo. Seu penacho de fumaça preta serpenteou até uma altura de mais de 25 quilômetros e criou relâmpagos próprios à medida que se elevava. E a poeira que vomitou espalhou-se pelos Estados Unidos e pelo oceano Atlântico, acabando por dar a volta ao mundo e envolver a montanha novamente a partir do oeste dezessete dias mais tarde. No total, a erupção liberou uma quantidade de energia equivalente a 27 mil bombas de Hiroshima, aproximadamente uma por segundo, durante as nove horas de erupção.

Com tudo isso em mente, vale a pena observar que o monte Santa Helena foi na realidade insignificante em matéria de erupção. Embora tenha vaporizado 4,16 quilômetros cúbicos de rocha, isso é apenas 8% do que o Krakatoa ejetou em 1883 e 3% do que o Tambora fez em 1815. O Tambora também diminuiu a luz solar no mundo todo em 15%, perturbou as poderosas monções asiáticas e causou o abominável "Ano sem verão" em 1816, quando as temperaturas caíram tanto que nevou na Nova Inglaterra no verão. E o próprio Tambora seria pequeno diante das explosões realmente épicas da história, como a erupção do Yellowstone 2,1 milhões de anos atrás, que lançou 2.438 quilômetros cúbicos de Wyoming na estratosfera.

(Esse megavulcão provavelmente terá um bis algum dia e reduzirá grande parte dos Estados Unidos continentais a cinzas.)

No fim da era hadeana, vulcânica, da Terra, nosso planeta já tinha experimentado duas atmosferas distintas – uma primeira, rala, composta principalmente de hidrogênio e hélio, e uma segunda, muito mais hostil, composta do bafo de dragão dos vulcões. Esta última atmosfera, claro, desapareceu há muito – seus pulmões não crepitam e guincham cada vez que você respira hoje. Mas ainda podemos ter vislumbres – vislumbres mortíferos – dela em certos lugares, e o exemplo mais espetacular é uma estranha erupção que ocorreu perto do lago Nyos, em Camarões, em 21 de agosto de 1986.

Interlúdio: O lago explosivo

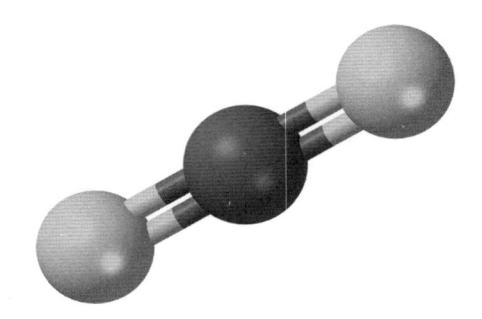

Dióxido de carbono (CO_2) – atualmente 400 partes
por milhão no ar (e elevando-se); você inala 500
quatrilhões de moléculas cada vez que respira.

A PRINCÍPIO PARECIA mais uma briga de quadrilhas. A região montanhosa
vulcânica de Camarões ocidental sempre tinha sido esparsamente povo-
ada, em parte porque muitas tribos locais a consideravam mal-assom-
brada. (Rezava a lenda que um espírito vingativo surgia do lago Nyos ao
anoitecer e aterrorizava as pessoas que viviam nos vales abaixo.) Mas nos
anos 1980 o solo rico da região, ideal para o plantio de inhame e feijão,
atraiu agricultores de vários grupos étnicos diferentes. E à medida que
a população aumentou, aumentaram também a violência das gangues e
os tiroteios. Por isso, muitos habitantes ignoraram os seguidos estouros
distantes naquela noite de agosto de 1986, achando que não passavam dos
tiros habituais.

Outros barulhos naquela noite não foram tão facilmente explicáveis
– roncos baixos, um estranho gorgolejo. Uma mulher cega sentiu o chão
debaixo dela tremer várias vezes. A maior parte das pessoas, entretanto,

ignorou os presságios e foi dormir. Pouco depois do pôr do sol, porém, a terra realmente convocou algo funesto do fundo do lago Nyos.

Por volta das nove da noite, o lago começou a arrotar enormes bolhas de dióxido de carbono. As bolhas carregavam com elas água do fundo do lago, rico em ferro, dando-lhes uma coloração vermelha, e começavam a estourar à medida que irrompiam na superfície. Duzentos e vinte e seis milhões de quilos de CO_2 escaparam ao todo, e uma fonte de gás e água arremessou-se a uma altura de 76 metros no ar, rugindo por vinte segundos inteiros.

Em outras circunstâncias, essa poderia ter sido uma visão arrebatadora – um Old Faithful cor de sangue.* Mas, dado o grande peso do dióxido de carbono – ele é 50% mais pesado que o ar –, essa enorme massa de ar tombou em direção ao solo em vez de se dispersar, acabando por formar uma nuvem branca de 45 metros de altura. Essa nuvem se derramou pelas encostas em volta do lago Nyos até os vales próximos, ganhando velocidade à medida que caía. Os vales estavam mais frios, e quando o vapor de água na nuvem se condensou, a massa de gás ficou invisível – perfeito para uma caçada noturna.

Viajando a 64 quilômetros por hora, o miasma engoliu várias aldeias em minutos – Cha, Subum, Fang, Mashi. Famílias inteiras foram asfixiadas enquanto dormiam em suas choças de barro; outras foram abatidas quando cuidavam da fogueira para o jantar. Algumas pessoas desmaiaram tão rapidamente que não puderam levar as mãos ao chão para aparar a queda, e sofreram fraturas ao cair. Depois foram sufocadas à medida que o dióxido de carbono deslocava o oxigênio em seus pulmões. Três vítimas aqui, quatro na próxima choça, seis mais adiante na estrada.

Na manhã seguinte, o nível da água do lago Nyos baixara nada menos que noventa centímetros, e a superfície antes azul parecia, pelo que se contou, uma pele de tigre – laranja com riscas pretas. Milagrosamente,

---

* Gêiser localizado no Parque Nacional de Yellowstone, em Wyoming, nos Estados Unidos. (N.T.)

algumas pessoas nas aldeias mais distantes sobreviveram, mas acordaram com dores de cabeça, náusea e diarreia; muitas tiveram também escaras por ficarem deitadas imóveis durante horas no mesmo lugar. Pior, elas enfrentaram um holocausto: 1.746 pessoas morreram. O número de vítimas continuou a crescer durante os dias seguintes, à medida que pais e avós devastados se suicidavam e grávidas sofriam abortos. Mais de 6 mil cabeças de gado morreram também, junto com praticamente todos os camundongos, aves e insetos da região. Sobreviventes se recordam de uma sinistra quietude durante dias. Não havia nem moscas por perto para picar os cadáveres.

Adivinhos locais declararam que os maus espíritos no lago tinham entrado em atividade novamente. Tipos menos supersticiosos (ainda que mais paranoicos) atribuíram as mortes à guerra química movida por seus inimigos ou ao teste clandestino de uma bomba de nêutrons. Os cientistas, por sua vez, deram uma explicação mais prosaica. Quando as primeiras reportagens duvidosas emergiram, geólogos do mundo todo – poucos dos quais já tinham ouvido falar de Nyos – começaram a chegar em grande número a Camarões, ansiosos por dar uma olhada no "lago explosivo". Eles logo determinaram que o Nyos estava assentado em cima de um vulcão ativo. (De fato, uma erupção tinha formado esse lago na cratera exatamente quatrocentos anos antes.)

Como vulcões liberam com frequência dióxido de carbono, a cratera era claramente a fonte do gás. Além disso, contudo, os geólogos discordavam em quase tudo. Houve em especial uma acalorada divergência em relação ao que teria desencadeado a liberação de gás. Alguns afirmavam que o gás escapara durante uma única erupção: imaginavam o Nyos como um monte Santa Helena em miniatura. Outros sustentavam que não, aquilo nada tinha a ver com erupção. Em vez disso, o dióxido de carbono estava se acumulando no fundo do Nyos por séculos, vazando lentamente de uma fenda vulcânica. O peso da água que o cobria havia mantido o gás no lugar por algum tempo, mas um deslizamento de terra, ou uma chuva muito forte, tinha remexido o fundo do lago, permitindo-lhe escapar. Outros ainda concordavam quanto ao lento acúmulo de CO_2,

O gado jaz morto perto de choças de barro depois da misteriosa
erupção do lago Nyos em 21 de agosto de 1986.

mas contestavam a ideia de um gatilho externo. Afirmavam que, num dia
infeliz, o bolsão de gás simplesmente ficara pesado demais para a água
que o cobria e havia finalmente forçado caminho para a superfície, como
as bolhas efervescentes que escapam do champanhe.

Para confundir as coisas, partidários tanto da teoria da erupção única
quanto da teoria do acúmulo lento apontavam indícios que corroboravam
seus argumentos. Alguns sobreviventes se lembraram de sentir cheiro de
ovo podre e de pólvora sulfurosa antes de desmaiar, odores associados
a erupções vulcânicas. Não havia também nenhum indício concreto de
um deslizamento de terra ou padrão meteorológico estranho que tivesse
perturbado o fundo do lago. Além disso, a explosão liberou de fato uma
grande quantidade de calor: a temperatura do lago Nyos saltou de 23°C
para 30°C logo após o evento, e essa febre persistiu por semanas. Por
outro lado, um sismógrafo a 160 quilômetros de distância não registrou
nenhuma atividade geológica nesse dia, o que faz uma erupção parecer

improvável. E ainda que sincero, o testemunho dos sobreviventes é suspeito, porque a intoxicação por CO_2 causa confusão e obscuridade mental. Alguns cientistas sugeriram que o dióxido de carbono também pode causar alucinações olfativas, ou que os voluntários inadvertidamente tinham incutido ideias na cabeça das pessoas ao lhes perguntar sobre esses gases sulfurosos nos dias posteriores ao acontecimento.

Os dois campos acabaram se dividindo em linhas nacionalistas, com geólogos franceses, italianos e suíços apoiando a teoria do vulcão e americanos, alemães e japoneses apoiando a teoria da acumulação lenta. Um observador lamentou que "os não especialistas podiam fazer pouco mais que acenar a bandeira nacional que mais lhes agradasse". (Eu deveria notar que a maioria dos especialistas hoje prefere a hipótese da acumulação lenta – mas, como americano, suponho que deveria dizer isso...)

A discussão não apenas faz os cientistas parecerem mesquinhos, como também pode pôr em risco a segurança futura da região. Se outra erupção ocorrer, as aldeias em torno do lago Nyos estarão mais ou menos condenadas a sofrer uma repetição do desastre, pois os cientistas não conseguem prever, e muito menos deter, erupções. Mas eles são capazes de deter uma acumulação lenta de dióxido de carbono, especialmente se forem necessários anos para que se acumule gás suficiente.

Talvez por essa razão – pelo menos ela lhes dá esperança – o povo de Camarões aderiu completamente à teoria da acumulação lenta e passou os últimos vinte anos tentando desativar o lago explosivo. No começo, os agentes do governo debateram várias maneiras de fazer isso, inclusive jogando bombas no Nyos. Por fim, decidiram colocar balsas boiando na superfície do lago e serpentear um tubo de polietileno de 203 metros em direção ao fundo para produzir a vazão controlada de gás. Essa vazão é espetacular: algumas vezes a água se arremessa no ar a uma altura de 45 metros. Ainda assim, ninguém sabe se vai dar resultado. Diabos, ficar remexendo ali poderia até ser contraproducente e desencadear outra explosão. Até hoje os cientistas advertem os visitantes para não se movimentarem demais na água quando entram no Nyos, temendo que eles provoquem algum mal.[1]

Sobreviventes ainda veem sinais do desastre de 1986 aqui e ali. A água do fundo do lago alimenta várias fontes próximas, e de vez em quando eles encontram um falcão ou um camundongo caídos ao lado de uma delas, sufocados por um súbito arroto de CO_2. Muitos moradores da área afirmam que os fantasmas dos mortos ainda assombram as margens do lago Nyos. "A gente às vezes os ouve falar", insistiu um homem.

Exatamente o que os fantasmas dizem ele não contou. Mas as mortes, e as lembranças daquela desgraçada noite de agosto, testemunham de fato algo importante, algo que todos nós deveríamos compreender. Aquela noite forneceu um terrível vislumbre do que a Terra foi outrora, um lugar onde megabolhas de gás venenoso escapavam o tempo todo e assombravam a paisagem como terrores sobrenaturais. Acima de tudo, o desastre do Nyos deveria nos lembrar que sorte teve nosso planeta ao escapar daquele estado hadeano.

Então, como foi que viemos de lá até aqui, do ar tóxico para uma atmosfera confortável, respirável? A resposta tem várias partes, mas ela depende em grande medida do desenvolvimento do segundo gás mais importante na história da Terra: o nitrogênio.

2. O diabo no ar

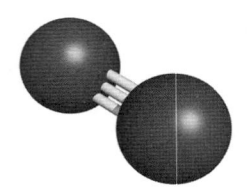

Nitrogênio (N_2) – atualmente 78% do ar (780 mil
partes por milhão); você inala 9 sextilhões de
moléculas cada vez que respira.

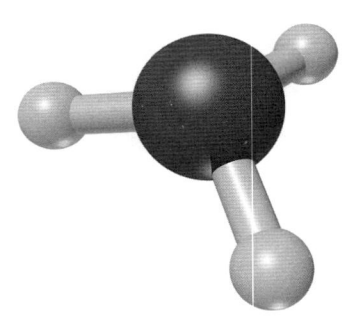

Amônia (NH_3) – atualmente 0,00001 parte por milhão no ar;
você inala 100 bilhões de moléculas cada vez que respira.

Por várias centenas de milhões de anos após seu nascimento, a Terra
foi bastante inóspita. Mesmo que você encontrasse um lugar para ficar
sem queimar seus pezinhos, não teria conseguido respirar de maneira
nenhuma, em razão dos gases que os vulcões expeliam. De forma surpreendente, porém, por mais nocivos que fossem a curto prazo, os vulcões
finalmente redimiram nosso ar emitindo gases ricos em nitrogênio.

Três elementos – oxigênio, hidrogênio e carbono – compõem 93% do peso corporal dos seres humanos e apresentam porcentagem similar em outras formas de vida. As células também demandam dezenas de outros elementos para funcionar, até obscuridades como o molibdênio. A menos que alguma coisa dê realmente errado, animais e plantas podem colher a maior parte desses elementos do ambiente com um mínimo de transtorno.

A grande exceção é o nitrogênio. Ele é o quarto elemento mais abundante dentro de nós, constituindo nada menos que 3% de nosso peso corporal. E é de longe o elemento mais comum no ar, constituindo quatro de cada cinco moléculas que respiramos todo santo dia. Assim, introduzi-lo em nossas células deveria ser sopa, certo? Nada disso. Apesar dessa abundância, a maior parte das criaturas precisa se esfalfar para obter cada átomo de nitrogênio. Isso ocorre porque as células da maioria das criaturas, incluindo os seres humanos, não podem utilizar nitrogênio em sua forma gasosa. Primeiro o nitrogênio tem de sofrer conversão em outra forma. E durante os primeiros bilhões de anos da história da Terra, apenas alguns micróbios especiais tinham dominado a manobra necessária.

No início dos anos 1900, contudo, o *Homo sapiens* tornou-se a primeira não bactéria a ingressar no panteão do fabrico de nitrogênio. Os dois homens responsáveis por isso eram ambos alemães, e trabalhavam como químicos industriais. Os dois foram aclamados como heróis nacionais por suas descobertas e ganharam o Prêmio Nobel. Ambos foram também condenados mais tarde como criminosos de guerra. No entanto, por mais pessoas que os odiassem, eles de fato conseguiram subtrair o elemento 7 do céu e introduzi-lo em nossos corpos. Simplesmente não podemos contar a história do ar sem a magia química de Fritz Haber e Carl Bosch.

A alquimia do ar começou com um insulto. Fritz Haber nasceu numa família judia alemã de classe média em 1868, e, apesar de um óbvio talento para a ciência, acabou perambulando entre várias diferentes indústrias quando jovem – fabricação de corantes, produção de álcool, colheita de celulose, produção de melaço – sem se distinguir em nenhuma delas. Fi-

O químico Fritz Haber, uma das figuras
mais faustianas na história da ciência.

nalmente, em 1905, uma companhia austríaca pediu a Haber – que a essa
altura já estava ficando careca, usava um bigode e pincenê – que investigasse uma nova maneira de fabricar gás amônia (NH_3).

A ideia parecia simples. Há muito gás nitrogênio (N_2) no ar, e é possível obter gás hidrogênio (H_2) quebrando moléculas de água com eletricidade. Para fazer amônia, simplesmente misture e aqueça os gases: $N_2 +
3H_2 \rightarrow 2NH_3$. Pronto. Mas Haber deparou com a chatice de uma situação
paradoxal. Era necessário um enorme calor para quebrar as moléculas de
nitrogênio ao meio de modo que elas pudessem reagir; no entanto, esse
mesmo calor tendia a destruir o produto da reação, as frágeis moléculas
de amônia. Haber passou meses girando em círculos antes de finalmente
emitir um relatório dizendo que o processo era infrutífero.

O relatório teria mofado na obscuridade – resultados negativos não
ganham prêmios – não fosse a vaidade de um rechonchudo químico cha-

mado Walther Nernst. Nernst tinha tudo que Haber cobiçava. Ele trabalhava em Berlim, o centro da vida alemã, e tinha feito fortuna in-
ventando um novo tipo de lâmpada elétrica. Mais importante, Nernst
ganhara prestígio científico descobrindo uma nova lei da natureza, a Terceira Lei da Termodinâmica. Seu trabalho em termodinâmica também
permitia aos químicos fazer algo sem precedentes: examinar qualquer
reação – como a conversão de nitrogênio em amônia – e estimar o produto em diferentes temperaturas e pressões. Isso era um enorme atalho.
Em vez de tatear às cegas, eles podiam finalmente *prever* as condições
ótimas para as reações.

Ainda assim, os químicos tinham de confirmar essas previsões no
laboratório, e foi aqui que o conflito surgiu. Porque, quando examinou
os dados no relatório de Haber, Nernst declarou que os rendimentos
para a amônia eram impossíveis – 50% elevados demais, segundo suas
previsões.

Haber desfaleceu ao ouvir isso. Ele já era um tipo tenso – tinha o
coração fraco e tendia a sofrer colapsos nervosos. Agora Nernst ameaçava destruir a única coisa que ele tinha a seu favor, sua reputação de
sólido experimentalista. Haber refez cuidadosamente seus experimentos
e publicou novos dados, mais de acordo com as previsões de Nernst. Mas
os números continuavam obstinadamente mais altos, e quando Nernst
deparou com Haber numa conferência, em maio de 1907, repreendeu o
colega mais jovem na frente de todo mundo.

Francamente, era uma desavença estúpida. Os dois concordavam que
a produção industrial da amônia por meio de gás nitrogênio era impossível; eles apenas discordavam quanto ao grau exato de impossibilidade.
Mas Nernst era um homem mesquinho, e Haber – que tinha um traço
cavalheiresco – não podia suportar esse insulto à sua honra. Contradi-
zendo tudo que tinha dito antes, ele decidiu então provar que, afinal,
era possível fazer amônia a partir de nitrogênio. Se conseguisse, não só
poderia esfregar o resultado no nariz gordo de Nernst, como também
talvez patenteasse o processo e ficasse rico. E o melhor de tudo, quebrar
nitrogênio tornaria Haber um herói em toda a Alemanha, porque isso

proporcionaria ao país a única coisa que lhe faltava para se tornar uma potência mundial: o fornecimento constante de fertilizante.

A amônia é uma entrada para os fertilizantes. Isso não ocorre simplesmente porque a amônia contém nitrogênio; o mais importante é que ele contém nitrogênio numa forma que as plantas podem utilizar. Para perceber a diferença, você precisa conhecer alguma coisa sobre as ligações que mantêm os átomos unidos dentro de moléculas. A maioria das moléculas consiste em ligações únicas (X–Y) ou ligações duplas (X=Y). O gás nitrogênio, entretanto, investe numa ligação tripla (N≡N), uma das mais fortes e menos quebráveis na natureza. (Quebrar todas as ligações triplas em apenas 28 gramas de nitrogênio liberaria energia suficiente para levantar um haltere de 450 quilos a 38 centímetros do chão.) A força dessa ligação explica por que o nitrogênio domina nosso ar hoje. Como foi mencionado no capítulo anterior, o nitrogênio é um mero componente-traço da maioria das erupções vulcânicas, muito menos comum que outros gases expelidos. Mas enquanto a maior parte dos gases vulcânicos desaparece com o tempo – ou porque reagem entre si ou porque a luz ultravioleta os separa –, a ligação tripla do nitrogênio resiste a toda degradação. Isso permite que a minúscula porcentagem de nitrogênio em toda erupção se acumule ao longo do tempo (N_2 adicional se formava quando a amônia presente em vapores vulcânicos se separava). Em outras palavras, o nitrogênio domina nosso ar h3oje porque sobreviveu a tudo o mais que os vulcões vomitaram.[1]

A consequência disso para o quadro geral foi que a atmosfera da Terra se refez novamente. A segunda atmosfera, lembre-se, estava repleta de inóspita descarga vulcânica. Mas cerca de 2 bilhões de anos atrás, uma quantidade suficiente desses gases inóspitos tinha se degradado – e uma quantidade suficiente de nitrogênio se acumulara – para contar como algo novo (a terceira atmosfera distinta de nosso planeta, para os que estão contando). De maneira decisiva para a vida, essa terceira atmosfera, rica em nitrogênio, era muito mais tranquila e reconfortante, uma vez que o nitrogênio não ataca as moléculas biológicas tal como fazem aqueles outros gases.

Mas, em certo sentido, o nitrogênio aéreo é tranquilo *demais*, passivo demais. Nossos corpos precisam de uma considerável quantidade desse elemento. Cada pedacinho de proteína dentro de você tem uma cadeia de átomos de nitrogênio em sua espinha dorsal, e cada uma de suas 3 bilhões de bases de DNA, e cada uma de suas 30 trilhões de células, contém também vários átomos de nitrogênio. Mas quando chega a hora de abastecer nossas células de nitrogênio, a tripla ligação em N_2 o torna não reativo. Essa é uma ironia cruel, realmente. Vivemos sob um mar de gás nitrogênio: várias *toneladas* dele pairam sobre a sua cabeça o tempo todo, suspensas entre o solo e o espaço. No entanto, não podemos usar nada disso. É como morrer de sede no meio de um rio.

Então, como o nitrogênio sai do ar e penetra em nossos corpos? Algo tem de "fixá-lo" – quebrar a tripla ligação e convertê-lo numa forma menos arredia. O relâmpago pode fixar um pouco de nitrogênio criando compostos de nitrogênio-oxigênio no ar. Mas a vasta maioria do nitrogênio fixado vem de bactérias que contêm uma enzima especial chamada nitrogenase. Enzimas são estruturas biológicas que permitem a ocorrência de reações incomuns, e a extremidade da molécula de nitrogenase que funciona é uma protuberância de átomos de ferro, enxofre e molibdênio. Como um pequenino cortador, esses elementos rasgam a ligação tripla. Isso demanda enorme energia e produz uma quantidade razoável de dano colateral: dezesseis moléculas de água são sacrificadas a cada vez. Mas no fim a nitrogenase quebra o $N \equiv N$ e, antes que os nitrogênios possam se ligar de novo, a enzima se liga com alguns átomos de hidrogênio. Isso cria (*tcharam!*) amônia, que contém apenas ligações simples e pode, portanto, ser convertida em proteínas ou DNA bem facilmente.

Bactérias fixadoras de nitrogênio vivem nas raízes de certas plantas, onde trocam amônia por outros nutrientes – simbiose em sua melhor forma. Outros fixadores de nitrogênio fazem trabalho freelance no solo, do qual as plantas o sorvem. Organismos como animais e fungos obtêm sua fixação de nitrogênio comendo essas plantas ou se alimentando de restos de plantas deteriorados (isso inclui carnívoros no topo da cadeia alimentar, que comem os herbívoros que comeram as plantas. Até plantas carnívoras, como dioneias, mastigam insetos em grande parte para obter nitrogênio). Em última análise, portanto, o nitrogênio dentro de praticamente todos os organismos na Terra vem dessas bactérias. Sem elas, nem um único animal ou planta existiriam. Nenhum. E na maior parte dos ecossistemas, a quantidade de nitrogênio no solo estabelece a quantidade máxima de vida que o ecossistema pode suportar.

Isto posto, os agricultores desenvolveram alguns truques ao longo dos milênios para se esquivar desse limite do solo. Começaram a alternar culturas para incorporar plantas como soja, cujas raízes contêm grande quantidade de bactérias com nitrogenase. Eles começaram também a espalhar urina e estrume em seus campos, dejetos que se decompõem em nitrogênio fixado. Alguns mais engenhosos até melhoraram o estrume misturando-o com sangue e outras matérias em putrefação. Esses montes de esterco pareciam gigantescos pães pretos e irradiavam calor; os fazendeiros sabiam que estavam prontos para ser espalhados quando a mistura adquiria um sabor picante.

Ainda assim, há um limite para o tanto que os animais domésticos conseguem defecar e urinar, e no século XIX a maioria das nações industrializadas teve de ir além de suas fronteiras para suprir suas necessidades de nitrogênio. A Grã-Bretanha apoiou-se fortemente na Índia, onde trabalhadores pobres, de casta baixa, processavam esterco para exportação esmagando com os pés esterco e urina bovina. Outros países europeus começaram a minerar vastos depósitos de guano (cocô de aves) de várias ilhas no mundo todo. Logo o comércio de guano num conjunto de ilhas – as ilhas Chincha, pertencentes ao Peru[2] – se tornou tão lucrativo que vários países sul-americanos chegaram de fato a entrar em guerra por causa desses montes de titica. O guano também compeliu os Estados Unidos a mergulhar no colonialismo. Em 1856 o Congresso aprovou a Lei das Ilhas de Guano, que autorizava qualquer cidadão americano a reivindicar qualquer ilha desocupada em qualquer lugar do mundo, contanto que ela contivesse algumas manchas de guano. Isso forneceu cobertura legal para que os Estados Unidos se apoderassem de algo em torno de cem pontinhos no Caribe e no Pacífico. Muitos deles eram rochas no quinto dos infernos, que nunca serviram para nada, mas vários, incluindo as ilhas Johnston e Midway, serviram como bases militares vitais na Segunda Guerra Mundial. Os Aliados talvez nunca tivessem derrotado o Japão no Pacífico não fosse nossa ganância por guano um século antes.[3]

Nesse meio-tempo, a Alemanha ficou excluída da aquisição de guano. Ao contrário de seus rivais europeus, ela só recentemente (durante a infância de Haber) pusera de lado suas antigas disputas tribais e se juntara num único país. Em consequência, perdera a grande apropriação colonial de terras na Ásia e na América e tinha poucas colônias onde explorar guano barato. Para agravar o problema, a Alemanha tinha solo nativo pobre e grande necessidade desse fertilizante de nitrogênio. No início dos anos 1900 ela importava 900 mil toneladas por ano.

Por mais pobre que fosse o solo, alguma coisa na água da Alemanha fazia brotar a genialidade científica, e nos anos 1840 um químico alemão propôs a ideia radical de fertilizante de nitrogênio *artificial*, o chamado adubo químico. Várias décadas se passariam antes que as pessoas levassem a ideia a sério, enquanto o guano sul-americano fluía livremente. Mas nos anos 1890 a indústria de fertilizantes estava enfrentando uma crise, pois os mineradores tinham praticamente esgotado os depósitos das ilhas Chincha e em toda parte. Apenas a ciência parecia capaz de evitar a fome em massa. E é aqui que finalmente retornamos a Fritz Haber, um homem cheio de talento e ambicioso para além dos limites da decência.

Depois que Nernst o humilhou, Haber recebeu subvenção de uma companhia química alemã chamada Basf para explorar algumas tecnologias de fixação de nitrogênio. Uma delas envolvia literalmente a criação de relâmpago dentro de uma garrafa – enormes faíscas elétricas dentro de tanques de ar, para fundir nitrogênio e oxigênio. Haber, no entanto, preferiu se concentrar em sua velha ideia de fundir nitrogênio e hidrogênio, em parte porque tinha desenvolvido uma nova abordagem: elevar a pressão.

Tanto temperaturas elevadas quanto pressões elevadas estimulam os gases a reagir mais rapidamente. Num nível molecular, elevar a temperatura de um gás faz suas moléculas se moverem a velocidades mais altas. (De fato, é essencialmente isso que a temperatura mede – ritmo molecular.)

A energia fornecida por essa velocidade extra permite que as moléculas se desintegrem e se recombinem mais facilmente, o que estimula reações. Mas Haber sabia que o acréscimo de calor iria também destruir a amônia, tornando irrelevante o ritmo mais elevado de reação. Foi por isso que se concentrou na pressão. A pressão elevada põe as moléculas em contato mais íntimo, dando-lhes mais oportunidade de se entrelaçar e trocar átomos.

Vários químicos já tinham tentado elevar a pressão sobre o nitrogênio e o hidrogênio pela mesma razão; um deles, por exemplo, usou uma bomba de bicicleta adaptada. Mas o equipamento ficava ridiculamente aquém do que Haber propunha – pressões cem vezes mais altas que níveis atmosféricos, pressões capazes de esmagar submarinos modernos. Para alcançar essas pressões, Haber projetou tubos de 76,2 centímetros feitos de quartzo e reforçados com invólucros de ferro. Isso lhe permitia abaixar a temperatura de reação em algumas centenas de graus e preservar mais amônia.

Além de jogar com temperaturas e pressões, Haber concentrou-se num terceiro aparato: um catalisador. Os catalisadores aceleram as reações sem serem eles mesmos consumidos; a platina no silenciador de seu carro, que desintegra os poluentes, é um exemplo de catalisador. Haber tinha conhecimento de dois metais, manganês e níquel, que estimulavam a reação nitrogênio-hidrogênio, mas eles só funcionavam acima de 704°C, o que fritava a amônia. Assim, ele saiu à procura de catalisadores substitutos, vertendo esses gases sobre dúzias de diferentes metais para ver o que acontecia. Finalmente encontrou o ósmio, elemento 76, um metal quebradiço usado outrora para fazer lâmpadas. Ele abaixava a temperatura necessária para "apenas" 593°C, o que dava à amônia uma razoável oportunidade.

Usando as equações de seu temível adversário Nernst, Haber calculou que o ósmio, se empregado em combinação com alta pressão, podia elevar a produção de amônia para 8%, um resultado aceitável. Mas antes que ele pudesse se vangloriar para Nernst, precisava confirmar esse número no laboratório. Dessa forma, em julho de 1909 – após anos de dores de estômago, insônia e humilhação –, Haber conectou vários tubos de quartzo sobre uma mesa. Depois abriu algumas válvulas de alta pressão para deixar o N_2 e o H_2 se misturarem e olhou ansiosamente para o bico na outra ponta.

A coisa levou algum tempo: mesmo com o estímulo do ósmio, o nitrogênio só quebra suas ligações com relutância. Mas finalmente algumas gotas leitosas de amônia começaram a pingar do bico. A visão fez Haber sair pelos corredores de seu departamento gritando para todos: "Vejam! Venham ver!" No fim, eles tinham nada menos que um quarto de uma colher de chá.

Eles acabaram conseguindo transformar isso num verdadeiro poço de petróleo – uma xícara de amônia a cada duas horas. Mas mesmo essa modesta produção persuadiu a Basf a comprar a tecnologia e acelerá-la. Como fazia frequentemente para comemorar seu triunfo, Haber ofereceu à sua equipe uma festa épica. "Quando acabou", recordou um assistente, "só conseguimos caminhar para casa em linha reta seguindo os trilhos do bonde."

A descoberta de Haber foi um ponto de inflexão na história – lá no alto, ao lado da primeira vez que um ser humano desviou água para um canal de irrigação ou fundiu minério de ferro na forma de ferramentas. Como as pessoas diziam na época, Haber tinha transformado o próprio ar em pão.

Ainda assim, o avanço de Haber era mais teórico que qualquer outra coisa: ele provou que era possível fazer amônia (e portanto fertilizante) a partir do gás nitrogênio, mas o produto de sua aparelhagem mal teria alimentado um tomateiro, muito menos uma nação como a Alemanha. A ampliação do processo de Haber para fazer toneladas de amônia de uma vez exigiria um tipo diferente de genialidade – a capacidade de transformar ideias promissoras em coisas reais, que funcionam. Essa não era uma genialidade que a maioria dos executivos da Basf possuía: eles viam a amônia apenas como mais uma substância química a acrescentar a seu portfólio, um modo de engordar um pouco seus lucros. Mas o engenheiro de 35 anos que eles puseram à frente de sua nova divisão de amônia, Carl

Bosch, tinha uma visão mais grandiosa. Ele enxergava na amônia, potencialmente, a mais importante – e lucrativa – substância química do novo século, capaz de transformar a produção de alimentos no mundo inteiro. Como ocorre com a maioria das visões que valem a pena, ela era inspiradora e arriscada ao mesmo tempo.

Bosch decidiu atacar cada um dos muitos subproblemas envolvidos na produção de amônia de maneira independente. Uma questão era obter nitrogênio suficientemente puro, uma vez que o ar comum contém oxigênio e outras "impurezas". Para ajudá-lo nisso, Bosch recorreu a uma fonte improvável, a companhia Guinness Brewing. Quinze anos antes, a Guinness desenvolvera os mais poderosos aparelhos de refrigeração do planeta, tão poderosos que conseguiam liquefazer ar. (Como acontece com qualquer substância, se você esfria os gases no ar o suficiente, eles vão se condensar em poças de líquido.) Bosch estava mais interessado no processo inverso – pegar ar líquido frio e fervê-lo. Curiosamente, embora o ar líquido contenha muitas substâncias diferentes misturadas, cada substância dentro dele evapora a uma temperatura diferente quando aquecida. Por acaso o nitrogênio líquido ferve a –196°C. Portanto, tudo que Bosch tinha a fazer era liquefazer um pouco de ar com os refrigeradores Guinness, aquecer a poça de líquido resultante a –195°C e recolher os vapores de nitrogênio. Cada vez que você vê um saco de fertilizante hoje, pode agradecer à cerveja preta Guinness.

A segunda questão era o catalisador. Embora eficiente para desencadear a reação, o ósmio nunca funcionaria na indústria: como minério, ele faz ouro parecer barato e abundante, e comprar ósmio suficiente para produzir amônia nas escalas que Bosch tinha em mente teria levado a empresa à falência. Bosch precisava de um substituto barato, e aplicou a tabela periódica inteira ao problema, testando metal após metal. Ao todo, sua equipe realizou 20 mil experimentos antes de finalmente se decidir por óxido de alumínio e cálcio misturado com ferro. Haber, o cientista, havia procurado a perfeição – *o* melhor catalisador. Bosch, o engenheiro, contentou-se com um híbrido.

Nitrogênio puro e catalisadores baratos nada significavam, contudo, se Bosch não pudesse superar o maior obstáculo: as enormes pressões. Um

professor de faculdade me disse uma
vez que a peça de equipamento ideal
para um experimento se desmantela
assim que você registra os últimos
dados: isso significa que você desperdiçou o mínimo possível de tempo
com sua manutenção. (Cientista típico.) O equipamento de Bosch tinha
de funcionar por meses sem parar, a
temperaturas altas o bastante para tornar o ferro incandescente e a pressões
vinte vezes mais altas que nas máquinas a vapor das locomotivas. Quando
os executivos da Basf ouviram esses
números pela primeira vez, sentiram
náuseas: um deles protestou que um

O químico Carl Bosch, o gênio da
produção do nitrogênio-amônia.

forno em seu departamento que funcionava a meras sete vezes a pressão atmosférica – um trigésimo do que foi proposto – tinha explodido na véspera.
Como poderia Bosch construir um recipiente de reação forte o bastante?

Bosch respondeu que não tinha nenhuma intenção de construir ele
mesmo o recipiente. Em vez disso, recorreu à companhia de armamentos
Krupp, fabricante de canhões lendariamente grandes e artilharia de campo.
Intrigados pelo desafio, os engenheiros da Krupp logo construíram para
ele o equivalente na química do Big Bertha:* uma série de cubas de aço
de 2,43 metros de altura e 2,54 centímetros de espessura. Depois Bosch
envolveu os recipientes em concreto para maior proteção contra explosões.
Boa coisa, porque o primeiro estourou após três dias de testes. Mas como
um historiador comentou: "Não se podia permitir que o trabalho parasse
por causa de uma rajadinha." A equipe de Bosch reconstruiu os recipientes,
forrando-os com um revestimento químico para impedir que os gases

---

* Obuseiro de maior calibre (420mm) da Primeira Guerra Mundial, usado no cerco de
Liège. (N.T.)

quentes corroessem o interior, e depois inventou novas válvulas, bombas e lacres resistentes para suportar os golpes da alta pressão.

Além de introduzir essas novas tecnologias, Bosch também ajudou a criar uma nova abordagem à ciência. A ciência tradicional sempre dependeu de indivíduos ou pequenos grupos, cada qual fornecendo input para todo o processo. Bosch adotou a ideia de linha de montagem, conduzindo dúzias de pequenos projetos em paralelo, mais ou menos como o Projeto Manhattan três décadas mais tarde. Também como o Projeto Manhattan, ele obteve resultados de maneira incrivelmente rápida – e numa escala que a maioria dos cientistas nunca imaginara. Poucos anos depois das primeiras gotas de Haber, a divisão de amônia da Basf havia erguido uma das maiores fábricas do mundo, perto da cidade de Oppau. A usina abrigava vários quilômetros lineares de tubos e fiação, e usava liquefadores de gás do tamanho de casebres. Possuía entroncamento ferroviário próprio por onde expedir matérias-primas e um segundo entroncamento para transportar seus 10 mil trabalhadores. No entanto, a coisa mais espantosa em relação a Oppau talvez fosse que ela funcionava e fabricava amônia tão rapidamente quanto Bosch prometera. Dentro de alguns anos a produção duplicou, depois duplicou novamente. Os lucros cresceram ainda mais depressa.

Apesar desse sucesso, em meados dos anos 1910 Bosch decidiu que mesmo ele estivera pensando pequeno demais, e pressionou a Basf a abrir uma fábrica maior e mais extravagante perto da cidade de Leuna. Mais cubas de aço, mais trabalhadores, mais quilômetros de tubos e fiação, mais lucro. Em 1920 a usina de Leuna concluída se estendia por 3,2 quilômetros de largura e 1,6 quilômetro de um lado a outro – "Uma máquina tão grande quanto uma cidade", maravilhou-se um historiador.

Oppau e Leuna lançaram a indústria moderna dos fertilizantes, e ela basicamente nunca se desacelerou desde então. Até hoje, um século depois, o processo Haber-Bosch ainda consome nada menos que 1% do abastecimento energético do mundo. Os seres humanos produzem 175 milhões de toneladas de fertilizantes de amônia por ano, e esse fertilizante faz crescer metade da comida do planeta. Metade. Em outras palavras, uma entre cada duas pessoas vivas hoje, 3,6 bilhões de nós, desapareceria se não fosse por Haber-Bosch. Em outras palavras, metade de seu corpo desapareceria se você se olhasse no espelho: um em cada dois átomos de nitrogênio em seu DNA e nas proteínas ainda estaria esvoaçando pelo ar não fosse a genialidade despeitada de Haber e a visão ambiciosa de Bosch.

Como eu gostaria que a história de Haber e Bosch terminasse aí, simples e feliz, com os dois químicos alemães como salvadores da humanidade. Mas orgulho e ambição acabaram por manchar o triunfo de ambos.

A amônia tornou Haber rico. Suas patentes lhe valeram vários centavos por quilo produzido, e logo a Basf estava produzindo um Niágara de dezenas de milhares de toneladas por ano. Mas Haber mais ou menos ignorou o trabalho com o nitrogênio depois que vendeu os direitos. Em vez disso, ele explorou sua súbita fama para conseguir um cargo administrativo no novo Instituto Kaiser Wilhelm em Berlim, em 1911. Como diretor, podia agora conviver com políticos e membros da família real, o que o encantava extremamente. Chegou até a ajudar a recrutar Albert Einstein para trabalhar em Berlim, e apesar de suas concepções políticas diametralmente opostas (Haber era conservador, Einstein, liberal), os dois se tornaram grandes amigos. De fato, alguma coisa em Einstein despertou um lado terno de Haber. Quando o primeiro casamento de Einstein se desintegrou e sua mulher foi embora com os dois meninos, foi Haber quem fez companhia para Einstein durante a noite toda enquanto ele chorava.

Haber se compadeceu de Einstein em parte porque seu próprio casamento estava se desfazendo. Ele e sua mulher, Clara, haviam se conhecido como estudantes de química, quando ele tinha dezoito anos e ela quinze; ele pediu-lhe a mão quinze anos depois, após convidá-la para uma conferência de química como artimanha só para encontrá-la. Apesar desse início romântico, o casamento enfrentou dificuldades, e Clara se opôs a que se desapegassem da antiga vida e se mudassem para Berlim.

Eles entraram em conflito também por causa do crescente chauvinismo de Haber. Mesmo na infância ele havia sido bastante *über alles*,* mas seu novo trabalho o pôs em contato com o *Kaiser*, e Haber caiu de amores. Um colega certa vez o pegou praticando reverências, só para o caso de o *Kaiser* convidá-lo para almoçar.

Quando a Primeira Guerra Mundial foi deflagrada, Haber transformou seu instituto num pequeno posto militar avançado. Para ser justo, na intimidade Haber considerava a guerra fútil e os líderes militares estúpidos, mas reconhecia também que a vitória na guerra glorificaria a Alemanha, e assim ingressou no Exército, raspou a cabeça e passou a usar uniformes feitos sob medida para trabalhar. Ele também cercou sua casa de arame farpado e redirecionou seu trabalho científico para fins militares. Um projeto implicava o desenvolvimento de gasolina que não congelasse durante os invernos russos. Outro dizia respeito à adaptação de seu processo de produção de amônia para fazer explosivos. Em terceiro lugar, e o pior, Haber começou a canalizar seu conhecimento arduamente adquirido sobre os gases para a criação de um novo tipo de arma.

Embora a guerra química remonte a vários milênios atrás – aos gregos antigos, que se expulsavam uns aos outros de suas cidades-Estado com vapores de enxofre –, ataques com gás eram muito menos eficientes que, digamos, derramar óleo fervente em alguém. Mesmo durante os primeiros meses da Primeira Guerra Mundial, quando a França e a Rússia atingiram a Alemanha com gases, os ataques quase sempre malogravam por completo: os gases franceses se dispersavam ao vento antes que os alemães percebessem que tinham sido "atacados", enquanto os gases russos se resfriavam, liquefaziam e condensavam inofensivamente na lama.

Mesmo que a França e a Rússia tivessem tido sucesso, seus gases – todos baseados no elemento bromo – não teriam causado muito mais dano

---

* Referência a palavras do hino nacional alemão, *Deutschland über alles*, a Alemanha acima de tudo. (N.T.)

que o moderno gás lacrimogêneo. Haber tinha em mente gases muito mais diabólicos, baseados no elemento cloro. Todos nós conhecemos o cloro a partir do sal de mesa e das piscinas, mas ele também forma um gás diatômico (Cl_2). E, diferentemente do calmamente diatômico nitrogênio, o cloro diatômico corrói: seus átomos são unidos por ligação simples, uma ligação que eles perdem de bom grado para atacar outros átomos. O cloro custava menos de US$0,10 o quilo no tempo de Haber, e por ser mais pesado que o oxigênio e o nitrogênio ele decai quando solto no ar. Em consequência, nuvens de gás de cloro mergulhavam nas trincheiras em vez de serem carregadas pelo vento.

De início, a divisão de guerra química do capitão Haber empregava apenas dez químicos, uma turma modesta. Mas esses dez incluíam três futuros Prêmios Nobel, uma assustadora concentração de talentos. Até o antigo rival de Haber, Nernst, tentou colaborar, pelo bem da Alemanha. Haber rechaçou-o, desejando ficar com toda a glória.

Vários colegas químicos, no entanto, não viam honra nem glória no trabalho com gases – entre eles a esposa de Haber. Clara era química (ou tinha sido, antes que suas obrigações como dona de casa descarrilassem sua carreira), e lhe parecia que usar substâncias como armas era trair a nobre missão da disciplina de ajudar as pessoas. Outros colegas tinham objeções mais pragmáticas. O ganhador do Prêmio Nobel Emil Fischer esperava "do fundo de [seu] coração patriótico" que Haber fracassasse, porque compreendia que, se ele tivesse sucesso, os franceses e os britânicos retaliariam com suas próprias armas de cloro.

Haber, contudo, afirmava que os Aliados nunca teriam essa chance. Não porque o cloro fosse tão mortal assim. Ele sabia que, apesar da toxicidade, o cloro jamais mataria sequer uma fração dos soldados mortos pelo aço. O verdadeiro valor tático do gás, ele afirmava, era o terror: os soldados inimigos veriam as nuvens verdes de cloro avançando em sua direção e entrariam em pânico, fugindo das trincheiras e abrindo o front para uma investida alemã. Um ataque a gás oportuno, ele se gabava, podia levar à vitória na guerra. Que diabos, ele estava *salvando* vidas no longo prazo.

Em busca desse nobre objetivo, Haber estava disposto a suportar várias baixas no curto prazo. Em dezembro de 1914, um membro da equipe de guerra química perdeu a mão e outro morreu quando um tubo de ensaio explodiu. Haber repreendeu a si mesmo tolamente no funeral, mas se recusou a suspender o projeto. Mais tarde, durante testagens de campo, o próprio Haber quase morreu sufocado quando entrou a cavalo numa área contaminada. Apesar dessa experiência em primeira mão com o gás – ou talvez por causa dela –, ele não via a hora de soltar cloro sobre o inimigo, e finalmente teve sua chance em Ypres (na Bélgica moderna), na primavera de 1915, durante a chamada Operação Desinfecção.

Como Bosch com a amônia, Haber planejou seu ataque a gás numa escala que ninguém ousara considerar antes – 5.730 latas contendo 168 toneladas de cloro. Cada lata foi enterrada abaixo do nível do solo com um tubo serpenteando até a superfície. Ventos contrários atrasaram a liberação por semanas, mas em 22 de abril – quando os generais alemães estavam perdendo a paciência – as lufadas finalmente mudaram de direção em favor da Alemanha. Às cinco da tarde, soldados especialmente treinados avançaram furtivamente e abriram as válvulas. *Hissss*. Uma nuvem verde de tempestade com quinze metros de altura e mais de seis quilômetros de comprimento começou a se deslocar em direção às linhas francesas e canadenses.

Quando penetra nas narinas da pessoa, o cloro induz um reflexo que a faz prender o fôlego. Finalmente ela arqueja, e os átomos invasores de cloro reagem com a água na boca, na garganta e nos pulmões para fazer ácido clorídrico (HCl) e ácido hipocloroso (HClO). Esses ácidos arranham os capilares nos pulmões e removem o revestimento dos alvéolos, os pequeninos sacos que absorvem oxigênio. Há muito tecido para atacar ali – se completamente esticado, o pulmão tem área de superfície suficiente para cobrir uma quadra de tênis –, e o fluido saído dos capilares e alvéolos quebrados começa a se acumular em poças. Esse líquido bloqueia o fluxo de oxigênio para o interior dos pulmões, e a cada segundo fica mais difícil respirar. As vítimas se afogam em terra seca.

Vista aérea do primeiro ataque com gás bem-sucedido durante
a Primeira Guerra Mundial, perto de Ypres, 22 de abril de 1915.

Os soldados franceses e canadenses reagiram a princípio com estupefação – nunca tinham visto nevoeiro verde antes. Após uma cheirada, o espanto deu lugar ao terror. Cavalos dispararam para a retaguarda, a boca espumando. Os soldados da Infantaria os seguiram rapidamente, dando caneladas e tropeçando, descartando rifles e até as roupas na fuga. Logo toda a linha se rompeu e, assim como Haber previra, as trincheiras se esvaziaram. Lamentavelmente para a Alemanha, os temores de Haber em relação à estupidez do alto-comando provaram-se igualmente proféticos. Não acreditando que o ataque iria funcionar, os generais alemães não tinham soldados prontos para explorar a reviravolta e não fizeram avançar nenhuma unidade para apoiá-los. Embora as estimativas do número de baixas variem amplamente, é muito provável que milhares de homens tenham se afogado naquele dia – e tudo para nada, pois a Alemanha praticamente não ganhou nenhum terreno.

Ainda assim, os generais alemães gostaram do que viram e ordenaram um segundo ataque a gás alguns dias depois. Esse também de pouco lhes valeu, mas mesmo assim eles promoveram Haber e providenciaram para que ele realizasse um ataque similar no Front Oriental contra a Rússia.

No caminho entre a França e a Rússia, o capitão Haber passou alguns dias em casa. Logo desejou não o ter feito. Clara enfrentou-o, exigindo que renunciasse ao trabalho com gás. Haber recusou-se. Ao contrário, pretendia dar uma festa para comemorar, assim como fizera depois de vender a receita de amônia para a Basf.

Clara manteve a calma durante a festa, mas, depois que os convidados se dispersaram, viu-se sozinha. Haber tinha tomado alguns comprimidos para dormir e mergulhara num sono de bêbado, e na súbita quietude Clara tomou uma decisão. Primeiro escreveu algumas cartas e pôs seus negócios em ordem. Em seguida pegou a pistola militar do marido e se esgueirou para o jardim. Disparou um tiro como teste antes de virar a arma para o próprio peito. Seu filho de treze anos, Hermann, correu ao térreo e só teve tempo de dizer adeus antes que ela morresse. (Anos mais tarde, Hermann iria se suicidar também.)

Na manhã seguinte a faceta sentimental de Haber emergiu e ele chorou sobre o corpo de Clara, declarando-se despedaçado. Por mais desprezível que fosse como marido, ele nunca tinha esquecido por completo aquela garota que amara aos dezoito anos. Mas o patriota reprimiu essas emoções e ele partiu para a Rússia antes mesmo do funeral. (Em 1917 Haber casou-se de novo, com uma mulher muito mais jovem, e começou uma nova família. Usou um capacete durante a cerimônia.)

Como previsto, os franceses e britânicos logo fizeram uso de seu próprio gás em retaliação. E em retaliação contra a retaliação, a equipe de Haber, que crescera rapidamente para 1.500 cientistas até o fim da guerra, desenvolveu agentes ainda mais detestáveis, como o gás mostarda e o fosgênio. (Se cloro cheira a piscina, gás mostarda cheira a raiz-forte e fosgênio a feno cortado.) Para fazer frente a essas novas ameaças, máscaras de gás logo se tornaram equipamento-padrão de ambos os lados; num aperto, os soldados podiam também urinar em lenços e segurá-los sobre a boca, porque as substâncias químicas presentes na urina neutralizavam os agentes do gás. Contudo, por mais eficientes que fossem para prevenir danos ao pulmão, as máscaras não neutralizavam o terror do gás. Para os soldados nas trincheiras, qualquer odor desconhecido flutuando no ar, mesmo um buquê floral da primavera, pressagiava uma nova e pior maneira de morrer. Longe de encerrar a guerra, portanto, os gases de Haber agravaram o impasse.[4]

APESAR DE SUAS vantagens científicas, a Alemanha enfim se exauriu e desmoronou em 1918. (Ironicamente, um problema foi a falta de alimentos e fertilizante, pois as Forças Armadas tinham confiscado a maior parte da amônia para fabricar explosivos.) Mesmo quando o derramamento de sangue parou, no entanto, as hostilidades continuaram. A França tinha sofrido mais que qualquer outro país durante a guerra, e nas negociações de paz em Versalhes os líderes franceses estavam decididos a fazer a Alemanha gemer. Eles exigiram o equivalente a 50 mil toneladas de ouro como reparação, quantidade igual a dois terços das reservas de ouro do mundo na época. (Para efeito de comparação, Fort Knox* guarda aproximadamente 5 mil toneladas.)

A comunidade científica tinha suas próprias contas a acertar, e cientistas de vários países denunciaram Haber como criminoso de guerra por sua pesquisa. Ele considerou isso um absurdo, e tinha razão. Os ataques a gás causaram 1,25 milhão de baixas durante a guerra, mas apenas 91 mil mortes – 1% dos 8,5 milhões de soldados que morreram em campo de batalha. Então, por que condená-lo, e não aqueles que fabricavam projéteis e armas? Ainda assim, quando o clamor contra ele ficou mais ruidoso, Haber fugiu da Alemanha para a Suíça, onde pagou um resgate pela cidadania e (de maneira um tanto ridícula) deixou crescer a barba para se disfarçar. Nenhum país jamais prestou queixa, mas a nódoa de crimes de guerra, com um leve cheiro de cloro, acompanhou Haber pelo resto da vida.

Até hoje os historiadores não sabem muito bem o que fazer com Haber. Sua receita de amônia salvou milhões da fome na época e alimenta bilhões até hoje. Isso faz dele um genuíno herói da ciência, lado a lado com as pessoas que desenvolveram as vacinas. Ele também inventou algumas

---

* Local do Depósito de Ouro dos Estados Unidos. (N.T.)

das armas mais apavorantes da história – e soltou-as sobre seus semelhantes com prazer. As coisas ficaram ainda mais confusas em 1919, quando Haber ganhou o Prêmio Nobel de Química. Isso consolidou seu status de genialidade científica, mas, em razão de protestos públicos, não lhe foi permitido receber a medalha na cerimônia oficial. Ele teve de esperar seis meses, e o rei da Suécia não a entregou pessoalmente.

Afrontas como essas não perturbavam Haber. Ele fizera tudo por sua pátria, e isso justificava todas as coisas. De fato, continuou a se dedicar à Alemanha após a guerra. Para reduzir o fardo das reparações, tentou extrair ouro da água do mar, instalando laboratórios secretos em navios de cruzeiro para coletar amostras. Parecia uma ideia maluca, mas, afinal, extrair fertilizante do ar também era.

Haber continuou a trabalhar com gases às escondidas, aconselhando a Espanha e a União Soviética. Mascarava seu trabalho sob pretexto de estar estudando maneiras de destruir estoques existentes ou convertê-los em inseticidas. Mas se alguém duvidava de seu compromisso com a guerra química – ou sua falta de remorso –, bastava visitar seu escritório, onde ele mantinha um artigo de jornal emoldurado, supostamente assinado pelo *Kaiser*, sobre o primeiro ataque a gás bem-sucedido no mundo, em Ypres.

CARL BOSCH TAMBÉM passou por maus momentos após a Primeira Guerra Mundial. Depois da rendição da Alemanha, em 1918, agentes franceses exigiram o direito de "inspecionar" a *Ammoniawerk* da Basf – aparentemente para assegurar que a Alemanha tinha parado de produzir explosivos, mas na realidade para roubar a tecnologia de Bosch. Assim que os inspetores batiam na porta da frente, porém, Bosch fazia seus operários soltarem as ferramentas e interromperem o funcionamento de todas as máquinas, de modo que os franceses nunca pudessem vê-los em ação. Os trabalhadores de Bosch tinham também o mais maldito azar durante as inspeções. Válvulas e medidores essenciais estavam sempre se quebrando pouco antes que os inspetores chegassem, e as escadas necessárias para alcançar alguns mecanismos desapareciam. Bosch nunca impediu que os inspetores entrassem, mas transformava todas as visitas numa farsa. Frustrados e furiosos, os inspetores convocaram Bosch – que a essa altura tinha ascendido ao status de executivo na Basf – para as conferências de paz em Versalhes, nas quais a tecnologia da amônia foi um importante ponto de disputa. Ao chegar, Bosch e vários colegas foram encerrados num hotel cercado de arame farpado. Após alguns dias de "negociação", Bosch se deu conta de que, de uma maneira ou de outra, teria de abandonar a tecnologia da amônia. Desejando os melhores termos possíveis, ele se arriscou a ser preso uma noite escalando o arame farpado e comparecendo a uma reunião clandestina com fabricantes franceses. Ali ele assinou um pacto para ajudar a construir uma fábrica na França – contanto que os franceses deixassem a Basf em paz.

Eles não o fizeram. No início dos anos 1920 os pagamentos de reparação de guerra tinham paralisado a economia alemã: em certa altura, um pão custava 1 bilhão (sim, com b) de marcos alemães. Finalmente o governo parou de pagar e pediu mais tempo. A maioria das nações concordou, mas a França decidiu ocupar as fábricas da Basf na Alemanha em vez de receber o pagamento. Quando Bosch mais uma vez instruiu seus trabalhadores a desligar as máquinas, o governo francês indiciou-o e sentenciou-o, *in absentia*, a oito anos de prisão. Dos dois homens por trás do processo Haber-Bosch, portanto, somente Bosch acabou condenado como criminoso de guerra.

Bosch reconquistou algum respeito internacional em 1931, quando também ganhou o Prêmio Nobel de Química. A distinção surpreendeu a muitos, embora Haber já o tivesse recebido pelo trabalho com a amônia. O comitê do Nobel recompensou Bosch mais por seus feitos em química de alta pressão que por qualquer outra coisa. Isso foi adequado, porque àquela altura ele havia mais ou menos abandonado a pesquisa com a amônia. A Basf (agora pertencente a uma companhia controladora chamada I.G. Farben) continuou a fabricar a substância, mas, como outras empresas em outros países haviam recebido licença para utilizar a tecnologia – ou a roubaram –, os lucros tinham minguado. Por isso Bosch canalizara seu conhecimento de química de alta pressão para um novo campo, a produção de petróleo e gasolina.

Na época, meados da década de 1920, o óleo cru parecia estar es-casseando no mundo. (Ha!) Todos os poços antigos tinham secado, e companhias como a Basf/Farben lutavam para desenvolver alternativas sintéticas. Bosch se convenceu de que liquefazer carvão e refiná-lo como gasolina era a melhor opção; no entanto, o trabalho provou-se mais árduo que o esperado. Os cientistas classificam tanto gases quanto líquidos como *fluidos*, porque uns e outros fluem sob pressão. Mas os líquidos fornecem muito mais resistência ao fluxo que os gases: compare o gesto de acenar a mão debaixo d'água ao mesmo gesto no ar. O carvão líquido provou-se especialmente alcatroado, estragando todos os canos e válvulas que Bosch usava.

Para piorar, exploradores de petróleo em Oklahoma e no Texas fi-zeram algumas das maiores greves da história do setor petroleiro nos anos 1920. E quando o preço do petróleo começou a despencar na década seguinte, Bosch compreendeu que jamais conseguiria forçar o custo do carvão líquido para baixo o suficiente para competir. Infelizmente, Bosch – então diretor da Farben – já tinha apostado o futuro da companhia na gasolina sintética. Vendo-se diante da ruína, ele começou a lutar para obter contratos com o governo a fim de levantar dinheiro de qualquer forma. Isso o levou a Adolf Hitler.

Verdade seja dita, os nazistas horrorizavam Bosch. Ele se ressentia especialmente da Lei para a Restauração do Serviço Civil Profissional, que em abril de 1933 expurgou os judeus dos serviços do governo. Como companhia privada, a Farben podia conservar seus empregados judeus e o fez, e Bosch ajudou muitos outros judeus a encontrar empregos no estrangeiro. Ao mesmo tempo, ele se encontrou com Hitler e ouviu com extasiada atenção quando o Führer falou entusiasticamente, sem parar, sobre automóveis e seu desejo de obter uma boa fonte ariana de gasolina sintética. (Hitler também queria combustível para as Forças Armadas em rápida expansão, claro, mas era perspicaz o bastante para não dizer isso a Bosch.) No encontro, Bosch pediu de fato a Hitler que poupasse alguns cientistas judeus, mas esse apelo à decência do ditador funcionou mais ou menos como seria de esperar. "Se os judeus são tão importantes para a física e a química", vociferou Hitler, "então teremos simplesmente de viver sem física e química por cem anos." Desmanchando-se em desculpas, Bosch recuou, e para reparar o dano posteriormente ele elogiou o regime nazista numa publicação e compareceu a comícios com bandeiras da suástica e saudações *Sieg Heil*. A Farben obteve seus contratos de fornecimento de combustível. O mundo obteve a guerra.

No fim da Segunda Guerra Mundial, fábricas projetadas por Bosch estavam fornecendo um quarto da gasolina na Alemanha. Hitler as considerava tão decisivas para o Reich que as cercou com o melhor sistema de defesa antimísseis da Europa; até Berlim era menos protegida. Num sentido real, Bosch tornou a *Blitzkrieg* nazista possível, tanto por desenvolver a tecnologia para liquefazer carvão quanto assegurar que os nazistas fossem os primeiros a se beneficiar disso.

Para ser justo, Bosch não se comportava pior que os colegas em outras indústrias, que abasteciam os nazistas com armas, máquinas e borracha. No entanto, ele fica bem mal quando comparado a seus pares cientistas: Einstein, Max Planck, Nernst e outros ganhadores do Prêmio Nobel – a maioria dos quais havia apoiado a Alemanha sem reservas durante a Primeira Guerra Mundial – se recusaram a bajular Hitler. Até Haber, que havia ansiado por ver a Alemanha se reerguer, insultou os nacional-socialistas como escória. De fato, justo quando Haber parecia ter confirmado sua reputação como réprobo moral, sua disposição de fazer frente a Hitler de certa forma o redimiu.

Como chefe de um instituto do governo, Haber teve de demitir todos os seus empregados judeus em abril de 1933, uma perda devastadora: os judeus eram apenas 1% da população alemã, mas integravam 20% dos cientistas. Apesar de sua ascendência judaica, o próprio Haber conservou o emprego (a lei isentava veteranos da Primeira Guerra Mundial), e durante semanas ele racionalizou sua decisão de continuar, dizendo a si mesmo que a loucura nazista iria passar. Mas em 30 de abril parou de mentir para si mesmo e escreveu uma comovente carta de demissão. "Durante mais de quarenta anos escolhi meus colaboradores com base em sua inteligência e seu caráter", escreveu, "e não com base em seus avós." Sua demissão ganhou manchetes em toda a Alemanha e causou a Hitler considerável embaraço: diferentemente, digamos, de Einstein, ninguém podia desprezar Haber como pacifista idealista.

As manchetes pouco fizeram para consolar Haber pessoalmente, no entanto. Após investir tanto de si mesmo na Alemanha, a Alemanha o cuspia. De coração partido, ele tomou providências a fim de emigrar para a Suíça e recomeçar, mas, como punhalada final, os nazistas confiscaram a fortuna que ele fizera com o trabalho da amônia. Pobre, Haber começou a procurar emprego em outros países – e não recebeu nenhuma proposta. Apesar de seu Prêmio Nobel, apesar de sua resistência a Hitler, ninguém podia passar por cima do fedor de guerra química que ele exalava. Finalmente conseguiu um cargo não remunerado na Universidade de Cambridge, mas, quando chegou lá, Ernest Rutherford, o grande ancião da ciência inglesa, se recusou a apertar sua mão.

Vendo-se na iminência da ruína, Haber apelou para um último colega, Carl Bosch. Embora os dois não fossem amigos, Bosch tinha expressado com frequência sua gratidão por Haber e prometera-lhe uma vez ajudá-lo se algum dia ele precisasse. "Levei suas palavras a sério", escreveu Haber a Bosch em 1933. "Não gostaria de me possibilitar viver esses anos que me restam … em paz e decência?" Bosch nunca respondeu. Sem opção, Haber tentou se mudar novamente, da Inglaterra para a Palestina, mas seu coração falhou no caminho, em janeiro de 1934. Seu último desejo, sentimental, foi ser enterrado ao lado de Clara.

O rumor do fim patético de Haber espalhou-se por toda a Europa, e quando o aniversário de um ano de sua morte chegou, seu velho amigo Max Planck decidiu promover uma cerimônia pública em sua honra.[5] Agentes nazistas recomendaram a Planck cancelá-la, mas, apesar disso, ele alugou um auditório de quinhentos lugares para a homenagem. Na noite do evento, Planck desesperou-se diante da escassez da audiência – em sua maioria esposas de outros cientistas medrosos demais para comparecer. Quilômetros pareciam separar um convidado do outro. Finalmente, o público melhorou um pouco quando alguns velhos colegas de guerra de Haber entraram. E tal como acontecera com a produção de amônia décadas antes, o pinga-pinga transformou-se numa torrente quando Carl Bosch chegou. Sem dúvida sentindo-se culpado, Bosch havia arregimentado um grande número de empregados da Basf para comparecer. Eles ocuparam até o último assento, e os retardatários tiveram de ficar de pé no fundo da sala.

Por coincidência ou não, Bosch começou a se pronunciar contra os nazistas, ainda que de forma cautelosa, depois da cerimônia de homenagem a Haber. Lamentavelmente, começou também a beber muito e talvez a abusar de analgésicos. O ponto mais baixo veio quando ele fez um discurso bêbado, com a fala enrolada, defendendo a liberdade de pensamento, na inauguração de um museu, e conseguiu apenas envergonhar a si mesmo. A Farben finalmente aposentou-o no fim dos anos 1930 e continuou a aumentar a produção de gasolina sintética para Hitler. Bosch morreu em 1940, com a Alemanha ainda em ascensão, mas ele não tinha nenhuma ilusão sobre quanto as coisas acabariam mal. "É um dom terrível quando podemos prever o futuro", disse ele perto do fim. "O trabalho da minha vida inteira será destruído."

Ainda assim, o futuro foi mais amável com Bosch do que ele imaginava, embora não no curto prazo. Seus magníficos quilômetros de fábricas, já trabalhando dia e noite para a Wehrmacht quando ele morreu, sofreram danos pesados durante a Segunda Guerra Mundial, quando se tornaram alvos importantes para bombardeiros aliados. E a companhia que ele construiu tornou-se um pária depois da guerra por causa da colaboração com os nazistas. Mas num sentido mais importante o trabalho da vida de Bosch nunca foi destruído. Ele prossegue hoje, de fato prospera, e provavelmente o fará até o fim da civilização. Quaisquer que tenham sido seus defeitos pessoais, Bosch e Haber descobriram como transformar nosso próprio ar em alimento, e não é exagero dizer que jamais os seres humanos inventaram uma reação química mais importante.

Interlúdio: Soldando uma arma perigosa

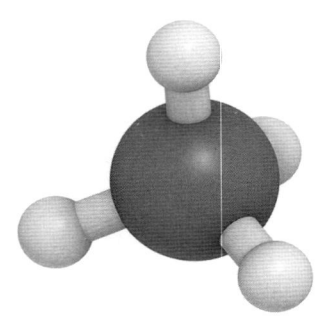

Metano (CH_4) – atualmente duas partes por
milhão no ar; você inala 25 quatrilhões
de moléculas cada vez que respira.

A SEGUIR, o gás mais importante a aparecer na história de nossa atmosfera
foi o oxigênio (O_2), que começou a se acumular cerca de 2 bilhões de anos
atrás. Antes de falar disso, contudo, é útil saber por que o oxigênio é um
gás tão importante. Em síntese, ele é um instigador, pondo em marcha
diferentes tipos de reação química que jamais ocorreriam de outra maneira. Uma dessas reações é a combustão. O oxigênio puro pode levar até
os metais a se inflamar – fato que deu a um criminoso na Alemanha a
ideia para um audacioso assalto no final do século XIX.

O camarada era em parte trapaceiro, gatuno furtivo, e em parte em-
presário científico. Alguns dias antes do Natal de 1890, um homem que
dizia se chamar Smith registrou-se num hotel em cima do Lower Saxony
Bank de Hanôver, na Alemanha. Ele persuadiu o recepcionista a lhe dar
um quarto específico – talvez tenha solicitado uma vista –, bem como
os quartos adjacentes. (Para sua irmã e seu pai, alegou, que chegariam

em breve.) Em seguida recolheu-se para dormir, sem dúvida tomando cuidado para evitar qualquer tinido em sua bagagem enquanto subia a escada. Após esperar o momento propício, na madrugada do dia de Natal, Smith tirou um guarda-chuva e uma serra de sua mala e furou um pequeno buraco no assoalho. A barra estava limpa no banco embaixo, então ele enfiou o guarda-chuva para aparar o entulho e furou um buraco maior. Em seguida pegou uma escada de corda e desceu, um saco jogado sobre o ombro.

Em seguida veio a gatunagem furtiva. Em vez de contratar um guarda para proteger os 7 milhões de marcos alemães na caixa-forte, o banco instalara um sofisticado sistema de segurança eletrônico. A caixa-forte ficava no subsolo e só era acessível por meio de uma escada em espiral, que era conectada a um alarme: a menor pressão, até um passo, acionaria as sirenes. Smith tinha examinado o local, contudo, e sabia que só precisava desatarraxar alguns condutores elétricos conectados aos degraus. Com o alarme desativado, ele desceu lepidamente.

Então veio a ciência. No subsolo, Smith tirou algumas ruidosas latas de oxigênio do saco. Tirou também uma ferramenta comprida, delgada, que consistia em dois cilindros de metal com cerca de 45 centímetros de comprimento e 1,27 centímetro de diâmetro; um tubo de borracha pendia da extremidade de cada um. Ele prendeu um tubo ao cano de gás do banco, que emitia uma mistura rica em metano (CH_4). O outro tubo ele afixou numa lata de oxigênio. Fez o gás começar a sibilar através de cada tubo, depois pegou o item final, uma caixa de fósforos. Com o bico do maçarico aceso, ele se voltou para a caixa-forte de ferro.

Vários químicos tinham (inadvertidamente) assentado as bases para esse crime durante o século anterior, explicando como e por que as substâncias se inflamam. No que talvez fosse o aspecto mais importante, eles descobriram que a combustão requer três coisas: combustível, energia e o chamado oxidante. Oxidantes furtam elétrons de outras substâncias, o que é fundamental, porque os elétrons impelem todas as reações químicas – a química é basicamente o estudo de como os átomos furtam, trocam e compartilham elétrons. Como seu nome sugere, o oxigênio dá um excelente oxidante, e ao furtar elétrons do combustível de metano, ele torna o metano instável. O metano instável e o oxigênio reagem então com uma súbita explosão, sofrendo uma série de rápidas mudanças químicas que finalmente produzem compostos chamados óxidos (como dióxido de carbono). A única advertência aqui é que o oxigênio não começará a atacar o combustível sem um pontapé inicial de energia térmica – daí o fósforo. Mas depois que o oxigênio começa a atacar, as reações que ocorrem liberarão mais calor, o que torna o processo autossustentável.

Portanto, isso é combustão em poucas palavras: energize um pouco de oxigênio, deixe-o atacar um pouco de combustível e recue. Mas Smith precisava dar mais um passo, porque mesmo que ele tivesse a chama de metano ardendo, ainda precisava atravessar a caixa-forte de ferro.

Para compreender esse passo, podemos nos voltar para o famoso químico francês Antoine-Laurent Lavoisier, que descobriu uma propriedade curiosa do ferro em 1776. Todos os metais derretem numa dada temperatura. Eles também se inflamam em outra dada temperatura. ("Inflamar-se", aqui, significa a mesma coisa que antes, com o metal funcionando como combustível desta vez.) Na maioria dos metais, a temperatura de derretimento é mais baixa que a de combustão, mas o ferro se comporta de maneira oposta. Ele se inflama por volta de 982°C, mas derrete a 1.538°C. E há uma vantagem inesperada escondida nessa novidade. Mais uma vez, a combustão libera calor. Assim, imagine tornar uma chama quente o bastante para chegar a 982°C e fazer um pequeno pedaço de ferro se queimar. O calor liberado aquecerá o ferro circundante a mais de 1.538°C e o derreterá. Assim, você obtém os 556°C extras "de graça" numa minirreação em cadeia: uma pequena quantidade de combustão produz muito derretimento.

Um engenheiro de barba branca e calvície incipiente chamado Thomas Fletcher finalmente encontrou uma aplicação prática para essa reação no final dos anos 1880 – um maçarico que usava oxigênio e gás natural rico em metano. O resultado não foi exatamente como encostar uma faca quente na manteiga – o corte era lento –, ainda assim, porém, agora Fletcher podia cortar ferro sem uma lâmina, o que era um grande avanço. De fato, ele esperava fazer uma fortuna com sua invenção. Mas quando a demonstrou numa feira de negócios em 1888, um grupo de fabricantes de cofres e caixas-fortes cercou seu estande. "Esse método só pode ser usado para propósitos criminosos", enfureceu-se um deles, "e deveria ser proibido." Eles exigiram que Fletcher interrompesse sua demonstração e desistisse. Ele se recusou, e dentro de alguns anos o misterioso, mas empreendedor, Smith se apossou de um cortador Fletcher.

O corte naquela noite de Natal exigiu mais tempo do que Smith esperava, em parte por causa da geometria do buraco. Ele estava cortando um retângulo de trinta por cinquenta centímetros na parede da caixa-forte. Um círculo com a mesma área teria um perímetro menor, e por isso usaria menos combustível. Por outro lado, o retângulo tinha uma diagonal mais larga, permitindo-lhe enfiar-se lá dentro se fosse preciso. Ele apostou no retângulo, e esperou que três latas de oxigênio fossem suficientes. À uma e meia da madrugada tinha usado duas e quase esvaziado a terceira.

Finalmente, contudo, conseguiu desprender o retângulo de metal. Deixou-o de lado e enfiou o braço no vazio, as pontas dos dedos prontas para agarrar montes macios de marcos alemães. Em vez disso sua mão bateu em algo frio e duro – mais ferro. Uma caixa-forte de parede dupla. *Scheisse.*

Smith subiu ao andar superior e disparou pela escada de corda acima até seu quarto. Depois se acalmou, transformou-se de novo no personagem e desceu à recepção, onde explicou ao recepcionista que negócios urgentes tinham surgido – naquele momento, às duas da madrugada, em pleno Natal – e que ele tinha de pegar um trem para Colônia. Smith assegurou ao recepcionista que logo voltaria para pegar sua bagagem e pagar a conta. Adeus...

Ninguém jamais viu Smith de novo, mas esse caso teve um interessante desfecho. A tecnologia do corte a gás avançou rapidamente durante as décadas seguintes, à medida que os engenheiros conceberam novos maçaricos e os químicos descobriram gases ainda mais explosivos. Alguns cientistas lançaram um novo olhar para a velha reação de Lavoisier e desenvolveram uma engenhosa técnica para cortar ferro depressa.

Essa técnica, o corte a oxigênio, envolvia verter oxigênio sob alta pressão sobre uma superfície de ferro quente. Como foi mencionado, o ferro quente e o oxigênio irão se inflamar acima de certa temperatura; isto é, eles reagirão quimicamente e liberarão calor e luz. Mas há outra maneira de pensar sobre esse processo. Quando o ferro e o oxigênio reagem, eles formam vários compostos chamados óxidos de ferro. Outro nome para certos óxidos de ferro é ferrugem. Em algum nível, portanto, ferrugem e combustão são operações aparentadas, mais ou menos similares do ponto de vista químico.[1]

A grande diferença, claro, é a velocidade: a ferrugem pode levar anos para reduzir um carro à sua estrutura. Contudo, a temperaturas acima de 982°C, logo se formam óxidos de ferro. Mais importante: a formação de óxidos de ferro é muito mais rápida que o derretimento do ferro. Assim, se você quiser cortar um pedaço de aço tirando uma fatia, vale mais a pena "enferrujar" o ferro ao longo dessa fatia que a derreter fisicamente. E é isso que o corte por oxigênio faz – ele enferruja rapidamente ao longo da fatia. O processo difere do corte com maçarico de Fletcher porque o principal objetivo do oxigênio para ele era ajudar a acender a chama de metano; a chama de metano depois queima um pequeno pedaço de ferro, que por sua vez derrete o ferro em volta desse pedaço. Com o corte por oxigênio, você ainda acende uma chama e aquece o metal, mas em vez de ficar esperando que esse calor derreta fisicamente o ferro, o maçarico dirige um jato separado de gás oxigênio diretamente sobre a superfície de metal. Em seguida esse oxigênio extra provoca a rápida "queima por ferrugem" química. Em certo sentido, portanto, o próprio gás funciona como lâmina.

Reconhecidamente, porém, essa distinção entre corte por derretimento e corte por ferrugem é bastante sutil, e muitos capitães da indústria no início do século XX a menosprezaram de bom grado em busca de lucro. Veja bem, a tecnologia do corte por oxigênio apareceu exatamente no momento em que o apetite do mundo por arranha-céus e petroleiros ficava insaciável. Quem quer que possuísse os direitos sobre as várias tecnologias de corte podia cobrar uma fortuna, e nos anos 1910 disputas haviam irrompido em vários países.

Uma discussão envolveu os velhos maçaricos de Fletcher. Um lado argumentava que os cortadores de Fletcher simplesmente derretiam o ferro, ponto-final, portanto a nova patente de corte por oxigênio era válida. O outro lado sustentava que, sutilezas químicas à parte, o processo de Fletcher decerto tinha envolvido tanto o corte por derretimento *quanto* o corte por ferrugem; não era possível separar os dois. E se Fletcher tinha inventado esse processo nos idos dos anos 1880, a patente não se aplicava mais. Infelizmente Fletcher tinha morrido em 1903 e não podia elucidar a questão.

No meio da disputa, alguém se lembrou do quase assalto em Hanôver. E como a lâmina que Smith desprendeu da caixa-forte tinha ido parar num museu – foi a primeira tentativa de assalto a banco com um maçarico –, um tribunal requisitou o pedaço para examiná-lo. Você pode imaginar uma dúzia de juristas de peruca branca esquadrinhando-o à procura de lascas de ferrugem ou bolhas de derretimento. O tribunal finalmente decidiu que Fletcher tinha somente derretido o ferro, assim a patente do corte por ferrugem continuava em vigor. Um dos crimes mais ousados e de cunho científico do século XIX, portanto, acabou fornecendo uma prova e estabelecendo um novo precedente legal no século XX.

De certa maneira, contudo, esse resultado foi apropriado. O principal parceiro de Smith nesse crime, o oxigênio, vem estabelecendo novos precedentes químicos há bilhões de anos: nenhuma outra substância expandiu tanto a gama de reações que podem ocorrer na Terra, tanto na atmosfera como especialmente no corpo de criaturas vivas. E agora que compreendemos o poder do O_2 para instigar reações, é hora de pesquisar de onde veio essa substância química e como ela revolucionou completamente o nosso planeta.

3. A maldição e a bênção do oxigênio

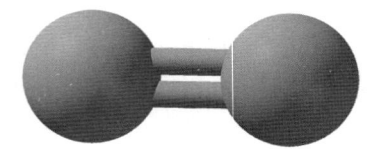

Oxigênio (O_2) – 21% do ar (210 mil partes
por milhão); você inala aproximadamente 2
sextilhões de moléculas cada vez que respira.

APÓS DESTRUIR A IGREJA de Joseph Priestley com fogo em 1791, a turba de
Birmingham marchou para a casa dele com um espeto, com a intenção de
assá-lo vivo. Imagine qual não foi a decepção ao descobrir que Priestley
tinha fugido. Mas, transformando os limões em limonada, os saqueadores
fizeram uma farra despedaçando a mobília e destruindo seu "elaboratório"
químico. Para completar, eles queimaram no gramado da casa uma efígie
do clérigo, à qual não faltou uma peruca branca, e depois a decapitaram.
Priestley, por sua vez, assistiu à sua própria incineração de um refúgio
num morro próximo – uma das poucas pessoas vivas que, como codescobridor do oxigênio, podia potencialmente explicar por que as fogueiras
ardiam com tanto brilho.

Alguns anos depois, durante a Revolução Francesa, o maior rival de
Priestley também se viu vítima da justiça das massas. Uma década antes,
Antoine-Laurent Lavoisier tinha articulado as conexões entre fogo, oxigênio
e respiração, declarando que a respiração era uma espécie de queima lenta e
controlada em nossos pulmões. Esta continua a ser uma das mais importantes descobertas químicas de todos os tempos. Mas Lavoisier era também um
aristocrata consumado: ele recolhia impostos para o rei da França, e uma vez

pagou o equivalente a US$280 mil por um retrato seu e de sua mulher, tendo ao fundo os equipamentos químicos. E, apesar de todas as suas descobertas sobre o oxigênio, faltava-lhe perspicácia equivalente em relação às pessoas. Em particular, ele nunca entendeu como as chamas da rebelião podem arder dentro do peito dos oprimidos, e por isso enfrentou a guilhotina.

Oxigênio e nitrogênio são vizinhos na tabela periódica, e ambos formam gases diatômicos (O_2 e N_2) no ar. Mas se a acumulação de nitrogênio alguns bilhões de anos atrás deu ao nosso planeta sua terceira e mais benevolente atmosfera, a chegada do oxigênio inaugurou um quarto e muito mais explosivo regime. Enquanto o nitrogênio é não reativo a ponto de ser comatoso, o oxigênio é volátil, maníaco, um louco em quase toda reação química. Ele envenena muitas formas de vida e causou a maior crise que a vida na Terra já enfrentou, a chamada "catástrofe do oxigênio", 2 bilhões de anos atrás.

De alguma maneira, porém, a vida inverteu o perigo, e esse antigo veneno tornou-se essencial. A coisa pode soar banal, mas essa inversão sempre me faz lembrar aquele velho clichê sobre como a palavra "crise" em chinês é formada por dois caracteres, um significando perigo e outro, oportunidade. Isso é tolice, dizem os sinólogos, mas a ideia ainda se mantém: o oxigênio destruiu a vida primitiva porque explode facilmente dentro das células; contudo, quando a vida aprendeu a controlar o oxigênio, essa reatividade tornou-se sua maior vantagem. E dado todo o estrago que o oxigênio promoveu ao longo da história, não é de estranhar que esse elemento tenha destruído todos os químicos que tiveram alguma participação em sua descoberta. Ele é o diamante Hope* da tabela periódica.

A DESCOBERTA DO OXIGÊNIO está entrelaçada com a mais importante descoberta que os seres humanos jamais fizeram sobre o ar – que ele consiste em vários diferentes gases misturados. Antes disso, os cientistas não se

---

* Pedra preciosa famosa pela história atribulada e uma suposta maldição, atualmente está exposta no Smithsonian Institute. (N.T.)

davam ao trabalho de distinguir entre diferentes tipos de gases: qualquer fumaça ou vapor era apenas "um ar" para eles.

Um médico e alquimista chamado Jan Baptista van Helmont acabou pondo as coisas no devido lugar no início do século XVII, e estava bem situado para tanto. Ele e outros alquimistas já tinham rejeitado o antigo sistema grego que definia ar, terra, fogo e água como os quatro elementos primordiais (isto é, substâncias que não podiam ser divididas). Em particular, os alquimistas declararam que terra e fogo eram elementos espúrios – a terra, uma miscelânea de materiais, o fogo, mais um acontecimento que algo material. Uma série de experimentos não deixou Van Helmont nada confiante em relação ao ar, tampouco. Ele observou que o aquecimento de diferentes substâncias – madeira, carvão, minerais – fazia surgir emanações cujas propriedades não eram iguais às do ar; algumas não se inflamavam, por exemplo. De maneira semelhante, observou diferentes vapores que emanavam de minas, adegas úmidas e do ventre de pessoas quando elas arrotavam. Van Helmont finalmente cunhou a palavra "gás" para lidar com essa miscelânea, termo que adaptou da palavra grega *khaos*.

Essa etimologia condiz com os gases, considerando-se o quanto as moléculas de gás são indisciplinadas, mas Van Helmont levou as coisas um pouco longe demais e começou a falar de gases como espíritos rebeldes invencíveis. Chegou até a equiparar gases e almas, e declarou que os cientistas jamais poderiam confinar gases em qualquer recipiente terreno. (Van Helmont, ao que parece, não sabia nadar, ou pelo menos nunca prendeu a respiração debaixo d'água.) Cientistas posteriores eliminaram a metafísica de Van Helmont, mas conservaram sua boa ideia – que ar e gases são coisas distintas, o primeiro sendo uma substância, os últimos, um estado da matéria.

O cientista irlandês Robert Boyle deu os passos seguintes no estudo do ar em meados do século XVII investigando suas propriedades físicas, químicas e biológicas. No tocante às propriedades físicas, Boyle explorou a elasticidade do ar – a facilidade com que se pode compactá-lo. Acabou determinando que se comprimirmos o volume de um gás sua pressão se elevará automaticamente. (O inverso também é verdade: a expansão do volume de um gás diminui sua pressão.) Quanto às propriedades químicas,

Boyle observou que chamas mantidas dentro de redomas se extinguiam, como se precisassem de alimento proveniente do ar. E no que se refere à biologia, ele inaugurou uma longa e não muito gloriosa tradição de cientistas que enfiavam animais dentro de redomas – cotovias, camundongos, gatos, cobras, ácaros-do-queijo – e tomavam notas enquanto eles sufocavam.

Boyle usava sobretudo bexigas de boi para captar e estudar os gases, mas os cientistas que o sucederam descobriram que fazer gases borbulharem em tubos de água ou mercúrio, e depois coletar as bolhas em frascos de cabeça para baixo, funcionava muito melhor. Com essas novas ferramentas e técnicas, um médico escocês chamado Joseph Black fez rápido progresso no estudo do ar, no século XVIII.

Mais que qualquer outro cientista que entoava sempre a mesma ladainha, Black parecia apenas um sujeito divertido de se conviver. Com Adam Smith e David Hume, ele pertencia ao famoso Poker Club de Edimburgo, um grupo de "bárbaros literários" que bebia clarete e xerez aos litros. Black também dava animadas palestras públicas. Ele coletava gases leves em balões toscos e os deixava flutuar até o teto; o público gritava que devia haver linhas invisíveis. Em seguida ele coletava gases mais densos em recipientes e "derramava" os conteúdos invisíveis sobre velas, apagando-as.

Black de fato descobriu esse gás que apagava velas, o dióxido de carbono, em 1754 – o primeiro gás puro jamais isolado. Ele também foi o primeiro a determinar que os seres humanos exalam dióxido de carbono, descoberta que fez por meio de um sarcástico experimento em 1764. Ele subiu nos caibros do telhado de uma igreja local numa manhã de inverno e colocou um béquer de cal apagada bem no alto. Cal apagada é um fluido que produz precipitados leitosos quando exposto a dióxido de carbono. Depois que o culto se encerrou, dez horas mais tarde – os escoceses levam a religião a sério –, Black subiu sorrateiramente até lá em cima. O ar quente do pregador realmente tinha tornado o fluido branco.

Dois alunos de Black também deram importantes contribuições à teoria dos gases. Em 1772, Daniel Rutherford (o futuro tio de Sir Walter Scott), então com 23 anos, eliminou todos os gases reativos de um recipiente hermético de ar primeiro queimando coisas nele e depois passando os restos por cal apagada até que não restasse nada exceto vapores não reativos. Hoje chamamos esse gás de nitrogênio. Mas como matava qualquer camundongo que fosse preso dentro de redomas com ele, Rutherford chamou-o de "ar nocivo". (O nitrogênio seria conhecido também pelos nomes de "ar podre", "ar queimado" e "ar corrompido" ao longo dos anos. Não era um gás popular.)

O outro aluno de Black, Henry Cavendish, deu contribuições ainda maiores. Durante sua vida, Cavendish possuía mais dinheiro no Banco da Inglaterra que qualquer outro súdito britânico. Ele também não tinha absolutamente nenhum amigo ou vida social, além de comparecer às reuniões da Royal Society – e mesmo então fugia como um esquilo se alguém tentava falar com ele. Comunicava-se com seu estafe doméstico por meio de bilhetes, e quando estava morrendo, em 1810, mandou que todas as pessoas saíssem do quarto para que ele pudesse registrar o processo sem distrações. Em retrospecto, Cavendish quase certamente tinha autismo ou um transtorno correlato, mas, fosse como fosse, a Inglaterra raramente produziu uma mente superior. Ele mediu a densidade da Terra (e portanto sua massa) sem jamais sair de sua mansão em Londres, usando pouco mais que quatro bolas de chumbo e um pouco de arame. Também descobriu o gás hidrogênio em 1766, deixando ácidos crepitarem sobre diferentes metais. Cavendish chamou o hidrogênio de "ar inflamável" porque chamas rugiam quando expostas a ele.

Além de isolá-lo, Cavendish fez outra descoberta vital sobre o hidrogênio. Ele o misturou com ar comum num recipiente de vidro, e começou a inflamar a mistura com um moderno (e sem dúvida caríssimo) gerador elétrico. Posteriormente um "orvalho" se formou no interior do vidro. Esse orvalho nada tinha a ver com o experimento original, mas, como os grandes cientistas em toda a história, Cavendish pesquisou essa anomalia. Para espanto seu, descobriu que o orvalho era água. Ele não poderia ter compreendido todos os detalhes envolvidos aí, pois a teoria da química moderna não existia então. Mas percebeu que dois gases – e dois gases inflamáveis ainda por cima – tinham se combinado para formar água líquida, praticamente o oposto das chamas.

Até hoje isso é difícil de entender; naquela época, era desnorteante. E, num sentido mais amplo, esse experimento exterminou o último elemento clássico da Grécia Antiga. Terra e fogo tinham sido desmascarados como farsantes vários séculos antes. O ar resistiu até que os experimentos com gases começaram para valer em meados do século XVII. A água tinha até então sobrevivido a esses expurgos, mas algumas gotas de orvalho e um aguçado olho experimental a desmascarara como composto. Cavendish tinha finalmente derrubado um sistema que dominara a ciência natural por 2 mil anos. Mas agora alguma coisa precisava substituir esse sistema. E com tanto prestígio em jogo, a competição entre cientistas ficou quente o bastante para queimar todos os envolvidos.

EMBORA O OXIGÊNIO seja o elemento mais importante no ar à nossa volta, ninguém sabia da sua existência até que um farmacêutico sueco chamado Carl Scheele começou a torrar vários minerais no início dos anos 1770 e a coletar os vapores que eles emitiam. Como as velas ardiam tão vivamente nesses vapores – que agora sabemos ser oxigênio –, ele chamou o gás de "ar de fogo". Scheele também descobriu que animais que respiravam esse gás dentro de redomas viviam *mais*, uma agradável mudança em relação à carnificina de todos os outros gases.

Por razões que permanecem obscuras, Scheele nada fez com seus resultados durante anos, depois escolheu um impressor preguiçoso, trapaceiro, que retardou a publicação por vários outros anos. Seu trabalho finalmente apareceu em 1777 – anos depois que dois outros cientistas já tinham reivindicado a descoberta do oxigênio. Lamentavelmente, Scheele não teve condições de defender sua prioridade durante a década seguinte, em razão de dois maus hábitos: ele trabalhava em cômodos não ventilados e provava todas as substâncias químicas que produzia, mesmo aquelas como cianeto de mercúrio. (O que é como dar um tiro em si mesmo com uma bala radioativa – múltiplas maneiras de morrer.) Como não é de surpreender, faleceu desconhecido e não celebrado, aos 44 anos – a primeira vítima da maldição do oxigênio.

O químico Joseph Priestley, codescobridor do oxigênio e epônimo do Distúrbio de Priestley.

A maior parte do crédito pela descoberta do oxigênio coube em vez disso a um pregador e agitador chamado Joseph Priestley. Ele era o mais velho de seis filhos, e sua mãe morreu quando o menino tinha seis anos. (Caso a matemática aqui lhe tenha escapado, isso significa que ela teve seis filhos em seis anos; não admira que tenha enlouquecido.) Priestley então foi morar com a tia, que pertencia a uma seita liberal de protestantes, e ela conduziu o talentoso sobrinho para o ministério. Para seu eterno pesar, Priestley tornou-se um radical logo após se consagrar ao sacerdócio, chegando a questionar a divindade de Cristo. Logo se tornou mal-afamado em toda a Inglaterra, e os cartunistas se deliciavam caricaturando-o. Alguns o retratavam como um pica-pau, zombando de seu nariz adunco e da gagueira; outros simplesmente lhe pespegavam chifres e o chamavam de Satã. Em consequência, Priestley e sua família saltaram de paróquia em paróquia durante toda a sua carreira. Ele estava sempre firme em suas convicções, mas raramente nas finanças.

Priestley começou a se aventurar na ciência por alguns motivos. Em primeiro lugar estava a curiosidade – ele queria compreender a criação de Deus. Em segundo lugar estava a camaradagem, pois os cientistas não o evitavam por sua teologia não ortodoxa. Ele chegou a fazer amizade com Benjamin Franklin, que atiçou seu interesse inicial pela eletricidade. (Ao escrever um livro sobre eletricidade em 1769, Priestley decidiu desenhar ele próprio os diagramas, mas teve uma tremenda dificuldade em fazê-los corretamente. Relutante em jogar fora qualquer papel, item caro naquela época, procurou uma maneira de eliminar o grafite da superfície. Acabou topando com o caucho – a primeira borracha.)

Ele também se meteu na ciência, acredite ou não, para ganhar dinheiro. Comprou alguns livros de matemática e globos, com a intenção de dar aulas particulares para estudantes, depois tentou a galante profissão de escritor científico. Muito estranhamente, escrever sobre ciência provou-se um hábito dispendioso: os livros de que precisava para a pesquisa custavam uma fortuna. Por isso ele começou a fazer experimentos e a escrever sobre eles como alternativa mais barata. (Imaginem isso, cientistas de hoje: equipamentos e materiais custavam *menos* que livros.)

Priestley descobriu sua paixão científica – o estudo dos "ares" – depois de se transferir para uma paróquia em Leeds, em 1767. Por acaso se mudou para a casa ao lado de uma cervejaria, e o gás que saía borbulhando dos tonéis de cerveja (dióxido de carbono) o fascinava. Acabou sendo expulso da cervejaria depois de derramar um pouco de éter num tonel durante um experimento, estragando todo o conteúdo. (De todo modo, a congregação não gostava de vê-lo passar tanto tempo ali.) Priestley rapidamente transferiu seu trabalho sobre os ares para o que chamava de seu "elaboratório" privado.

Sendo um pobre pregador, ele tinha de conduzir esses experimentos com equipamentos usuais.[1] Aquecia substâncias num cano de arma de fogo, o tubo de ensaio de seu tempo – um recipiente robusto, que não rachava. Para captar qualquer gás emitido, ele ajustava um cachimbo à boca do cano e conduzia os vapores para a tina de lavar roupa ou uma chaleira. Quando o gás borbulhava através da água no recipiente, ele o coletava numa garrafa e o soltava sobre camundongos presos sob copos de cerveja. Se alguma coisa dava errado, vapores fétidos inundavam a casa, fazendo a família se dispersar de repente. Mas a ciência é eternamente grata a sua mulher e aos filhos por terem exibido tamanha paciência cristã: antes de 1770, os cientistas só tinham conhecimento de dois gases puros: dióxido de carbono e hidrogênio. Priestley, sozinho, descobriu nove novos ares durante as décadas seguintes, incluindo amônia, dióxido de enxofre e óxido nitroso (gás hilariante).

Após a temporada em Leeds, Priestley encontrou um protetor – William Petty, lorde Shelburne – para financiar sua prática científica, e em agosto de 1774 ele realizou o experimento que finalmente o tornou famoso. Deve ter sido uma coisa linda de se ver. Usando uma lente de trinta centímetros, ele focalizou um pouco da (rara) luz solar inglesa sobre um frasco de vidro; dentro do frasco havia um montinho de pó vermelho (óxido de mercúrio, HgO). Quando o feixe de luz solar aqueceu o pó vermelho, o mercúrio líquido deve ter borbulhado, brotando na superfície e florescendo em pequeninas esferas. Enquanto isso, um claro gás se elevou a partir do pó vermelho, gingando no ar. Oxigênio.

Nem sempre fica evidente o que Priestley compreendeu sobre esse gás, mas ele decerto não pensou que tinha descoberto um novo elemento. Em vez disso, descreveu o oxigênio em termos de uma vetusta teoria científica chamada flogisto. Ora, deixando de lado o nome engraçado, o flogisto é na realidade um fascinante episódio na história da ciência – uma teoria que, embora errada, ainda assim empurrou a ciência em direções criativas. Mas em vez de divagar por trinta páginas, vou mencionar apenas dois fatos importantes para essa história. Número um: os cientistas concebiam o flogisto como substância invisível, mas *material*, liberada no ar sempre que as coisas se queimavam. Número dois: Priestley acreditava no flogisto ainda mais fervorosamente que a maioria dos cientistas, e interpretou todas as suas descobertas em termos dessa substância. Isso incluía o oxigênio, que ele apelidou de "ar deflogisticado" (não pergunte).

Como Scheele, Priestley descobriu que as velas ardiam vividamente em ar deflogisticado. Alegrou-se também ao ver que ele não asfixiava camundongos. De fato, os camundongos estavam se divertindo tanto que Priestley decidiu experimentar ele mesmo algumas cheiradas no ar, e foi tão agradável quanto ele esperara. "Tive a impressão de que meu peito parecia peculiarmente leve e desafogado", relatou. "Um dia, esse ar puro poderá se tornar um elegante artigo de luxo." (E, para pensar: Michael Jackson estava dormindo numa câmara hiperbárica só duzentos anos depois.) Rapsódias à parte, esses experimentos revelaram de fato uma ligação mais profunda entre combustão e respiração, uma vez que esse novo gás estimulava ambos os processos.

Ao contrário de Scheele, Priestley nunca perdeu tempo em divulgar seu trabalho. Assim, quando lorde Shelburne se ofereceu para pagar sua passagem para Paris, em outubro de 1774, só alguns meses após os primeiros experimentos com o oxigênio, Priestley marcou um jantar com vários sábios da Academia de Ciências da França e revelou tudo o que sabia. Numa vida cheia de erros, esse foi o maior que ele algum dia cometeu.

A HISTÓRIA NÃO REGISTRA o menu, mas, dado o ambiente – a decadência da Paris pré-revolucionária, a mansão de um dos casais mais ricos da França –, podemos imaginar o banquete: pato assado com trufas, pernil ao molho de champanhe, ragu de línguas de carpa, marmelos, bombons e cremes. Ainda assim, para Antoine-Laurent Lavoisier e sua mulher, Anne-Marie, a cozinha ficou em segundo lugar naquela noite. Eles ouviram com extasiada atenção enquanto seu convidado, Joseph Priestley, tagarelava sem cessar sobre um poderoso novo ar que ele tinha liberado de um pó vermelho.

Por astúcia, Lavoisier deixou de mencionar que havia realizado experimento similar um mês antes. Ele não tinha percebido nenhum gás escapando, mas assim que Priestley deixasse Paris esse gás se tornaria sua obsessão – a tal ponto que tentaria furtar o mérito pela descoberta. Eles haviam se encontrado amistosamente durante o jantar, mas o oxigênio logo transformaria Lavoisier e Priestley em inimigos.

Lavoisier gozava de uma enorme vantagem nessa rivalidade: dinheiro. Ele nascera rico; tornara-se mais rico ao se casar com Anne-Marie; e mais rico ainda ao comprar a metade de uma participação na Ferme Générale, uma companhia privada que recolhia impostos para a

O químico Antoine-Laurent Lavoisier, que revolucionou sua disciplina e foi executado durante a Revolução Francesa.

Coroa. Todo ano os conselheiros do rei comunicavam à Ferme o montante da receita que o governo esperava de mercadorias como cevada e tabaco. A Ferme então extorquia agricultores e negociantes de tabaco em toda a França para obter o dinheiro – e retinha toda a receita excedente como lucro. Milhares de mercadorias caíam sob sua supervisão, e os membros da Ferme não precisavam nem sequer abusar do sistema: ele era planejado para torná-los odiosamente ricos. Foi o melhor investimento que Lavoisier jamais fez – em alguns anos ele ganhava o equivalente a US$5 milhões brutos –, e também o pior, pois lhe custou a vida.

Em 1772, quando completou 29 anos, Lavoisier começou a despejar uma grande fração de sua fortuna na ciência. Tornou-se famoso principalmente por incinerar diamantes com luz solar, feito que exercia por meio de uma lente gigantesca montada numa plataforma sobre rodas; parecia uma mistura de telescópio com arma de guerra. Embora perdulário – quem senão um aristocrata do *Ancien Régime* queimaria diamantes? –, isso mostrou quão incrivelmente poderosa é a luz solar. Também o levou a pensar sobre a natureza subjacente da matéria: o diamante desaparecia quando se incinerava ou era simplesmente convertido em outro estado?

Nesse mesmo ano, Lavoisier deparou com o trabalho de Priestley, dez anos mais velho que ele. Priestley tinha inventado água gaseificada alguns anos antes produzindo bolhas de CO_2 em H_2O. A Marinha da França pensou que essa bebida efervescente iria curar o escorbuto, e pediram a Lavoisier que investigasse a questão.[2] A teoria não se sustentou, mas Lavoisier saiu impressionado com Priestley. Por coincidência ou não, ele mesmo começou a trabalhar com gases logo depois.

Nesse trabalho, ele contou com a colaboração de sua mulher. Anne-Marie perdera a mãe quando ainda era pequena e tinha sido criada num convento, um dos poucos lugares onde uma menina podia ser educada naquela época. Ela deixou o convento para se casar com Lavoisier, e, apesar da diferença de idade entre os dois (ela tinha treze anos, ele, 28), o marido a tratava em grande medida como uma intelectual do mesmo porte. Em particular, como ela falava várias línguas, ele lhe pediu que traduzisse alguns artigos sobre o flogisto para o francês. Durante o processo, ela chamou atenção para as incoerências da teoria, e Lavoisier concordou que o flogisto parecia duvidoso.

Em novembro de 1772, ele descobriu uma prova vigorosa disso. Como substância material, o flogisto devia ter peso. E quando coisas como lenha e vela se queimavam – e supostamente perdiam flogisto –, elas de fato perdiam peso. Mas quando Lavoisier queimava metais com a enorme lente, eles na realidade *ganhavam* peso, o que não fazia sentido. Alguns químicos explicavam essa anomalia sugerindo que o flogisto por vezes tinha "peso negativo", mas a maioria dos cientistas compreendia quanto isso parecia estúpido. Ainda assim, a discrepância não aniquilou a teoria do flogisto, porque ninguém tinha uma explicação melhor de por que as coisas queimam – até que Lavoisier ouviu Priestley falando sem parar durante o jantar.

Lavoisier suspeitou que Priestley tinha liberado um novo gás sem perceber, e se retirou para seu laboratório a fim de investigar. (Curiosamente,

A gigantesca lente de Lavoisier para queimar diamantes.

esse laboratório – situado no Arsenal de Paris – tinha uma galeria para espectadores: na verdade, Lavoisier às vezes tinha uma plateia para seus experimentos.) Ele isolou o gás, que finalmente chamou de oxigênio. E, após alguns experimentos, determinou que o oxigênio explicava a química da combustão de modo muito mais eficiente que o flogisto. Isto é, a queima sempre parecia envolver oxigênio combinando-se com uma substância e liberando calor e luz. O carbono na madeira e no carvão, por exemplo, combinava-se com o oxigênio para formar dióxido de carbono, que então saía flutuando. O oxigênio se combinava de maneira seme-lhante com os átomos em metais em combustão. Mas diferentemente do que se passava com o dióxido de carbono, os compostos de metal e oxigênio eram pesados demais para sair flutuando. Isso explicava por que os metais ganham peso quando se queimam – eles absorvem oxigê-nio. Esse achado tornou o flogisto supérfluo, pois Lavoisier explicou a combustão sem ele.

A série seguinte de experimentos de Lavoisier, sobre oxigênio e res-piração, deve ter sido muito mais interessante para sua audiência. Menos, porém, para um colega dele, Armand Séguin. Por vários dias seguidos, Lavoisier mumificou Séguin com tafetá e pintou-o com látex de borracha para selá-lo. Em seguida colou um tubo nos lábios de Séguin e conectou-o com uma garrafa de oxigênio. O experimento propriamente dito consis-tia em Séguin executar diferentes tarefas – ficar sentado imóvel, digerir uma pesada refeição, impulsionar um pedal como exercício – enquanto Lavoisier monitorava quanto oxigênio ele consumia e quanto dióxido de carbono exalava. O trabalho revelou uma clara correlação entre o con-sumo de gás e a respiração: quanto mais intensamente Séguin trabalhava, mais oxigênio ele inalava e mais dióxido de carbono bufava. Mais uma vez, nenhuma necessidade de invocar o flogisto para explicar a respiração.

(A propósito, esses experimentos forneceram a primeira resposta real para um antigo enigma: quando você faz exercício e perde peso, para onde vai o peso "perdido"? A maior parte dele é liberada no ar sob a forma de gases como o dióxido de carbono – uma prova adicional de que você veio do gás e ao gás retornará.)

Lavoisier certa vez mumificou um colega para estudar a respiração.

Reunindo todas essas provas, Lavoisier apresentou suas descobertas sobre o oxigênio numa conferência científica em Paris, em setembro de 1775, exatamente um ano depois que Priestley dera a dica. Foi um desempenho apolíneo, imbuído de fatos e lógica elegante, e que transformou a química para sempre. Mas depois de terminar, Lavoisier e sua mulher se entregaram a seu lado dionisíaco. Primeiro, contrataram atores e encenaram um arremedo de julgamento envolvendo personagens chamados Oxigênio e Flogisto. (Nenhum ponto para quem adivinhar qual era o herói e qual o burro.) Madame Lavoisier vestiu-se depois como sacerdotisa pagã e queimou vários livros-textos sobre o flogisto, para exorcizá-lo. Quando os Lavoisier liquidavam uma teoria, faziam-no com estilo.

Nem todo mundo aplaudiu. Priestley enfureceu-se por Lavoisier estar tomando para si mérito excessivo pela descoberta do oxigênio, e o debate sobre o verdadeiro descobridor continua até hoje. Não há dúvida de que Scheele o isolou e coletou primeiro, seguido de maneira independente por Priestley. Também não há dúvida de que Lavoisier nunca tinha percebido o oxigênio até Priestley referir-se a ele. Para alguns historiadores, a discussão termina aí, com Lavoisier excluído. Por outro lado, nem Scheele nem Priestley compreenderam o que tinham descoberto. Imagine um caçador de fósseis desenterrando um crânio e anunciando que encontrou um antigo primata de algum tipo; agora imagine um paleontologista vendo-o de relance e compreendendo que se trata na realidade de algo melhor – uma espécie extinta de ser humano, todo um novo ramo da humanidade. Falando tecnicamente, o primeiro sujeito descobriu o crânio, mas somente o segundo o compreendeu. Lavoisier encontra-se em posição similar em relação a Priestley e Scheele.

E, de certa forma, a discussão sobre quem descobriu o oxigênio deixa escapar o importante. Lavoisier importava-se menos com o oxigênio em si e mais com o que ele revelava sobre a química em geral. Vários químicos antes dele, por exemplo, haviam sugerido que a respiração e a combustão tinham algo em comum, mas somente Lavoisier identificou o oxigênio como o gás que sustentava uma e outra. Historiadores também criticaram Lavoisier por copiar o trabalho de outros químicos, mas isso subestima o fato de que ele quase sempre os superou. Como Henry Cavendish fizera, Lavoisier certa vez inflamou oxigênio e hidrogênio num recipiente e produziu um orvalho aquoso. Também como Cavendish, Lavoisier comparou a massa dos dois gases antes da reação com a massa da água, depois, e constatou que eram iguais. (Lavoisier tinha construído uma balança absurdamente exata para esse fim, com uma precisão de 0,0005 grama.) Diferentemente de Cavendish, porém, Lavoisier enxergou o quadro mais amplo: raciocinou que a mesma igualdade deveria se manter verdadeira para *qualquer* reação química: a massa dos produtos deveria ser sempre igual à massa dos reagentes. E a partir daí ele desenvolveu uma lei geral da química, a lei da conservação das massas. Ela diz que, em qualquer reação, mesmo que as substâncias originais mudem de cor ou fase, ou se recombinem de maneiras estranhas, deve, deve, *deve* haver a mesma quantidade de matéria antes e depois. A massa é conservada.

(Curiosamente, alguns historiadores afirmaram que o trabalho de Lavoisier coletando impostos para a Ferme Générale provavelmente inspirou sua ciência. A descoberta da lei da conservação das massas envolveu pesar grande número de reagentes e produtos, e fazer com que tudo se equilibrasse na "tabela de balanço" química. Contadores seguem débitos e créditos da mesma forma – em ambos os casos, dólares e átomos não podem simplesmente desaparecer. Assim, para qualquer leitor por aí com lembranças horríveis de balanceamento de equações: culpem a deprimente ciência da economia.)

Esse foi apenas o começo das contribuições de Lavoisier para a química. Ele foi o primeiro cientista a explicar que uma substância – digamos água – pode aparecer como sólido, líquido ou gás, dependendo da temperatura. E também propôs que todas as substâncias são elementos (por exemplo, oxigênio, carbono e ferro) ou combinações de elementos – provavelmente a ideia mais fundamental da química. Como disse um químico do século XIX, "Lavoisier não descobriu nenhum novo corpo, nenhuma nova propriedade, nenhum fenômeno natural previamente desconhecido. Sua glória imortal consiste nisso – ele infundiu no corpo da ciência um novo espírito".

Lavoisier apresentou esse novo espírito em *Tratado elementar de química*, a resposta da química a *Principia Mathematica* e *A origem das espécies*. Por uma maravilhosa coincidência, o tratado foi lançado em 1789, ano de outra revolução na França, e os historiadores acharam irresistível mostrar que a revolução química de Lavoisier iria, ao fim e ao cabo, sacudir o mundo com igual profundidade. Lamentavelmente, o próprio Lavoisier não viveria o bastante para ver os frutos de qualquer das duas.

A MAIOR PARTE DO OXIGÊNIO no ar neste momento vem de plantas e bactérias que fazem fotossíntese – os cientistas compreendem isso muito bem. O que eles não entendem completamente é como os organismos começaram a produzir o oxigênio e como esse processo transformou a atmosfera carregada de nitrogênio de ontem no ar que respiramos hoje.

Os primeiros organismos vivos provavelmente surgiram perto de fendas vulcânicas submarinas e possivelmente usavam o enxofre ali presente para impelir seus metabolismos. Chamamos essas criaturas de bactérias anaeróbicas, e micróbios similares ainda existem hoje[3] (eles contribuem para o mau hálito matinal). Cerca de 3 bilhões de anos atrás, no entanto, uma linhagem de bactérias anaeróbicas evoluiu para cianobactérias, as quais se alimentam não de calor vulcânico submarino, mas de luz solar. As cianobactérias (também conhecidas como algas azuis) não foram os primeiros micróbios a colher luz para obter energia, num processo chamado fotossíntese. De fato, provavelmente existiam então várias espécies de micróbios malhadas de sol, cada uma colorida de maneira diferente para coletar diferentes comprimentos de onda de luz. (Imagino as praias e planícies de maré da época se assemelhando a pinturas de Mark Rothko, com tapetes misturados de roxo, verde e vermelho.) Não, o que tornava as cianobactérias únicas não era o uso da luz solar em si, mas o uso da luz solar para arrancar elétrons de moléculas de água. Como vimos antes, os elétrons impelem as reações químicas. E em vez de contar com elementos um tanto escassos, como enxofre, para obter elétrons, as cianobactérias podiam agora colhê-los de uma das mais ubíquas moléculas na Terra, aumentando vastamente sua taxa de produção.

O processo de converter luz solar em energia útil começa com a clorofila, molécula de cor verde que age como uma antena biológica e absorve luz proveniente do céu. Depois disso, a bioquímica fica um pouco complicada. Mas as cianobactérias basicamente utilizam luz solar para decompor certas moléculas e depois criar outras e armazenar energia para uso posterior. Por exemplo, as cianobactérias podem decompor água em H_2 e O_2, depois fundir alguns desses fragmentos com CO_2 e outras moléculas para fazer açúcares como glicose.

Há outra coisa a se ter em mente com a fotossíntese, porém, algo que Antoine-Lavoisier – obcecado como era por contabilidade química – teria notado de imediato. São necessárias seis moléculas de dióxido de carbono e seis moléculas de água para fazer uma molécula de glicose: $6CO_2 + 6H_2O \rightarrow C_6H_{12}O_6$. Mas observe que o açúcar ($C_6H_{12}O_6$) contém somente seis oxigênios; especificamente, ele contém apenas seis dos dezoito oxigênios disponíveis no início. A lei da conservação das massas diz que átomos não podem ser nem criados nem destruídos, portanto, podemos concluir disso que a fotossíntese deve produzir gás oxigênio (O_2) livre como um subproduto. E de fato, quando as cianobactérias começaram a prosperar e se espalhar pelo globo, oxigênio livre começou a se acumular pela primeira vez na história da Terra.

Oxigênio livre parece excelente hoje, mas naquele tempo os organismos o achavam tóxico. O problema é que quando a luz ultravioleta atinge o O_2, o gás se modifica e forma radicais livres, que roem DNA e proteínas e os rasgam. O oxigênio livre também destruía a capacidade de muitas bactérias fixadoras de nitrogênio de cumprir sua função, pois o oxigênio arranca os átomos de ferro no centro da enzima nitrogenase. O oxigênio era profundamente contrário à vida naquela época.

Para a sorte desses micróbios delicados, no princípio o oxigênio livre tinha dificuldade para se acumular, porque reagia com praticamente tudo que encontrava na água e no ar (o gás nitrogênio era uma exceção). Em particular o oxigênio no oceano reagia com ferro dissolvido ali para formar precipitados enferrujados. Esses microflocos em seguida deslizavam para o solo do oceano e se acumulavam ao longo dos milênios na forma das chamadas estratos de ferro listrados, camadas avermelhadas que ainda existem em afloramentos rochosos no mundo todo, onde quer que um antigo leito do mar dessa era tenha sido elevado até a terra seca. Essas camadas ainda contêm 90% das reservas de ferro do mundo, e graças aos micróbios.

Enquanto esse ferro dissolvido durou, a poluição por oxigênio foi mínima. Mas ano a ano, época a época, as cianobactérias despojaram o oceano de ferro e, depois que o tinham esvaziado, as coisas ficaram feias. O oxigênio livre começou a se acumular nos mares, suprimindo lentamente a vida local. Depois ele borbulhou para cima e invadiu a atmosfera, o equivalente microbiano das nuvens de gás mortífero no lago Nyos. Os cientistas chamam essa acumulação de oxigênio ao longo de várias centenas de milhões de anos de Grande Evento de Oxigenação, e como o big bang, que deu início ao nosso Universo, e a grande pancada, que criou a Lua, esse nome é um monumento à sutileza. A vida nunca enfrentou ameaça maior – descrevê-la como holocausto não é uma hipérbole. Cada último galho e ramo de vida se via defrontado com a extinção.

Vou mantê-lo em suspense um pouco mais, não revelando se a vida na Terra conseguiu sobreviver. Mas posso revelar que vários micróbios começaram a lutar contra esse rude gasoso. Alguns desenvolveram membranas externas mais rijas para manter o oxigênio completamente de fora. Outros construíram paredes interiores especiais para proteger moléculas delicadas como a nitrogenase. E alguns micróbios não fizeram nada e tiveram sorte: quando o oxigênio se precipitou através de suas membranas, em vez de morrer de uma morte atroz, sua maquinaria celular percebeu que podia explorar esse gás para obter energia, canalizando a força explosiva para fins produtivos. Imagine alguns soldados franceses inalando o cloro do ataque com gás de Haber e não apenas sobrevivendo, mas sentindo-se *três* revigorados – é quase igualmente provável. Mas essas bactérias especiais, agora chamadas bactérias aeróbicas, de alguma maneira conseguiram fazer isso.

Nós animais temos para com as bactérias aeróbicas uma dívida de gratidão, pois elas tornaram criaturas multicelulares como nós possíveis. Todas as células de animais contêm bichinhos chamados mitocôndrias que são descendentes desses pioneiros aeróbicos, e são as mitocôndrias que permitem às nossas células utilizar o oxigênio. De fato, as mitocôndrias são a chave para a compreensão do elo entre o oxigênio e a vida superior. Quero dizer, todo estudante sabe que os animais precisam de oxigênio para viver, mas raramente aprendemos *por que* isso ocorre. A resposta curta é que as mitocôndrias usam oxigênio para decompor açúcares como glicose e extrair energia. É verdade, nossas células podem digerir glicose um pouquinho sem oxigênio. Mas para realmente raspar até o último erg de energia da glicose – para sugar sua medula – as mitocôndrias têm de pôr a mão na massa na glicose com O_2. Sem isso, nossas bactérias se esgotariam e morreríamos em segundos.

(Devo observar, também, que apesar do que você possa se lembrar da escola primária, as plantas também inspiram oxigênio. A história usual é que as plantas inspiram dióxido de carbono e emitem oxigênio, ao passo que os animais inspiram oxigênio e emitem dióxido de carbono. E isso é verdade até certo ponto, pois as plantas de fato expelem oxigênio enquanto produzem açúcares. Mas produzir açúcares é somente parte do que elas fazem. As plantas também crescem, se reproduzem e se defendem de predadores, e para fazer tudo isso precisam de oxigênio, que "inalam" através dos poros em sua pele.[4] As plantas até empregam as mesmas mitocôndrias que nós para lidar com o O_2 em suas células.)

Além de modificar a árvore da vida, o oxigênio também transformou a superfície do planeta. Depois de se acumular no ar em quantidade suficiente, o oxigênio livre começou a atacar gases estufa, como o metano, removendo-os de circulação. Isso, por sua vez, atrapalhou o termostato da Terra e fez as temperaturas de superfície caírem a prumo – tanto que talvez tenhamos entrado numa fase de "Terra bola de neve", com geleiras se formando até perto do equador. Ao mesmo tempo, o oxigênio também embelezou o planeta. Algo em torno de dois terços dos 4.500 minerais da Terra hoje só podem se formar na presença dele. Isso inclui diversas pedras preciosas como turquesa, azurita e malaquita – joias que não teríamos sem o oxigênio. Da mesma forma, vários minerais conhecidos não podem se formar na presença de oxigênio – o que significa que ele essencialmente extinguiu esses antigos minerais. Portanto, rochas podem se espalhar, evoluir e morrer tal como espécies, tudo dependendo dos gases que "respiram". O lendário biólogo Carl Lineu, que inventou o sistema de nomeação em duas partes que os cientistas usam para plantas e animais (*Homo sapiens, Tyrannosaurus rex*), de fato incluiu os minerais em seu esquema original. Biólogos posteriores excluíram os minerais como irrelevantes, mas o oxigênio é poderoso o bastante para de certo modo despertar as rochas.

O oxigênio constitui agora 21% do nosso ar – com aproximadamente metade desse montante vindo de plantas e a outra, de micróbios. Mas diferentemente do nitrogênio, o outro gás dominante no ar, o oxigênio não se acumulou de maneira contínua ao longo dos bilênios. Ele deu arrancadas. O primeiro arranco começou por volta de 2,3 bilhões de anos atrás, depois que o ferro no oceano se esgotou. Durante as várias centenas de milhões de anos seguintes, a concentração de oxigênio no ar saltou de uma molécula por trilhão para uma molécula por quinhentas – quase dez ordens de magnitude.

Para se ter uma perspectiva, alguns dos gases de Haber podem matar seres humanos a partes por milhão; assim, a elevação para uma em quinhentas tornou as coisas bastante nocivas para seres que não respiravam oxigênio.

Por volta de 1,8 bilhão de anos atrás, os níveis de oxigênio detiveram-se e se mantiveram constantes por algum tempo, sobretudo porque os minerais na terra o absorviam. Provavelmente não por coincidência, a vida também pareceu estacar e cessar de evoluir durante esse período. (Geólogos por vezes se referem a esse tempo como o "bilhão maçante".) Mas as concentrações começaram a aumentar pouco a pouco de novo por volta de 600 milhões de anos atrás, quando os minerais na terra ficaram saturados, e com esse aumento as primeiras plantas e animais complexos começaram a aparecer no registro fóssil – criaturas capazes de correr, lutar, caçar, acasalar, matar.

Nas centenas de milhões de anos transcorridos desde então, os níveis de oxigênio deram guinadas de bêbado, caindo tão baixo quanto 15% e elevando-se tão alto quanto 35%. Mais uma vez, isso teve vários efeitos incomuns. Durante as altas, a mais leve faísca ou cinza teria pegado fogo e queimado tudo em sua vizinhança. Durante as baixas, até vulcões e raios teriam se esforçado para inflamar alguma coisa próxima. De fato, não vemos nenhum indício de fogo no registro fóssil até algumas centenas de milhões de anos atrás, quando os primeiros sinais de carvão preto aparecem. Isso também marca o primeiro ponto na história em que um viajante no tempo teria podido sair de sua máquina e caminhado sem ofegar. (A qualquer coisa abaixo de cerca de 17% de O_2, nosso pensamento fica confuso e temos dificuldade para nos mover.)

De todos os animais, foram os insetos, provavelmente, os que mais se beneficiaram dos níveis elevados de oxigênio. Como os insetos são desprovidos de pulmão, a maioria deles, em especial os pequenos, não pode de fato inalar oxigênio; em vez disso, ele penetra passivamente em suas células através de poros em seus exoesqueletos. Esse arranjo funciona bem – até que os insetos fiquem grandes demais. É um fato geométrico que a área de superfície cresce mais lentamente que o volume, e em algum ponto os pequenos poros não podem sorver O_2 suficiente. Isso explica por que a maioria dos insetos hoje é pequena: de outro modo eles se asfixiariam. Nos animados tempos dos 35% de oxigênio, contudo, essa restrição não importava tanto. Se nosso amigo viajante no tempo emergisse de seu buraco de minhoca 300 milhões de anos atrás, teria visto embuás com um metro de comprimento, libélulas do tamanho de gaivotas e aranhas tão largas quanto pneus. Eles eram os colossos dos insetos, tudo graças ao oxigênio.

Nos níveis atuais de oxigênio, um ser humano precisa respirar uma vez a cada quatro segundos, cerca de 20 mil respirações por dia. Isso significa que cada um de nós queima um septilhão (1.000.000.000.000.000.000.000.000) de moléculas de oxigênio a cada 24 horas. Com 7 bilhões de pessoas na Terra, assim como zilhões de outros organismos que precisam de oxigênio, você pode ver que animais glutões somos nós. Se todas as plantas e bactérias produtoras de O_2 na Terra desaparecessem amanhã, é provável que os seres humanos morressem sufocados em mil anos – acabando com a vida inteligente na Terra em menos de 1 milionésimo do tempo que ela levou para evoluir.

Felizmente, plantas e cianobactérias reabastecem nosso estoque de oxigênio todos os dias. De fato, se você olhar para o toma lá dá cá entre diferentes formas de vida, tudo se equilibra lindamente. As plantas em geral absorvem dióxido de carbono e água e produzem açúcares e oxigênio; os animais geralmente absorvem açúcares e oxigênio e fazem dióxido de carbono e água. Yin e yang, tese e antítese, equilíbrio perfeito. Nem um obcecado pela contabilidade química como Lavoisier poderia criticar. Você ouve muita falação em física sobre simetria e a beleza da natureza. Isso é a pura verdade. Mas em minha opinião a simetria O_2/CO_2 é mais inspiradora, porque levou tanto tempo para evoluir e porque há um número tão maior de partes móveis, um número tão maior de maneiras pelas quais tudo poderia dar errado. No entanto, não dá. Carvalhos, aves-do-paraíso, cianobactérias, estamos todos juntos nessa.

É DIFÍCIL NÃO TER pena de Joseph Priestley. Lavoisier já possuía todas as vantagens de nível e posição, e foi adiante para se apropriar dos experimentos de Priestley e se intrometer na descoberta do oxigênio. Pior ainda, em seguida Lavoisier teve o descaramento de torcer a própria descoberta de Priestley contra ele e usar o oxigênio para desmantelar sua amada teoria do flogisto. O mais irritante de tudo isso é que Lavoisier teve sucesso. A cada ano Priestley se via com menos aliados, ao passo que as fileiras dos leais a Lavoisier engrossavam.

Priestley, contudo, logo teve coisas mais graves com que se preocupar além de sua honra científica. Embora conhecido em toda a Inglaterra como "Dr. Flogisto", ele sempre se considerara em primeiro lugar um pregador, e em 1780 obteve um posto religioso bastante bom em Birmingham. Mais tarde afirmou que o tempo que passou ali foi o mais feliz de sua vida. Atraiu uma congregação abastada; descobriu outros novos gases; fez amizade com James Watt e Erasmus Darwin e ingressou no famoso grupo que eles mantinham, a Lunar Society; chegou até a ganhar algum dinheiro fabricando e vendendo equipamentos científicos.

Mas nem todos em Birmingham o receberam bem. A cidade havia suportado uma série de distúrbios ao longo do século XVIII, e o populacho de lá tinha adquirido fama como a "miserável, agressiva, insolente, infatigável, canalha, agitada, estúpida turba de Birmingham". Não levaram muito tempo para escolher o novo pregador como objeto de atenção. Priestley escrevera vários livros de má reputação, inclusive o cruamente intitulado *History of the Corruptions of Christianity*. Ele havia também aplaudido publicamente a Revolução Francesa, que os idiotas típicos de Birmingham associavam (não de maneira injusta) com morte para a Igreja e o rei, duas prezadas instituições. (Nem estavam sozinhos ao desprezar a Revolução. O estadista Edmund Burke, à procura de uma metáfora feliz, comparou as multidões mortíferas de Paris a um "gás descontrolado" – invocando a visão de gás de Van Helmont como puro caos.)

Em desafio a esse sentimento, noventa dos amigos de Priestley em Birmingham planejaram um lauto jantar num hotel local no dia 14 de julho de 1791, para celebrar o segundo aniversário da tomada da Bastilha. Má ideia. Enquanto eles se banqueteavam e faziam brindes a todas as ideias radicais em que podiam pensar – "patriotas da França", "os direitos do homem", combatentes da liberdade nos Estados Unidos –, trezentos

A destruição da casa de Joseph Priestley durante o Distúrbio de Priestley.

bandidos e membros da ralé se reuniram do lado de fora; o pregoeiro da cidade correu para cá e para lá tocando seu sino. Quando o jantar terminou, a multidão jogou pedras nos convidados e quebrou as janelas do hotel. Em seguida eles marcharam para a igreja de Priestley, arrancaram os bancos e botaram fogo no prédio, reduzindo-o a cinzas. Com a ira ainda insaciada, eles transpuseram o quilômetro e meio que os separava da casa de Priestley para assá-lo vivo.

Priestley demonstrara uma prudência não característica ao não comparecer ao jantar. Ele estava de fato jogando gamão quando ouviu o rugido que se aproximava. Amigos chegaram para forçá-lo a sair, e ele observou a destruição de sua casa e a queima de si próprio em efígie escondido num morro próximo, perto o suficiente para ouvir um agitador gritar: "Vamos sacudir um pouco de pó da peruca de Priestley!" Os parvos destruíram mais duas dúzias de casas e queimaram mais quatro igrejas durante os três dias seguintes: grande parte de Birmingham foi reduzida a madeira carbonizada e grafita. Apesar disso, o evento ficou conhecido na história como Distúrbio de Priestley, em alusão a seu alvo mais proeminente – o único distúrbio até agora, pelo que sei, a receber o nome de um cientista.

Depois de se mudar para Londres, Priestley solicitou uma indenização do governo, que a tudo assistira e nada fizera para subjugar a multidão, mas a Coroa mostrou pouca comiseração. "Não posso senão me sentir mais feliz por Priestley ser a vítima das doutrinas que ele e seu grupo instilaram", declarou George III. Nesse ínterim, Priestley tentou se reconectar com velhos amigos da Royal Society em Londres – e se viu evitado, rejeição que o feriu profundamente (adeus camaradagem na ciência). Os tribunais finalmente lhe concederam £2.500 por danos sofridos, £1.500 a menos do que ele pedira. Grande parte dessa discrepância envolveu seu equipamento científico, a que ele atribuiu alto valor e o tribunal considerou inútil.

Nada mais restando para ele na Inglaterra, Priestley partiu para os Estados Unidos em abril de 1794, aos 61 anos. Seus três filhos já tinham emigrado para lá, e eles lhe asseguraram que os rumores sobre liberdade religiosa eram verdadeiros. Apesar de uma generosa oferta para lecionar química na Universidade da Pensilvânia (fundada por seu velho amigo Benjamin Franklin), Priestley se instalou em vez disso na rústica Northumberland, no centro da Pensilvânia. Após desembarcar na América do Norte ele nunca mais usou sua peruca empoada, decidido a deixar o Velho Mundo e seus problemas para trás.

Os problemas, no entanto, o perseguiram através do Atlântico, quando um velho inimigo político também expatriado (assinando "Peter Porcupine")* começou a distribuir panfletos injuriosos na Pensilvânia para destruir a reputação de Priestley entre os novos vizinhos. Ele suportou também um escândalo doméstico quando seu filho William foi acusado de envenenar vários criados, incluindo duas meninas (o caso nunca foi solucionado). Em meio ao tumulto, o Dr. Flogisto continuou a fazer ex-

---

* *Porcupine*: porco-espinho em inglês. (N.T.)

perimentos, e descobriu um último gás, o monóxido de carbono. Quando morreu, em 1804, o presidente Thomas Jefferson – que não era ele próprio nenhum incompetente em matéria de ciência – elogiou-o como "uma das poucas mentes preciosas para a humanidade".

Lavoisier teve um fim mais horripilante. Durante a Revolução Francesa, uma facção radical conhecida como jacobinos tomou o poder na França e aboliu a Ferme Générale em 1790. Subitamente desempregado, Lavoisier voltou sua atenção para os trabalhos científicos, como o desenvolvimento do nascente sistema métrico. Mas a mancha da coleta de impostos não desapareceria, e as pessoas começaram a resmungar sobre vingança. Um radical influente chamado Jean-Paul Marat virou então os conhecimentos científicos de Lavoisier contra ele. Anos antes, para ajudar a Ferme a coletar impostos, Lavoisier recomendara a construção de um muro em volta de Paris e a instalação de postos de pedágio para controlar o fluxo do tráfego que entrava e saía. Um historiador moderno comparou a ideia a "quarenta dos indivíduos mais ricos dos Estados Unidos encerrarem Nova York num muro e construírem postos de pedágio suntuosos, à custa do contribuinte, para uso da Receita Federal". A Ferme evidentemente adorara a ideia, e ao cobrar os pedágios eles ganharam o ódio perpétuo de todo *sans-culotte*: anos mais tarde, mesmo depois de ter tomado a Bastilha, a turba fez questão de atacar e queimar os odiados postos. Marat levou as maldições ainda mais longe, acusando Lavoisier de construir os postos para bloquear o fluxo de *ar* para Paris – como se Lavoisier pudesse controlar o oxigênio que as pessoas respiravam. Como ciência a ideia era tolice. Como propaganda era brilhante.

Embora odiado, Lavoisier continuou livre até 1793, quando os jacobinos finalmente expediram um mandado de prisão contra ele e os 27 outros "sanguessugas" e "vampiros" da antiga Ferme. Lavoisier se escondeu no Louvre por alguns dias antes de se entregar, na véspera de Natal. A primeira prisão em que foi parar era realmente bastante confortável: ele e seus colegas prisioneiros desfrutaram vinho, peras e gamão. Durante essa fase, muitos membros da Ferme ainda tinham esperança: Lavoisier se consolava com a ideia de que, mesmo que perdesse sua fortuna, poderia sempre se tornar farmacêutico, sua profissão favorita. Contudo os prisioneiros compreenderam quanto as coisas eram medonhas quando foram transferidos para celas mais miseráveis, que os expuseram a ratos e pulgas provavelmente pela primeira vez na vida. Suspeitando do destino que os aguardava, alguns membros da Ferme conseguiram doses de ópio, mas Lavoisier os demoveu da ideia de suicídio.

O julgamento deles começou às dez da manhã de 8 de maio de 1794. Os três juízes usavam togas pretas, gravatas brancas e chapéus com plumas; eles também tinham uma garrafa de vinho para bebericar, o que fazia aquilo parecer um evento civilizado. Quando eles entraram, cada prisioneiro foi despojado de todos os pertences pessoais – Lavoisier teve uma pequena chave de ouro confiscada. Os juízes passaram a detalhar, pela primeira vez, as acusações exatas contra eles: fixar taxas de juros, diluir tabaco e desfalcar 130 milhões de libras francesas (o equivalente a US$5 bilhões atuais). Mais ameaçadoramente, o governo acusou a Ferme de conspirar contra o povo da França, um crime capital. Nenhuma das acusações se manteve sob o escrutínio de Lavoisier – era como ver de novo o arremedo de julgamento entre Oxigênio e Flogisto. Mas esse tipo de lógica pouco adiantava naquele tribunal, e os juízes sentenciaram todos os 28 réus à guilhotina.

Os condenados foram conduzidos para o patíbulo em carroças no mesmo dia, com soldados a cavalo abrindo caminho entre as multidões que escarneciam. Por volta das cinco da tarde eles subiram ao cadafalso com as mãos atadas às costas, e ajoelharam um a um defronte à lâmina. Lavoisier foi o quarto. "Foi preciso apenas um instante para cortar aquela cabeça", pranteou um amigo, "e uma centena de anos não pode nos dar outra igual." Joseph Priestley estava a meio caminho através do Atlântico naquele momento, e só receberia a notícia meses depois. Quando soube, deve ter lhe ocorrido que sua amada Revolução Francesa tinha agora destruído não apenas sua vida, mas a vida de seu grande rival científico.

Nos anos que se seguiram à morte de Lavoisier, surgiram várias lendas sobre suas últimas horas. Uma sustentava que, após receber a sentença, ele solicitou um breve adiamento da execução para concluir um trabalho científico. O juiz supostamente o mandou embora, declarando: "A República não precisa de cientistas." Isso nunca aconteceu – mas algumas pessoas de fato pensam assim. Adolf Hitler expressou mais ou menos o mesmo sentimento quando Carl Bosch lhe pediu que poupasse alguns cientistas judeus.

A lenda mais famosa envolve os últimos minutos de Lavoisier. Em algum momento, quando fazia fila para a guilhotina, ele supostamente pediu a um colega para se aproximar o máximo possível do cadafalso e ajudar com um experimento final. Ao contrário do que se pode esperar, a guilhotina não mata instantaneamente; a cabeça sobrevive por vários segundos após ser cortada. Por razões óbvias, ninguém jamais testara exatamente por quanto tempo ela vive, e Lavoisier decidiu que sua própria morte proporcionava uma ótima oportunidade. Assim, informou ao seu assistente que, tão logo sentisse o sussurro da guilhotina sobre seu pescoço, ele começaria a piscar, e continuaria piscando até que sua provisão interna de oxigênio se esgotasse e ele perdesse a consciência. Tudo que seu assistente tinha a fazer era ignorar o sangue, a multidão e sua própria repugnância, e continuar contando. Algumas fontes afirmam que Lavoisier conseguiu dar onze piscadelas, outras, quinze.

Dada a rapidez com que as cabeças caíam – todos os 28 homens morreram em 35 minutos –, a história é provavelmente apócrifa. Mas como mito ela ainda conserva muito poder: mostra-nos um cientista dedicado a seu ofício mesmo além da própria morte. É tão comovente quanto Sócrates filosofando enquanto bebia cicuta. De fato, se tivesse acontecido, esse teria sido o experimento mais espetacular da vida de Lavoisier – inteiramente original, adequado para uma plateia e não envolvendo nada além de seu cérebro prodigioso e seu amado gás oxigênio.

Interlúdio: Mais quente que Dickens

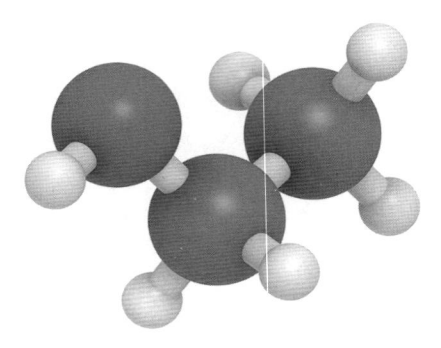

Etanol (C_2H_5OH) – atualmente 0,00005 parte
por milhão no ar; você inala 600 bilhões de
moléculas cada vez que respira.

A PRIMEIRA COISA QUE eles notaram foi o cheiro, como se alguém estivesse
fritando costeletas de cordeiro rançosas. Os dois homens estavam sentados
em seu apartamento no centro de Londres e conversavam nervosamente
sobre o encontro marcado com o velho e alcoólatra sr. Krook no térreo.
Mas sinais agourentos não cessavam de interrompê-los. Fuligem preta
rodopiava pela sala como caspa do demônio, manchando as mangas de um
dos homens. Quando o outro se apoiou no peitoril da janela, suas mãos
saíram listradas de gordura amarela. E aquele cheiro! A cada minuto que
passava, o odor de carne rançosa ficava mais penetrante.

Finalmente soou a meia-noite e eles desceram a escada. Andar pela
oficina do sr. Krook – cheia de trapos, garrafas, ossos e outros lixos – era
desagradável mesmo durante o dia. Agora à noite eles sentiam algo defi-
nitivamente funesto. Em frente ao quarto de Krook, perto do fundo da
oficina, um gato preto surgiu de repente e sibilou. Gordura manchava as

paredes e o teto dentro do quarto. O paletó e o boné de Krook estavam em uma cadeira; havia uma garrafa de gim na mesa. Mas o único sinal de vida era o gato, ainda sibilando. Eles giraram a lanterna para cá e para lá, procurando Krook.

Finalmente perceberam um monte de cinzas no assoalho. Olharam-se por um momento, apatetados – antes de se virar e correr. Precipitaram-se para a rua e gritaram por socorro, socorro! Mas era tarde demais. O velho Krook estava morto, vítima de combustão espontânea.

Quando Charles Dickens publicou esta cena, em dezembro de 1852 – um extrato de seu romance *A casa soturna* –, a maioria dos leitores engoliu-a cabalmente. Afinal, Dickens escrevia histórias realistas e fazia um grande esforço para descrever assuntos científicos como varíola, infecções e lesão cerebral. Assim, ainda que Krook fosse ficcional, o público acreditava que Dickens tinha retratado a combustão espontânea de forma precisa.

Mas alguns não conseguiram ler sobre a morte de Krook sem se consumir de raiva. Os cientistas na época se esforçavam para desmascarar velhos absurdos como clarividência, mesmerismo e a ideia de que as pessoas às vezes pegam fogo sem nenhuma razão. Em duas semanas, os céticos começaram a desafiar Dickens pela imprensa, inflamando uma das controvérsias mais estranhas da história literária, sobre o papel do oxigênio no metabolismo humano.

À frente da acusação contra Dickens estava George Lewes, um Richard Dawkins da era vitoriana, sempre pronto a atacar a superstição. Lewes tinha estudado fisiologia quando jovem, por isso entendia de corpo. Ele também tinha um pé no mundo literário como crítico, dramaturgo e antigo amante de George Eliot. Ele considerava Dickens um amigo.

Não que você percebesse isso pela reação de Lewes a *A casa soturna*. Ele admitia que os artistas têm licença para às vezes entortar a verdade, mas afirmava que os romancistas não podem simplesmente ignorar as leis da física. "Essas circunstâncias estão além dos limites da ficção aceitável", escreveu. E além disso acusou Dickens de sensacionalismo barato e "de difundir um erro vulgar".

A morte do sr. Krook, em *A casa soturna*, de Charles Dickens.

Dickens reagiu. Ele estava publicando *A casa soturna* em fascículos mensais, por isso teve tempo de introduzir às pressas uma refutação no episódio de janeiro. A ação recomeça com a investigação sobre a morte de Krook, e Dickens zomba dos críticos da combustão espontânea como intelectuais cegos demais para ver simples evidências: "Algumas dessas autoridades (evidentemente as mais sábias) argumentam ... que o morto não tinha o direito de morrer da forma alegada", escreveu. Mas o senso comum acaba triunfando, e o magistrado na história declara: "Estes são mistérios que não podemos explicar!"

Em cartas particulares para Lewes, Dickens continuou sua campanha, mencionando vários casos de combustão espontânea ao longo da história.

Ele se apoiava fortemente, em especial, no caso de uma condessa italiana que entrara em combustão em 1731. Segundo constava, ela se banhava em conhaque para amaciar a pele, e na manhã após um desses banhos sua criada entrou no quarto e encontrou a cama intacta. Como no caso do sr. Krook, fuligem pairava no ar, com uma névoa amarela de óleo. A criada encontrou as pernas da condessa – só as pernas – de pé a cerca de um metro da cama. Havia um monte de cinzas entre elas, junto com o crânio carbonizado. Parecia não haver mais nada de errado, exceto duas velas derretidas ali perto. Como um padre havia registrado essa história, Dickens a considerava confiável.

E ele não era tampouco o único autor a acreditar em combustão espontânea. Mark Twain, Herman Melville e Washington Irving tinham feito personagens entrar em erupção também. Como no caso dos relatos "não ficcionais", a maioria dessas cenas envolvia alcoólatras velhos e sedentários. Seus torsos sempre se reduziam a cinzas, mas as extremidades com frequência sobreviviam intactas. No que era o mais sinistro de tudo, além da ocasional marca de queimadura superficial no assoalho, as chamas nunca consumiam nada além do corpo da vítima.

Acredite ou não, Dickens e esses outros autores tinham alguma ciência lhes dando respaldo. Dickens escreveu *A casa soturna* menos de uma década após a descoberta da nitroglicerina – um óleo explosivo que pode de fato detonar espontaneamente. De maneira mais significativa, a combustão espontânea parecia ligada a uma das mais importantes descobertas na história da medicina, que vinculava os fenômenos aparentemente separados da queima, da respiração e da circulação do sangue.

Em 1628 William Harvey forneceu a primeira prova real de que o sangue flui pelo corpo num circuito, com o coração agindo como bomba. (Antes disso as pessoas supunham que o fígado convertia comida em sangue e que nossos órgãos "bebiam" sangue da maneira como plantas bebem água.) Ao mesmo tempo, Harvey fez algumas suposições duvidosas sobre a circulação de outros fluidos, como o ar. Ele sabia que tanto o sangue quanto o ar passavam pelos pulmões, mas insistiu em que os dois fluidos não se misturavam ali. Em vez disso, afirmou que os pulmões só resfriavam o sangue agitando-o, mais ou menos como mexemos a sopa para esfriá-la. Em outras palavras, os pulmões tinham um papel mecânico, mas não alteravam o sangue quimicamente – isso só o coração podia fazer.

Na década de 1660, Robert Hooke e Robert Lower – membros de um novo clube científico só para homens chamado Royal Society – finalmente refutaram a teoria de Harvey de que os pulmões só resfriavam o sangue. Eles o fizeram por meio de uma série de experimentos horripilantes que envolveram a vivissecção de um cão. Vou poupá-los dos piores detalhes, mas eles abriram com uma tesoura pequenos buracos nos pulmões do cão para permitir que o ar fluísse através deles e enfiaram o bico de um fole em sua traqueia. Bombeando o fole repetidamente mantinham os pulmões inflados, como uma biruta num vendaval. Em consequência, os pulmões permaneciam estacionários por vários minutos de cada vez, sem se expandir nem contrair.

O coração do cachorro e outros órgãos funcionavam muito bem enquanto o ar continuava fluindo através dos pulmões, apesar de sua imobilidade. Ao contrário do que Harvey dizia, portanto, o mero *movimento* dos pulmões não significava nada. A dupla viu também o sangue do cão mudar de cor à medida que se movia através dos pulmões, passando de um sombrio azul Picasso para um vivo Matisse vermelho. Tudo isso emprestou forte apoio à teoria de que os pulmões realmente desencadeavam uma mudança química no sangue, fosse instilando-lhe alguma substância, fosse removendo vapores residuais.

De fato, eram as duas coisas. Como vimos antes, os químicos no fim do século XVIII determinaram que os pulmões absorvem oxigênio e expelem dióxido de carbono. (Quanto à cor, quando o oxigênio entra nos glóbulos vermelhos ele se prende às moléculas de hemoglobina. Esta contém átomos de ferro, que se ligam facilmente ao oxigênio, e a adição de oxigênio muda a forma da hemoglobina. Ela então muda de cor, de azulado para vermelho vivo.) Além de associar o oxigênio à respiração, esses químicos já tinham ligado o oxigênio à combustão, à queima. Assim, quando compreenderam que o sangue entrega oxigênio para nossas células, eles declararam que a respiração envolve uma espécie de combustão lenta dentro de nós – uma queima constante, com o corpo funcionando como combustível.

E se fogos brandos ardiam dentro de nós o tempo todo, por que não podiam se inflamar de vez em quando, especialmente no caso dos alcoólatras, cujos órgãos se encontravam encharcados de gim ou rum? Para essa maneira de pensar, a combustão espontânea não parecia nada absurda. (Além disso, para ser bem franco e direto, todos nós expelimos gases inflamáveis várias vezes todos os dias.) Quanto ao que provoca o fogo, talvez a febre fosse a responsável, ou os temperamentos muito inflamados. Ao defender a combustão espontânea, Dickens estava jogando lenha num debate científico que cozinhava em fogo brando.

Lewes, no entanto, não engolia nada disso. Ele leu os relatos históricos de Dickens e os desdenhou como "engraçados, mas não convincentes", observando que vários tinham um século de idade. Não ajudou que Dickens incluísse o endosso de um célebre médico que promovia a frenologia também. Lewes observou que nenhum dos relatos "factuais" fora escrito por testemunhas. Os autores tinham sempre ouvido a história em segunda mão, do amigo de um primo ou do cunhado do senhorio.

No que era o mais incriminador de tudo, Lewes tinha uma compreensão melhor da fisiologia moderna. Ele chamou atenção para trabalhos então recentes mostrando que o fígado metaboliza o álcool, decompondo-o para a eliminação. Assim, a despeito do cheiro que o hálito pudesse ter, os órgãos dos alcoólatras não estavam encharcados de bebida alcoólica. Mesmo que estivessem, aproximadamente três quartos do corpo são água, então não pegaria fogo. E os médicos sabiam àquela altura que as febres estão longe de arder com calor suficiente para inflamar o que quer que seja.

Como não é de surpreender, Dickens não cedeu. Ele sempre tivera uma relação ambivalente com a ciência. Não podia negar as maravilhas que ela produzira, mas era fundamentalmente um romântico e achava que a ciência matava a imaginação. Artisticamente, também, considerava a cena da morte de Krook tão central para o romance (envolvendo um processo legal ruinoso, que "consome" a vida e a fortuna de todos os envolvidos) que não podia tolerar que ela fosse criticada. E quanto mais defensivo Dickens ficava, mais indignado Lewes se sentia. Eles continuaram a discutir por dez meses, e por fim abandonaram a questão quando o último fascículo de *A casa soturna* foi publicado, em setembro de 1853.

A história, claro, declarou Lewes vencedor: fora dos tabloides, nenhum ser humano jamais entrou em combustão espontânea. Mas naquele tempo essa ideia não era tão chula e absurda quanto Lewes a julgava; em 1928 um texto médico ainda debatia casos desse tipo. Além disso, Dickens estava inegavelmente certo em relação a uma coisa: nos assuntos humanos a combustão espontânea pode ocorrer. Dickens e Lewes enfim se acertaram, mas durante aqueles dez meses em 1853 as fogueiras arderam a temperaturas terrivelmente altas em Londres. Eles seriam os primeiros a dizer que amizades e reputações podem pegar fogo instantaneamente e se consumir em fumaça e cinzas.

PARTE II

O aproveitamento do ar

A relação humana com o ar

Nessa altura, respondemos a duas importantes questões sobre o ar: de onde veio nossa atmosfera e o que são seus principais ingredientes, nitrogênio e oxigênio. Cada vez que você inspira, porém, absorve uma centena de outros gases também, gases que acrescentam nuances e conotações ao que respiramos, e nossa compreensão da atmosfera permaneceria superficial sem suas histórias. Esses gases também oferecem uma nova oportunidade: em vez de simplesmente relatar de onde cada gás veio, vamos agora começar a examinar a *relação* humana com o ar – como usamos esses gases para melhorar nossas vidas de uma centena de formas, começando com a medicina.

4. O milagroso gás do prazer

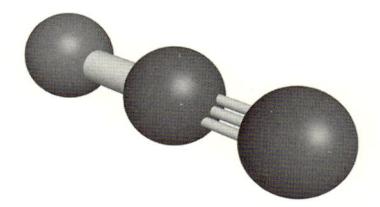

Óxido nitroso (N_2O) – atualmente 0,33 parte
por milhão no ar; você inala 4 quatrilhões de
moléculas cada vez que respira.

UMA MANHÃ, em 1791, um professor de Oxford chamado Thomas Beddoes
teve o delicioso prazer de escutar dois estranhos falando sobre ele. Ia tomar
café da manhã numa estalagem quando ouviu seu nome, e ao se sentar
percebeu que nenhum dos seus companheiros de mesa o reconhecia. Sujeito provocador, Beddoes atiçou-os e sorriu ao ouvir o jovem afirmar que
Beddoes tinha acabado de descobrir três novos vulcões na Inglaterra. A
mulher, embora admitisse que Beddoes era um prodígio científico, franzia
o cenho para seu ateísmo e o apoio à Revolução Francesa. "Excetuando-
se o que possa saber sobre fósseis e essas coisas extraordinárias", ela lhe
assegurou, "ele é perfeitamente estúpido e incuravelmente heterodoxo.
Além disso, é tão gordo e baixo que poderia servir para um espetáculo [de
aberrações]." Beddoes escapuliu com uma risadinha.

O fato é que seus companheiros não sabiam da missa a metade. Ao
longo dos anos Beddoes desenvolveria a reputação de ser o homem mais
extravagante da ciência inglesa. Ele expunha pacientes de tuberculose
a flatos de vaca para limpar seus pulmões. Chupava lingotes de prata e
chumbo para "saborear" o nugá da eletricidade dentro deles. E pregava

essas ideias diante das maiores multidões de que um professor desfrutara em Oxford desde a Idade Média. Beddoes, porém, era mais conhecido por promover o uso de drogas capazes de alterar a mente, como o óxido nitroso (N_2O, gás hilariante), para pesquisar a consciência humana.

No final do século XVIII, embora a maioria tivesse sido descoberta apenas alguns anos antes, vários gases já tinham escapado do laboratório e se tornado drogas populares. Isso representou uma nova reviravolta na química pneumática: em vez de apenas medir as propriedades de diferentes ares, como as gerações anteriores haviam feito, os novos cientistas trabalhavam com o objetivo de ajudar a humanidade. Lamentavelmente, como em geral acontece na medicina, o campo também atraía os charlatães. Dependendo do curandeiro em que você acreditava, diferentes gases curavam tifo, úlceras e diabete; crupe, catarro e pleurisia; diarreia, escorbuto e dor de garganta; até cegueira e surdez. Mas nenhum gás despertou tanto alvoroço e pavor quanto o óxido nitroso. O trabalho de Beddoes com esse gás iria construir uma ponte desconfortável entre ciência e excentricidade. E embora seus experimentos com gás hilariante fossem levar, finalmente, a um dos grandes avanços na história da medicina, ele morreu considerando-se um fracasso.

Beddoes formou-se em medicina e praticava a profissão da maneira como Sócrates praticava a filosofia, criticando a todos, sem consideração por classe ou posição. Repreendia médicos fidalgos por ignorar as massas sofredoras, mas censurava com igual fervor aqueles que as pilhavam vendendo bálsamos e tinturas inúteis. Beddoes pressionava por um caminho intermediário, e de repente se deu conta de como poderia conseguir isso quando caminhava por um pasto enlameado num dia de 1791.

A maior parte dos médicos daquela época buscava a origem de todas as doenças em bolsões de ar envenenado (malária significa literalmente "mau ar".) Isso explica por que homens e mulheres enfermiços nos velhos romances estavam sempre acorrendo às estações de veraneio à beira-mar e sanatórios nas montanhas, lugares onde podiam respirar fácil e livremente. Beddoes acreditava em bons e maus ares tanto quanto todo mundo, mas tinha também estudado química com Joseph Black, descobridor do dióxido de carbono. Um dia, enquanto fazia sua caminhada diária, salpicado de lama, teve uma ideia: por que não manufaturar seus próprios ares e levar os pacientes a respirá-los? Inspirado, Beddoes começou a recolher relatos de casos de pessoas que haviam se exposto a diferentes gases; também passou a realizar experimentos consigo mesmo. Descobriu que inalar oxigênio o deixava imune ao frio e derretia quase sete quilos de seu corpo

Thomas Beddoes,
um médico desordeiro.

em apenas algumas semanas. (Infelizmente, também ressecou sua pele e causou hemorragias nasais de um vermelho alarmantemente vivo.) Por fim, reuniu esses experimentos e relatos num livro abrangente que incluía várias afirmações duvidosas – que os gases diminuíam os tumores, por exemplo, e aboliam a necessidade de sono.

Nesse meio-tempo Beddoes esboçou planos para abrir um centro de pesquisas, o Instituto Pneumático, onde poderia testar os gases de maneira sistemática. (Ele estava prestes a ser demitido de Oxford por escrever panfletos a favor da Revolução Francesa.) Imaginava a entidade como um hospital para o tratamento de pacientes e um laboratório para o teste de novas terapias – talvez o primeiro verdadeiro centro de pesquisas médicas do mundo. O empreendimento não seria barato, por isso Beddoes procurou patrocinadores em meio ao velho clube social de Joseph Priestley, a Lunar Society de Birmingham. Vários membros eminentes soltaram a grana, inclusive os Wedgwood, da famosa cerâmica; e James Watt, que devia seu renome à máquina a vapor, concordou em fabricar equipamentos para ele a preço de custo.

Generosidade à parte, Watt tinha um interesse pessoal no trabalho de Beddoes. Entre outras doenças, Beddoes planejava concentrar-se na consumpção (tuberculose dos pulmões). Como as vítimas de guerra química, as pessoas que sofriam de tuberculose afogavam-se lentamente à medida que o peito se enchia de fluido. Elas também sofriam de calafrios, suores e expectoravam sangue enquanto esperavam a morte. Watt conhecia todos esses sintomas perfeitamente porque sua filha Jessie tinha tuberculose. Ela já tentara um número interminável de remédios – dedaleira, láudano, chá de casca de árvores, vesiculação, sangria, até "ser balançada de um lado para outro numa corda para deixá-la nauseada". Numa última tentativa desesperada, Watt permitiu que Beddoes a tratasse com um gás, dióxido de carbono. Jessie morreu em uma semana.

Beddoes encolheu-se, temendo a ira de Watt. Famoso como era, ele poderia destruir o Instituto Pneumático antes que este sequer abrisse as portas. Mas Watt era um homem bondoso e reflexivo, e em vez de censurar Beddoes redobrou seu compromisso. Para esse fim, inventou um forno portátil com vários tubos de destilação e câmaras de reação para criar novos gases segundo a necessidade. Também desenvolveu maneiras engenhosas de coletar gases: em foles (para bombeamento nos pulmões) ou em sacos de seda verde com bocais (para inalar quando fosse conveniente). Todo o arranjo, que custou apenas £14, encantou Beddoes, que declarou que preparar doses de gases logo seria "tão fácil quanto ... cozinhar uma peça de carne".

De posse de recursos e equipamentos, Beddoes concentrou-se em seguida em obter terras e um assistente hábil. Para o terreno escolheu Bristol, cidade barata, com fontes naturais que atraíam bandos de pacientes tuberculosos. De fato, um historiador comentou que "Bristol se tornara uma 'última oportunidade de melhorar', a soturna estação terminal para aqueles em quem todos os outros tratamentos haviam falhado ... Os proprietários de pensões e hotéis muitas vezes faziam também as vezes de agentes funerários". Beddoes calculou, corretamente, que muitos pacientes estariam desesperados o bastante para tentar a cura pelo gás.

Para assistente, Beddoes mais uma vez recorreu a Watt. No final dos anos 1790, Gregory, filho de Watt – também tuberculoso –, tirou umas férias para repouso no sudoeste da Inglaterra e hospedou-se com uma viúva chamada Grace Davy. O filho adolescente da viúva, Humphry, angariara grande fama localmente tanto como químico quanto como excêntrico, do mesmo naipe de Beddoes.

Certa vez ele construiu uma bomba de ar – equipamento sofisticado na época – a partir de uma seringa de enema que as ondas tinham jogado na praia depois de um naufrágio. Pintou duendes nas paredes do quarto de sua irmã com fósforo, que brilhavam no escuro. Escrevia poemas intensos, visionários, e fazia longas e solitárias caminhadas pelos penhascos da Cornualha, muitas vezes voltando para casa machucado e sangrando.

Embora a princípio repelido, Gregory Watt começou a se afeiçoar a Humphry Davy com o passar dos meses. Os dois se tornaram companheiros de copo (sobretudo conhaque), e ele estimulou Davy a escrever para Beddoes. Entusiasmado por travar contato com um verdadeiro cientista, o rapaz enviou a Beddoes duzentas páginas de ensaios digressivos sobre calor, luz, eletricidade e gases. Na maior parte, eles nada tinham a ver com medicina, mas revelavam uma aguçada mente científica, e alguns meses depois Beddoes contratou Davy – com quem nunca se encontrara e que acabara de completar dezenove anos – para realizar experimentos no Instituto Pneumático. Davy jamais estivera afastado de casa por mais de um dia de viagem, porém, em outubro de 1798 percorreu o trajeto de mais de 320 quilômetros até Bristol; para economizar dinheiro, comprou a passagem mais barata disponível e teve de viajar em cima da diligência. Sua primeira impressão de Beddoes foi de que ele era baixo e gordo.

A clínica foi inaugurada em março de 1799, e no início de abril

Humphry Davy, químico, poeta romântico e caçador de elementos químicos.

Davy já quase havia se matado. A maior parte de seu trabalho diário envolvia preparar gases e medir suas propriedades químicas. Ele também expunha cães, gatos, coelhos e borboletas aos gases e monitorava como a respiração e os ritmos cardíacos se alteravam. No entanto, Davy queria acima de tudo inalar gases, e para seu primeiro experimento completo preparou vários quartos de galão de monóxido de carbono. Após a terceira inalação, seu pulso começou a acelerar e seu peito ficou paralisado. Ele mal conseguiu tropeçar até o jardim, onde um aterrorizado assistente o ressuscitou com oxigênio. Davy passou o resto do dia na cama vomitando e com uma lancinante dor de cabeça.

Não importa. Depois de uma semana afastado, Davy voltou imediatamente para os estudos, dessa vez concentrando-se em outro gás supostamente venenoso: óxido nitroso. Ele preparou-o aquecendo cristais de nitrato de amônio num recipiente lacrado – lentamente, para evitar explosões. Depois coletou as emanações num fole. Sua primeira impressão foi de que ele tinha um gosto doce. Mais algumas baforadas o deixaram tonto, mas a audição ficou aguçada. Em seguida ele percebeu uma estranha sensação tátil, "uma pressão suave em todos os músculos". O episódio culminou com ele dando um pulo e marchando pela sala, soltando gritos de alegria. Beddoes, observando tudo isso, disse que Davy parecia ter um "orgasmo pleno", e Davy mal conseguiu dormir naquela noite por causa dos pensamentos acelerados.

Após mais algumas semanas de testes, Davy e Beddoes haviam provado que óxido nitroso não era venenoso, e sentiram-se suficientemente confiantes para experimentá-lo em dois pacientes. Um tinha o braço semiparalisado em consequência de uma bebedeira épica, anos antes. Algumas inalações de gás o restabeleceram, desenrijecendo sua mão e permitindo-lhe segurar objetos. O segundo paciente estava em pior estado – "uma das criaturas humanas mais destroçadas que se possa imaginar", recordou Beddoes. Mas ele também reagiu ao óxido nitroso, levantando-se como Lázaro e jogando as muletas para o lado.

Rumores sobre esse gás extraordinário se espalharam pela cidade, e não demorou que o grupo boêmio de Bristol perguntasse a Beddoes e

Davy se podiam experimentá-lo também. Beddoes concordou prontamente – as propriedades psicoativas do novo gás o fascinavam – e encorajou vários poetas com quem Davy fizera amizade a dar uma cafungada no óxido nitroso. Os poetas se divertiram à grande naquela noite e voltaram para outra dose. Depois outra. Logo o Instituto Pneumático levava uma vida dupla. De dia era uma clínica respeitável, com Beddoes tratando pacientes e Davy realizando experimentos. À noite parecia um antro de ópio, com escritores e seus admiradores refestelados inalando gás nitroso acondicionado em sacos de seda verde.

Davy não resistiu a introduzir um pouco de ciência nessas sessões. Ele testava as respostas sensoriais das pessoas fazendo-as acompanhar chamas de velas ou ouvir campainhas tilintando. Testava o poder de sugestão preparando sacos de placebo com ar comum para ver se as pessoas fingiam sentir embriaguez (na verdade, não). Acima de tudo, porém, registrava as respostas individuais ao gás hilariante. Algumas pessoas ficavam briguentas ou proferiam absurdos. Uma mulher correu para fora e, para sua posterior mortificação, saltou sobre um grande cachorro. Com mais frequência as pessoas desabavam no chão e se desmanchavam em risadinhas. Mais tarde, Davy as estimulava a descrever suas sensações. O escritor Samuel Taylor Coleridge comparou a embriaguez provocada pelo óxido nitroso à entrada num quarto aquecido depois de uma tempestade de neve. O também poeta Robert Southey empolgou-se na carta para um amigo. "Que gás o Davy descobriu! ... Ele deixa o sujeito forte. E tão feliz! Tão gloriosamente feliz! Ó excelente saco de gás! Estou convencido de que o ar no céu deve ser [feito] deste milagroso gás do deleite!" (Claramente, um sintoma de overdose de óxido nitroso é o abuso de pontos de exclamação.) Mais eloquente que tudo, um homem emergiu da embriaguez e disse simplesmente: "Senti-me como o som de uma harpa." Em vez de desprezar esses sentimentos como anticientíficos, Davy os analisava em busca de indícios sobre a psique humana. O gás hilariante parecia abrir novas perspectivas na cabeça das pessoas, e ele precisava de poetas e seus dons linguísticos para captar todas as sutilezas.

Empolgado com essas tarefas, Davy começou a cumprir jornadas de trabalho de catorze horas. Raramente fazia refeições substanciais durante elas, e quando sua camisa ficava suja demais, ele enfiava uma roupa limpa por cima e seguia em frente. (Fazia o mesmo com as meias.) Depois, para relaxar ao fim de um longo dia, preparava às pressas meia dúzia de sacos de óxido nitroso e se embriagava. De fato, tornou-se uma espécie de adicto em óxido nitroso, inalando o gás diariamente por vários meses. Em algumas noites vagava pela zona rural e desmaiava sob a lua cheia. Em outras ficava em casa e misturava drogas. Certa vez tentou emborcar uma garrafa de vinho o mais depressa possível e depois cheirou o gás. Acabou vomitando.

Em outra noite, Davy testou uma nova unidade de imersão fornecida por James Watt. Ela consistia numa grande caixa com uma cadeirinha dentro, e Davy entrava nela seminu, com um termômetro na axila e um leque de plumas na mão para agitar o ar lá dentro. Durante 75 minutos um assistente liberou trezentos quartos de galão de óxido nitroso na câmara. Davy emergiu vacilante – vermelho e com 41°C de temperatura –, mas insistiu em dar mais uma cheirada em um saco de seda. Isso o lançou na mais intensa embriaguez de sua vida, uma nova dimensão do inebriamento. Em certa altura ele se declarou "um ser sublime, recém-criado e superior aos outros mortais". Momentos mais tarde, balbuciou: "Não existe nada senão pensamentos! O mundo é composto de impressões, ideias, prazeres e dores!" Soava como um bispo George Berkeley enlouquecido. Mas Davy considerava um testemunho como esse tão valioso quanto suas observações sobre ritmo cardíaco e dilatação da pupila.

Fundamentalmente, Beddoes deixava Davy conduzir esses experimentos como bem entendia. Isso ocorria em parte porque Beddoes estava menos interessado em se embriagar e em parte porque tinha seu próprio projeto maluco a que se dedicar. Vários anos antes, ele notara que os açougueiros nunca pareciam contrair tuberculose. De fato, eles pareciam o oposto de pálidos e fracos – eram sujeitos vigorosos e robustos, com aspecto saudável. Intrigado, ele fez perguntas aqui e ali e ficou sabendo que a maioria dos açougueiros atribuía sua saúde às emanações que inalavam enquanto cortavam a carne de vacas e carneiros.

Por mais ridículo que isso soe agora, a ideia pareceu plausível a Beddoes. Alguns anos antes seu compatriota Edward Jenner tinha notado que as mulheres que trabalhavam na ordenha e infectadas com pus de uma doença bovina chamada varíola bovina jamais adoeciam com a muito mais mortífera varíola humana. Essa ideia levou Jenner a desenvolver uma vacina contra a doença. Sendo assim, por que os vapores bovinos não podiam ter efeitos medicinais também?

Para pôr a ideia à prova, Beddoes equipou um estábulo com camas e instalou alguns tuberculosos ali. A princípio ele deixava os animais perambularem por onde quisessem, peidando e arrotando à vontade. "Viver com as vacas é a coisa mais deliciosa que se possa imaginar", assegurava ele a seus pacientes. Estes discordavam. Revoltados com a pocilga em que viviam, eles insistiram para que Beddoes limpasse o esterco e instalasse cortinas. Apesar disso concordaram em passar meses no estábulo respirando gases expelidos por vacas.

Embora ineficaz, a "terapia do estábulo" provavelmente era inofensiva do ponto de vista médico, mas acabou prejudicando a reputação de Bed-

Cartum zombando dos experimentos de Beddoes e Davy com gás.

does – ou melhor, prejudicando-a ainda mais. Seu ateísmo e suas opiniões políticas radicais já tinham despertado desconfiança em Bristol. (Certa vez, Davy encomendara rãs para usar em experimentos, e quando o caixote em que estavam rachou e elas escaparam para a cidade, começaram a circular rumores de que Beddoes as comprara para alimentar espiões franceses escondidos em seu porão.) A terapia do estábulo deu aos seus inimigos ainda mais uma chibata com que açoitá-lo, e como Joseph Priestley antes dele, o baixo e gordo Beddoes tornou-se tema popular nas caricaturas. As farras noturnas com óxido nitroso forneceram novo combustível para a sátira, e o programa de pesquisa de Beddoes logo se tornou objeto de zombaria em toda a Europa.

O que finalmente condenou o Instituto Pneumático, porém, não foi a política ou a sátira, mas a ciência. Porque embora os pacientes decerto apreciassem o estado de embriaguez proporcionado pelo óxido nitroso, muito poucos realmente melhoravam. Mais uma vez, uma comparação com Jenner é instrutiva. À primeira vista, a ideia de Jenner de infectar pessoas com pus de varíola bovina parece estranha, até perigosa, e os tabloides atacaram-no ainda mais ferozmente que a Beddoes. (Uma notícia afirmava que um menino se metamorfoseara em vaca – desenvolvera chifres e tudo – depois de ser vacinado. Por mais ignorantes que sejam, os opositores das vacinas hoje não são tão bons quanto os ignorantes de outrora.) Ainda assim, nenhuma quantidade de zombaria dos sabe-tudo podia alterar o fato de que as vacinas funcionavam, e os pacientes faziam filas aos milhares para tomá-las. O óxido nitroso, enquanto isso, não curava ninguém. Mesmo aqueles que sentiam um alívio temporário de seus sintomas logo desenvolviam tolerância e recaíam na doença. Beddoes e Davy também viram um número crescente de reações adversas – pacientes com dores de cabeça, letargia, mal-estar geral. Uma mulher teve "uma sucessão de ataques histéricos" que duraram semanas.

Apesar desses reveses, Beddoes continuou a promover suas curas, nunca vacilando na crença de que os gases iriam de algum modo transformar a medicina. Mal sabia ele que o parceiro Davy logo forneceria a seus inimigos toda a munição de que precisavam – e pior, logo o próprio assistente mudaria de lado.

Em seus estudos, Davy podia ver que os gases causavam mudanças fisiológicas. Mas a escassez de curas reais o frustrava, e faltava-lhe o otimismo inabalável de Beddoes. Finalmente ele tornou suas desconfianças públicas num livro de seiscentas páginas que publicou em 1800, *Researches, Chemical and Philosophical* – um volume errático, vagando de simples experimentos de química a pensamentos de Samuel Taylor Coleridge sobre drogar-se. A conclusão, contudo, era dura e concisa: os gases eram inúteis como remédio.

Dependendo da perspectiva que adotemos, o livro foi uma traição ao mentor ou um frio, mas necessário, corretivo. Seja como for, magoou Beddoes, e ele e Davy logo se afastaram. Graças a *Researches*, Davy obteve um bem remunerado emprego de pesquisador em Londres, no qual expandiu seus estudos para novos temas. Por exemplo, utilizou a força da eletricidade para liberar meia dúzia de novos elementos químicos (sódio,[1] potássio, bário, magnésio, cálcio e estrôncio), recorde mundial que se manteria por 150 anos. Nos anos 1820, Davy havia se tornado o cientista mais famoso na Inglaterra: jamais poderia jantar incógnito numa estalagem enquanto os estranhos falavam a seu respeito.

Enquanto isso, a reputação de Beddoes ruiu. Os críticos nunca cessaram de zombar dele, e quando as doações secaram, em 1802, o Instituto Pneumático faliu. Durara apenas três anos, e o próprio Beddoes – outrora tão jovial – morreu na véspera de Natal, seis anos depois disso, ainda amargurado com o fracasso. Na realidade, ele e seu Instituto Pneumático teriam se perdido para a história, exceto por uma coisa. Quando adolescente, Davy passara muitas horas perambulando pelos penhascos da Cornualha e muitas vezes voltara para casa com esfoladuras e feridas abertas. No laboratório de Bristol também era imprudente – mais de uma vez cortou o dedo até o osso. Ele notou, no entanto, que as feridas paravam de doer assim que fazia algumas inalações de gás hilariante. Dores de dente e de cabeça também evaporavam. Ocupado com outros trabalhos, Davy não se dedicou a essa linha de pesquisa, mas incluiu uma passagem sobre isso na página 556 de *Researches* – uma linha fortuita que acabaria se tornando a coisa mais importante que ele jamais escreveu. "Como o óxido nitroso … parece capaz de destruir dor física", observava ele, "é provável que possa ser usado com grande proveito durante as operações cirúrgicas." Levou mais meio século, mas essa ideia – a anestesia – iria finalmente ressuscitar a reputação do Instituto Pneumático.

A HISTÓRIA DA ANESTESIA é a história de um trapaceiro e sua laia. Nenhum vigarista fez mais pela humanidade que William Morton, mas ele nunca poderia ter revolucionado a medicina sem o infeliz Horace Wells.

Antes de 1850, as pessoas preferiam se suicidar a enfrentar uma cirurgia, e não podemos censurá-las. Cada detalhe da sala de cirurgia prometia dor, do assoalho – coberto com areia para absorver sangue e vômito – ao teto – com frestas para deixar os gritos escaparem. Na altura dos olhos os pacientes se defrontavam com bandejas de picaretas e serras, para não mencionar fileiras de aventais cirúrgicos com crostas de sangue. E depois que a carnificina começava, a principal preocupação não era a gentileza ou a delicadeza, mas a rapidez. Operações mais complicadas que extrair uma pedra da bexiga ou amputar uma perna simplesmente não eram possíveis.

Os médicos também não gostavam das cirurgias. Um jovem Charles Darwin abandonou a medicina para sempre após testemunhar uma operação num menino aos uivos, e até profissionais experientes admitiam sentir alívio quando os pacientes caíam fora. Com todos os pinotes, coices e lâminas afiadas, os cirurgiões ocasionalmente eram mortos, também. Um observador ficou maravilhado: "Não me admira que os pacientes às vezes morram, mas que o cirurgião sobreviva."

Hoje parece óbvio que o gás hilariante podia eliminar muitos desses problemas, mas ele não se impôs como anestésico por várias razões. Beddoes tinha feito tantas promessas fantásticas sobre os gases que qualquer sugestão sobre eliminar a dor ia parecer outra hipérbole. E para nocautear os pacientes com óxido nitroso é preciso realmente ter alguma habilidade. Doses baixas agitam as pessoas – a última coisa que os cirurgiões querem.

Isso não significa que se ignorasse o óxido nitroso – ao contrário. Após ouvir Coleridge e outros poetas ficarem mistificados por ele, o público clamava pelo gás, e ele tornou-se a droga da moda na Europa e nos Estados Unidos. Caixeiros-viajantes vendiam cheiradas por US\$0,25 nas esquinas; ricos serviam-no em lugar de vinho nos jantares. (Químicos até descobriram óxido nitroso na atmosfera – um nanobarato em cada respiração!) De maneira mais geral as pessoas deparavam com o gás em espetáculos itinerantes, em que voluntários davam várias cheiradas e em seguida começavam a cantar, dançar ou fazer ginástica no palco para entretenimento da plateia.

Uma noite, em dezembro de 1844, um dentista de aspecto juvenil chamado Horace Wells compareceu a uma brincadeira com ácido nitroso em Hartford, Connecticut, com um colega. Após algumas cheiradas eles começaram a adernar no palco e apagaram. Wells recobrou os sentidos vários minutos depois – e teve um sobressalto ao ver a perna do amigo encharcada de sangue. O amigo ficou igualmente assustado: não tinha nenhuma ideia do que acontecera. (Mais tarde testemunhas disseram que ele tinha batido num sofá.) No que era ainda mais surpreendente, o amigo se deu conta de que sentia dores lancinantes, mas até aquele momento não tinha percebido nada – não até que sua embriaguez se dissipou.

Naquela noite, Wells ficou ruminando por muito tempo o que seu amigo dissera – *não senti nenhuma dor até que o efeito passou.* Já na manhã seguinte ele saiu à procura do mestre de cerimônias do espetáculo e o arrastou

Horace Wells

From the Engraving by H. B. Hall

Horace Wells, pioneiro da anestesia e homem de negócios desafortunado.

para seu consultório, juntamente com outro dentista. O apresentador preparou um grande saco de óxido nitroso, Wells inalou-o e se instalou em sua cadeira dentária, a cabeça jogada para trás. Trabalhando rapidamente, o dentista amigo pegou um alicate e arrancou um dente de siso que vinha incomodando Wells. Este voltou a si vários minutos mais tarde e percebeu o alvéolo vazio com a língua. "Eu não senti nem sequer uma alfinetada", maravilhou-se. Durante as semanas seguintes, Wells testou o gás hilariante aqui e ali em Hartford, e ele parecia promissor. Mas Wells sabia que o verdadeiro desafio seria conquistar Boston, o principal centro médico do país. Por isso entrou em contato com um antigo parceiro de negócios ali instalado, William Morton, um patife consumado.

Depois de abandonar a escola na adolescência, Morton trabalhara numa taberna em Worcester, Massachusetts, onde foi apanhado furtando da caixa registradora. Ao longo dos anos, ele progrediu para emitir cheques sem fundos, apropriação indébita e atividade fraudulenta usando o correio. Também rompeu vários noivados e foi excomungado de sua igreja. Rochester, Cincinnati, St. Louis, Baltimore – ele foi obrigado a sair de quase todas as cidades grandes dos Estados Unidos. Ainda assim, sua boa aparência, seu charme e os ternos elegantes lhe asseguravam uma acolhida calorosa onde quer que fosse parar em seguida.

Morton finalmente decidiu ganhar a vida de forma honesta, e tornou-se aprendiz de Wells. Descobriu que não se saía mal na profissão de dentista: dentistas precisavam de pouca formação médica naquele tempo, e confiança e apresentação – o forte de Morton – eram muito úteis. Logo ele abriu seu próprio consultório e se casou com uma boa moça. Mas quando Wells inventou um novo tipo de placa de ouro e propôs que ele e Morton iniciassem um negócio, a velha comichão por uma grana rápida o dominou. Morton surrupiou o capital que Wells reunira e o gastou consigo mesmo.

Wells devia estar muito desesperado por contatos em Boston para procurar Morton depois disso. Por sua vez, Morton ficou empolgado por lhe ser permitido tomar conhecimento daquela ideia extraordinária. Milhares de pacientes nos Estados Unidos e na Europa tinham dentes ar-

rancados diariamente, e ele logo
se viu vendendo óxido nitroso
para todas as clínicas. Assim, em
janeiro de 1845 – antes que Wells
se sentisse pronto –, Morton pro-
videnciou uma demonstração
pública no Massachusetts General Hospital.

A sala de cirurgia do Mass General era aconchegante, um pequeno anfiteatro com fileiras de bancos de madeira para os espectadores. Havia uma múmia de pé num
canto, e a parede atrás do pavi-
mento cirúrgico era cravejada de
ganchos, argolas e polias – para
controlar os pacientes com cordas.

Wells poderia ter tornado esses ganchos e polias instantanea-

William Morton, pioneiro da anestesia
e trapaceiro bem-sucedido.

mente obsoletos, mas o destino tinha outros planos. O paciente original
escapulira apavorado antes que Wells chegasse, então, um estudante de
medicina na plateia se ofereceu para lhe extraírem um dente incômodo.
(Ao que parece, todo mundo tinha um ou dois molares podres naquela
época.) Com Morton observando da plateia, Wells fez o paciente dormir
e começou a extrair o dente. Quanto ao que aconteceu em seguida, as
teorias diferem. Talvez Wells não tivesse preparado gás suficiente. (Os jovens costumam precisar de mais anestesia porque seu fígado a metaboliza
mais depressa.) Ou talvez tenha afastado o saco dos lábios do estudante
cedo demais. Ou talvez não tenha feito nada de errado – algumas pessoas
simplesmente não perdem a consciência de modo muito profundo. De
qualquer maneira, quando Wells puxou o dente com força, o estudante
gemeu. Mais tarde, quando recobrou a consciência, o estudante insistiu
em dizer que não tinha sentido nada; o gás funcionara. Contudo, era tarde

demais. Assim que ouviu o gemido, a plateia começou a gritar: "Farsante! Farsante!" Nem William Morton jamais fora posto para fora de uma cidade tão depressa.

Diante do revés, Morton apenas deu de ombros. O que eram alguns médicos comparados com a polícia de Baltimore ou o pai de uma debutante abandonada? Se o óxido nitroso não funcionava como anestésico, ele encontraria algo melhor. E o inacreditável foi que conseguiu. Apesar de uma completa falta de formação química ou médica, dentro de um ano ele tinha atinado com o éter.

À primeira vista, o éter não parece promissor como anestésico: anestésicos em geral são inalados, e o éter é um líquido à temperatura ambiente (ele ferve a 34°C). O que o salva é sua tendência a evaporar, sua volatilidade. A volatilidade de um líquido depende de dois fatores: peso e polaridade. O peso é de fácil compreensão. A evaporação ocorre quando as moléculas na superfície de um líquido saltam para cima e se tornam gasosas, e é mais fácil para uma molécula tornar-se gasosa quando pesa menos. (Não é à toa que os ginastas são pequenos.) A polaridade significa carga elétrica. Os átomos em geral são eletricamente neutros, mas quando começam a trocar elétrons e se arranjar em moléculas, podem se tornar carregados. O oxigênio, por exemplo, costuma furtar elétrons de seus vizinhos e com isso adquire carga negativa. O hidrogênio, por sua vez, frequentemente abandona seu elétron e se transforma em positivo. Moléculas polares, como H_2O, têm regiões tanto negativas quanto positivas. Em consequência, são menos voláteis e continuam líquidas mais tempo que as moléculas não polares, porque as extremidades positiva e negativa se atraem uma à outra como ímãs. Essa atração torna mais difícil para as moléculas polares saltarem e se tornarem gasosas.

Toda substância tem uma volatilidade diferente baseada em peso e polaridade. Gases não polares como nitrogênio e oxigênio são enlouquecedoramente voláteis; ambos fervem a cerca de −184°C. Em contraposição, a extremamente polar molécula de água – embora pese menos que nitrogênio ou oxigênio – continua líquida a temperaturas 260°C mais altas. O éter (C_2H_5–O–C_2H_5) situa-se entre eles. Ele é pesado, tem quatro vezes o peso da água. Mas é muito pouco polar. Em consequência, moléculas de éter mostram pouca afinidade umas com as outras: se você pusesse um copo d'água e um copo de éter na sua bancada, o éter evaporaria dúzias de vezes mais depressa. Isso é bem útil para um anestésico.

Morton não tinha conhecimento de absolutamente nada dessa ciência. Mas tinha conhecimento do éter, uma embriaguez barata que entorpecia os sentidos, a maconha de seu tempo.[2] Assim, ele começou a testar éter nos animais da fazenda de seu pai: vacas, cavalos, minhocas, o spaniel da família, até alguns peixes.[3] Como as experiências deram certo, ele comprou outro lote de éter (de farmacêuticos diferentes, para mascarar seus planos) e ministrou a um amigo para a retirada do dente de siso incluso. Mais um sucesso: o amigo despertou sem o dente, se perguntando quando o procedimento iria começar. Com os cifrões dançando diante de seus olhos, Morton mais uma vez correu ao Mass General para providenciar uma demonstração em outubro de 1846.

Ele fez esses arranjos com o dr. John Warren, sob certo aspecto o herói dessa história. Embora excêntrico – passava grande parte de seu tempo livre reconstruindo um esqueleto de mastodonte –, Warren era o cirurgião mais eminente dos Estados Unidos, e aos 68 anos já poderia ter se aposentado facilmente. Mas a dor que infligia a seus pacientes sempre o assombrara. É verdade que havia alguns analgésicos na época. Os pacientes podiam beber até entrar em estupor ou fumar ópio. Podiam entorpecer um membro com gelo ou deixar que os médicos os sangrassem até que desmaiassem. Alguns cirurgiões também praticavam "anestesia por concussão": envolviam a cabeça do paciente num capacete de couro, depois batiam no crânio com um malho. (Se isso falhava, havia sempre um direto no queixo.) Mas cada abordagem tinha seus inconvenientes, até além do óbvio. O álcool afinava o sangue, por exemplo, tornando as hemorragias mais prováveis. E nenhuma abordagem deixava os pacientes sem consciência nem obliterava a lembrança da cirurgia.

A maioria dos cirurgiões simplesmente suspirava e aceitava a dor como inevitável, um dos males da vida. Warren, porém, combatia esse cinismo.

Ele havia passado da idade em que a maioria dos homens faz grandes descobertas, mas mantinha a esperança de contribuir de alguma maneira para tornar a anestesia uma realidade. Assim, quando Morton o abordou para falar sobre o éter, Warren engoliu seus receios. Um pintor de paredes local precisava que um tumor sob sua mandíbula esquerda fosse removido, e Warren disse a Morton para se apresentar às dez da manhã em ponto na sexta-feira, 16 de outubro.

Morton passou a manhã num pânico que não lhe era habitual. Embora não se opusesse a pôr fim ao sofrimento do mundo, ele buscava a anestesia sobretudo para ganhar dinheiro. O problema era o éter ser uma substância química comum, o que significava que não era possível patenteá-lo. Por isso Morton planejou manter a identidade da substância secreta. Mas a mesma propriedade que tornava o éter um anestésico viável, sua volatilidade, ameaçava atrapalhá-lo. O éter tem um aroma enjoativamente doce, e a rápida evaporação assegura que esse não seja um aroma sutil. O éter fede. Morton tentou disfarçar com raspas de laranja, mas o cheiro persistia. Assim, ele – que até então apenas despejava éter num pano para que os pacientes inalassem – construiu um aparelho de respiração especial para reforçar suas chances de obter uma patente.

Insatisfeito com o aparelho, Morton passou o dia e a noite antes da demonstração projetando uma nova engenhoca – ou melhor, enrolando alguns amigos entendidos em mecânica para que projetassem uma nova máquina. Depois correu de madrugada até um mecânico para que ele fizesse alguma coisa às pressas. O resultado consistiu num bulbo de gás, uma esponja dentro do bulbo para conter o éter e várias válvulas e tubos para que o ar fluísse por eles. No conjunto, a engenhoca parecia um narguilé. Como a feitura demandou muito tempo – dez horas já haviam soado quando Morton saiu correndo porta afora –, ele chegou ao Mass General sem ter testado a coisa.

Pense na audácia envolvida aqui. Um homem sem formação médica, que passara grande parte da noite acordado, ia administrar uma droga quase totalmente não testada a partir de um aparelho que ele nunca usara

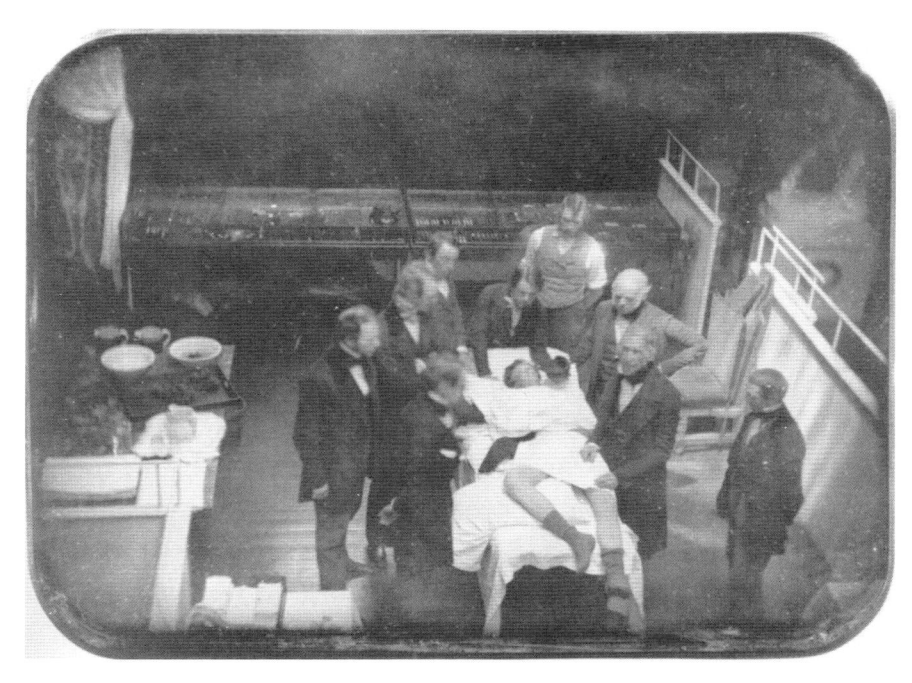

Reencenação da primeira cirurgia com o uso de anestesia por éter.

antes, enquanto o mais preeminente cirurgião do país observava. Até a devotada mulher de Morton duvidou dele, e passou o dia todo andando de um lado para outro na cozinha, convencida de que o marido iria matar o paciente e acabar na cadeia. Mas assim que teve o inalador na mão, Morton sentiu aquela onda de confiança do velho trapaceiro, e o sorriso voltou aos seus lábios.

Enquanto isso, o dr. Warren fervia de raiva. A plateia já se reunira na sala de cirurgia; o pintor de paredes estava pronto, de avental e meias. Mas já eram 10h10, e nada de Morton. Depois 10h20. A múmia no canto espreitava. Finalmente Warren pegou seu bisturi, suspirou e voltou-se para o paciente. Mais uma esperança se frustrava. O tumor sob a mandíbula do homem era basicamente uma veia inchada, vermelha e escura, tão grande que se voltava para cima, até a altura da boca – o paciente podia tocá-lo com a língua. A remoção não seria rápida; seria dolorosa. O pintor inclinou-se para trás e agarrou a cama, pronto para golpear o teto com seus gritos.

Exatamente nesse instante, Morton saltou porta adentro, o charme exalando dele como o próprio éter. Toda a sua vida como trapaceiro o preparara para aquele momento. Warren virou-se e disse, com mordacidade: "Seu paciente está pronto." Morton sorriu e se inclinou com o cachimbo de éter, manejando as válvulas como um profissional. Alguns minutos depois o homem adormeceu, submergiu na letargia. Morton virou-se para Warren: "*Seu* paciente está pronto", disse.

A cirurgia levou mais tempo que o esperado, contudo, quanto ao mais, correu perfeitamente; o pintor de paredes não se mexeu nem uma vez. E a plateia nesse dia – sobretudo de estudantes de medicina, que tinham chegado sem ter nenhuma ideia do que esperar – lembrou-se mais tarde de uma coisa acima de tudo: o silêncio. Nem um grito, nem uma agitação, apenas o som suave de um bisturi cortando a carne. Warren e Morton tinham trocado farpas naquela manhã, mas depois que a cirurgia terminou, as palavras finais de Warren é que ficariam na história: "Cavalheiros", ele anunciou, "isso não é nenhuma farsa." A plateia aplaudiu.

OS CIRURGIÕES LOGO DESCOBRIRAM que o éter tinha inúmeras vantagens sobre o óxido nitroso, pois produzia uma inconsciência mais profunda e exigia menos habilidade para acertar a dosagem. Isso, por sua vez, lhes permitia desenvolver procedimentos mais longos, mais complicados, que penetravam mais profundamente no corpo. Num sentido mais amplo, a anestesia também ajudou a salvar a própria reputação da cirurgia. Por séculos outros médicos haviam desprezado os cirurgiões chamando-os de açougueiros – opinião injusta, mas compreensível. A anestesia inverteu esse veredicto, fez a cirurgia parecer heroica.

Até um vigarista como Morton ficou assombrado com o potencial humanitário do éter. No dia em que provou o valor da substância, ele finalmente voltou para casa às quatro da manhã e encontrou sua mulher ainda andando de um lado para outro, convencida de que o marido ia parar na cadeia. A expressão preocupada que ele exibia parecia confirmar seus piores temores, mas, no fundo, Morton estava refletindo sobre o que acabara de acontecer – sobre a nova era na medicina que acabara de se abrir. Sem a superficialidade habitual, ele abraçou a mulher e disse simplesmente: "Querida, consegui."

Só não conseguiu ganhar algum dinheiro com a descoberta. Durante o ano seguinte ele obteve uma patente sobre a ideia geral de anestesia química, mas até um químico ordinário podia reconhecer o odor de éter, e o rumor logo chegou a médicos e dentistas. É provável que nenhuma patente na história tenha sido tão violada e com tão poucas consequências. Era como se Morton tivesse tentado patentear a água. O ponto crítico chegou quando os cirurgiões do Exército americano começaram a usar éter durante a Guerra Mexicano-Americana sem compensar Morton – o que significava que o governo dos Estados Unidos violava sua própria patente.

Enfrentando a ruína, Morton começou a clamar por uma recompensa de US$100 mil do Congresso, num pagamento único pelas receitas perdidas. Apesar de vários defensores na Câmara e no Senado, esses esforços deram em nada. Para começar, a vileza e a desonestidade de Morton repugnavam até mesmo muitos políticos. (Com o passar dos anos, Morton afirmaria ter administrado éter pessoalmente a 200 mil soldados na Guerra Civil, uma afirmação absurda.) O Congresso também se recusou a lhe pagar porque reivindicações rivais apareceram[4] – pessoas que juravam ter proposto a ideia da anestesia anos antes de Morton. Um médico da Geórgia, Crawford Long, tinha usado éter numa cirurgia em 1842, deixando a pessoa inconsciente com uma toalha encharcada de éter enquanto removia dois tumores de suas costas; ele também amputou o dedo do pé de um menino escravo. Dados esses casos, o Congresso concluiu que Morton não tinha feito nada de especial. Ele continuou lutando por seus US$100 mil, mas sofreu um derrame cerebral e enlouqueceu, em julho de 1868, quando andava de carruagem na cidade de Nova York. (Ele pediu ao cocheiro para parar no Central

Park e em seguida mergulhou num lago para "se refrescar".) Morreu num manicômio dias depois, com o debate sobre seu legado ainda vivo.

Com várias outras reivindicações por aí – muitas das quais se sustentam historicamente –, por que a descoberta da anestesia é atribuída a Morton hoje? Terá sido essa simplesmente sua última e maior história de trapaça – enganação? Não exatamente. Uma dúzia de pessoas antes de Morton tinha *proposto* o uso da anestesia, com certeza. E daí? Morton de fato experimentou-a em pacientes, e teria ficado numa séria enrascada se tivesse fracassado. Ele merece mais crédito que Wells porque, por uma sorte dos diabos, seu composto funcionou e o de Wells não. Se você quiser atribuir o mérito mais a Crawford que a Morton, isso é defensável, mas a ciência não é um empreendimento privado. A ciência é pública, e em certo sentido as descobertas científicas não contam até que sejam públicas. Por várias razões – timidez, falta de confiança, acusações de feitiçaria feitas por seus vizinhos na Geórgia (realmente) – Long guardou suas ideias, e milhares de pessoas sofreram enquanto isso. No fim Morton de fato parece uma pessoa repugnante; quase todos que o conheceram o odiavam. Mas ele teve o atrevimento e/ou a confiança irracional para ir atrás da anestesia. E embora ele próprio tenha morrido infeliz, se você se interessa pelo utilitarismo – a maior felicidade para o maior número –, então William Morton, ao tornar a anestesia uma realidade médica, fez mais para beneficiar a humanidade que praticamente qualquer outra pessoa que já tenha vivido.

O ANTIGO PARCEIRO DE MORTON, Horace Wells, morreu em circunstâncias ainda mais deploráveis que ele – destruído, muito ironicamente, pelo outro grande anestésico do século.

O clorofórmio conseguiu penetrar na medicina graças ao dr. James Simpson, obstetra escocês com aparência de duende que queria aliviar a dor do parto, mas considerava o éter inadequado porque funcionava muito devagar, o cheiro fazia as grávidas vomitarem e exigia doses fortes antes de fazer efeito. Assim, em suas noites de folga, Simpson começou a procurar um substituto. Seus experimentos não obedeciam exatamente aos rigores do método científico: ele pingava substâncias químicas aleatórias num copo de água quente, depois cheirava as emanações até se sentir grogue. Um historiador descreveu sua abordagem como mais assemelhada às "façanhas de um adolescente cheirador de cola" que às de um cientista respeitável; um amigo costumava passar pela sua casa na hora do café da manhã para ver se Simpson tinha se matado durante a noite. Mas em 1847 Simpson deparou com o clorofórmio, $CHCl_3$. Como o éter, o clorofórmio é apenas um pouco polar – como molécula, a maior parte de suas facetas externas tem carga parcial negativa. Mas como seu peso é aproximadamente duas vezes maior que o do éter, o clorofórmio é mais preguiçoso e evapora menos rapidamente, permitindo ao médico controlar melhor quanto os pacientes inalavam.

Embora útil para cirurgia, o clorofórmio provou-se controverso no campo de Simpson. Alguns obstetras afirmavam que as mães não estabeleceriam uma ligação estreita com seus filhos a não ser que primeiro sentissem muita dor. Outros temiam – não fica claro com base em que indícios – que a anestesia fosse de alguma maneira converter dor em prazer, como se o parto fosse se transformar de repente num gigantesco orgasmo. Muitos também temiam desobedecer à vontade de Deus, que amaldiçoara Eva com a dor do parto por introduzir o pecado no mundo. Alguns médicos chegavam a sugerir que o batismo fosse negado às crianças nascidas sob anestesia. Simpson contestava essas objeções citando o Gênesis de imediato: ao criar Eva, "o Senhor Deus fez um profundo sono cair sobre Adão" antes de lhe remover a costela – uma clara referência à anestesia. O debate foi afinal decidido quando John Snow (o médico do cólera que se tornou famoso por seu "mapa fantasma") administrou clorofórmio à rainha Vitória durante o parto de seu sétimo filho, o príncipe Leopoldo, em 1853. Depois disso, os médicos não conseguiram louvar o clorofórmio com rapidez suficiente.

Infelizmente, como o éter e o óxido nitroso antes dele, o clorofórmio se mostrou viciante, e provavelmente o adicto mais conhecido foi Horace Wells. Depois de seu infortúnio no Mass General, Wells teve de abandonar a profissão de dentista para buscar outras linhas de trabalho – mascateou chuveiros, contrabandeou aves exóticas, vendeu pinturas falsificadas para caipiras ricos nos Estados Unidos. Esse último esquema o levou a Paris, onde, para sua surpresa, os médicos o reverenciavam como um gênio por seu trabalho inicial com a anestesia. O rei Luís Filipe convidou Wells para servir como dentista real, honra da qual ele declinou.

Após voltar aos Estados Unidos em 1847, Wells se mudou, sem a mulher e o filho, para Manhattan. Sua viagem à França reacendera seu interesse pela anestesia, e ele adquiriu um pouco de clorofórmio e começou a testá-lo em si mesmo. Lamentavelmente, a temporada na França não amainara a dor da humilhação, e ele começou a se dissolver dia após dia num atordoamento de clorofórmio.

O vício e a necessidade de alimentá-lo logo puseram Wells em contato com desordeiros, o que se provou sua ruína. Um bandido apareceu em seu apartamento em janeiro de 1848, queixando-se de que uma prostituta acabara de jogar vitríolo (ácido sulfúrico) nele, estragando sua capa. Ele pediu a Wells que misturasse um frasquinho de vitríolo para revidar. O estressado Wells achou a proposta justa, e decidiu acompanhar o amigo. Os vingadores tiveram sucesso – estragaram o vestido da mulher –, mas quando o amigo sugeriu ampliar a travessura e atacar outras mulheres, Wells se negou.

Mas a ideia ficou em sua cabeça, e durante uma alucinação provocada por clorofórmio alguns dias depois, ele passou a mão no frasquinho e correu para a rua. Ali, ele ensopou duas prostitutas com vitríolo, queimando o vestido de uma e fritando o pescoço da outra. Wells continuou a correr, transtornado, e perdeu toda a memória do que aconteceu em seguida. Duas outras damas da noite finalmente o desarmaram e detiveram, e contaram aos policiais que tinham visto Wells borrifar ácido no rosto de uma jovem, mandando-a para o hospital e marcando-a com uma cicatriz pelo resto da vida.

Um juiz estipulou uma enorme fiança, mas permitiu que Wells voltasse para casa sob escolta policial para buscar alguns artigos de toalete. Quando o policial estava distraído, Wells se enfiou no banheiro e se apossou de uma lâmina de barbear e um último frasquinho de clorofórmio. Na noite seguinte, após assistir ao culto dominical na prisão, Wells escreveu uma carta à sua mulher em Connecticut, que não tinha a menor ideia de que ele fora preso. Com os negócios em ordem, ele encharcou um lenço com clorofórmio, meteu-o na boca e segurou-o com outro lenço. Quando a anestesia fez efeito, ele fez um corte na coxa com a lâmina e secionou a artéria femoral. Os guardas o encontraram morto na manhã seguinte, numa pegajosa poça vermelha.

No mesmo dia, um policial decidiu procurar a pobre mulher, cujo rosto tinha sido borrifado com ácido, e informá-la da morte de Wells para lhe dar alguma satisfação. No hospital mais próximo não havia ninguém que correspondesse à sua descrição, por isso ele tentou outro. Depois outro e mais outro. Ninguém tinha a menor ideia do que ele estava falando. Mais tarde ficou claro que as prostitutas tinham inventado a história. Esse foi um último detalhe sórdido numa história repleta deles. Wells tinha descoberto como abolir a dor para o mundo inteiro, mas nunca pôde superar sua própria angústia.

ÓXIDO NITROSO, ÉTER E CLOROFÓRMIO eram todos drogas singulares, compostos singulares. Hoje a anestesia consiste usualmente num coquetel de várias drogas, cada qual tendo por alvo uma diferente função fisiológica. Algumas delas desaceleram a respiração, algumas paralisam músculos; outras aliviam a ansiedade ou interferem na formação da memória. Assim, em certo sentido sabemos muito sobre como essas drogas funcionam, pois podemos medir exatamente quanto elas afetam a pressão sanguínea, a temperatura corporal e dezenas de outros sinais.

Num sentido mais amplo, porém, não sabemos absolutamente nada sobre como essas drogas funcionam, pois não sabemos como elas afetam o cérebro. Isso é um pouco amedrontador. Sabemos que os compostos anestésicos se dissolvem de preferência no tecido cerebral adiposo, e eles obviamente interferem de alguma maneira na função neuronal. Além disso... humm... O problema é que a anestesia interrompe a consciência –

aperta o botão de pausa sobre ela, essencialmente –, e temos apenas uma vaga ideia de como a consciência funciona.

Mas vários estudos recentes sobre anestesia desvendaram parte do mistério. Uma surpresa é que o cérebro não se desliga completamente sob a influência de anestesia. Considere uma pessoa deitada numa mesa de operação sob forte sedação. Se o cirurgião cortar alguma coisa e disser "Ai!", os tímpanos dela ainda captam o ruído e as partes auditivas de seu cérebro ainda crepitam de atividade. O mesmo ocorre com os cheiros: se o cirurgião tiver se esquecido de passar desodorante, os centros olfativos no cérebro da pessoa ainda registram isso. Mesmo quando sedados, não estamos alheios ao mundo à nossa volta.

Isto posto, a anestesia de fato interfere nos passos seguintes na cognição. Numa pessoa plenamente acordada, os sons e cheiros iriam agora chispar para outras partes do cérebro e estimular uma resposta – *oh-oh*, ou *argh*. Sob sedação, esses sinais não têm a menor chance: eles morrem, e o resto do cérebro não tem notícia deles. (Como um neurologista poderia dizer, o cérebro recebeu, mas não *percebeu* esses sinais.) Em outras palavras, embora a anestesia não apague o cérebro inteiramente, ela silencia a conversa entre as diferentes partes cerebrais.

Esses estudos também lançaram luz sobre o modo como as pessoas emergem da anestesia. De forma intuitiva, você poderia pensar que a anestesia simplesmente "desaparece pouco a pouco" e que você emerge da profundeza num ritmo constante. Mas não. Em vez disso, o cérebro parece dar um grande salto de um estágio "ligeiramente menos com ela" para o seguinte, num total de meia dúzia de estágios, cada qual durando vários minutos. Os cientistas sabem disso porque podem detectar diferentes ondas cerebrais em cada estágio. Sob pesada anestesia, sinais sensoriais básicos aparecem como pulsos breves, de baixa frequência – coisa simples. À medida que o paciente começa a emergir, a conversa cerebral recomeça, e ondas de frequência mais alta aparecem. Logo você vê uma cascata de sinais que, em vez de morrer rapidamente, vão e vêm de um lado para outro entre regiões distantes. Esses sinais continuam a crescer em complexidade até que o paciente desperte completamente e todo o cérebro esteja zunindo.

Além de indicar como a consciência trabalha, essa pesquisa poderia ter aplicações práticas. Ela ajudaria os médicos a avaliar o torpor mental de pacientes em coma e determinar se eles ainda estão "ali" em algum nível, mesmo que não possam comunicar isso. Esses estudos também ajudariam a eliminar um dos horrores da cirurgia moderna – o fato de as pessoas por vezes acordarem no meio dos procedimentos. Essa "consciência intra-operatória" só ocorre raramente – talvez uma vez a cada mil cirurgias –, mas é horrível quando acontece. A vítima pode sentir o cirurgião cortar seu abdome, mudar seus órgãos internos de lugar e drenar seu sangue. E como está cheia de relaxantes musculares, ela não pode alertar ninguém para seu sofrimento. Simplesmente tem de suportá-lo, às vezes por horas.

A maior parte das vítimas de consciência intraoperatória tem pouca lembrança da experiência; ela fica nebulosa e irreal. Mas um punhado de pessoas se lembra de tudo, inclusive da dor, e sofre pesadelos pós-traumáticos de que estão sendo esfoladas vivas. Algumas acabam se matando. Pessoalmente, não consigo pensar em nenhuma tortura pior que a consciência intraoperatória. (Se Dante a tivesse conhecido, certamente a teria introduzido no *Inferno*.) A compreensão de como o cérebro se desloca entre diferentes estágios de consciência poderia ajudar a eliminar esse horror no futuro.

No que é igualmente importante, esse trabalho poderia ajudar a resolver um dos maiores e mais antigos mistérios da filosofia: como a consciência surge no cérebro. Thomas Beddoes e Humphry Davy podem não ter curado nenhuma doença com os gases, mas, em última análise, eles queriam compreender a psique humana também. Se a anestesia puder realmente ilustrar as profundezas da consciência, teremos mais razão que nunca para celebrar essas milagrosas substâncias químicas do prazer.

Interlúdio: Le Pétomane

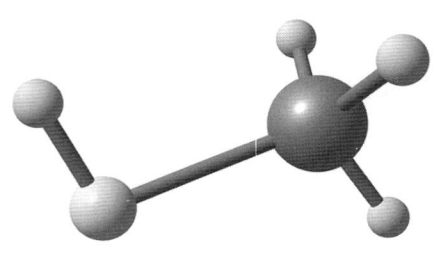

Metanotiol (CH_3SH) – atualmente 0,000001 parte por milhão
no ar; você inala 10 bilhões de moléculas cada vez que
respira (a menos que alguém perto de você tenha gases).

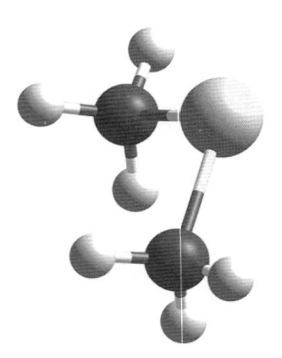

Dimetilsulfeto (CH_3SCH_3) – atualmente 0,00001 parte por milhão
no ar; você inala 100 bilhões de moléculas cada vez que respira
(a menos que alguém perto de você tenha gases).

Os CAPÍTULOS ANTERIORES examinaram como os gases afetam nossa biologia, da simples respiração à função cerebral mais recôndita. Mas talvez você tenha notado uma flagrante omissão até agora: mal falamos sobre flatulência. Ora, não finja que não percebeu. Este é um livro sobre gases em toda a sua variedade, e não há nenhum gás sobre o qual pensemos com mais frequência que aquele que emitimos. Por isso, é melhor relaxar, admitir que estamos todos curiosos e nos divertir com o tema. Joseph Pujol certamente o fez...

Uma vez, no sul da França, um adolescente chamado Joseph Pujol estava brincando na arrebentação na praia. Quando se curvou e se preparou para mergulhar nas ondas, ele inspirou profundamente – e sentiu uma estaca de gelo apunhalando-o a partir de dentro. Horrorizado, ele se deu conta de que tinha de algum modo "inalado" boa quantidade de água. A água esguichou para fora do seu reto um instante depois, e ele ficou bem. Ainda assim, correu para o médico da família, que riu e lhe disse para esquecer aquilo. Mas o menino não conseguiu. Nunca mais quis nadar e não deixou escapar uma palavra sobre o incidente até os vinte e poucos anos, quando ingressou no Exército francês. Ali, numa daquelas asquerosas competições de nojeiras que parecem acontecer sempre que rapazes se reúnem, Pujol contou o que aconteceu naquele dia na praia. Seus camaradas acharam a história muito engraçada e o desafiaram a tentar de novo. A curiosidade suplantou o medo, ele foi até a praia, na licença seguinte, e descobriu que podia ministrar a si mesmo um enema salgado e gelado o quanto quisesse.

Tudo isso teria sido pouco mais que uma anedota bizarra, não fosse o fato de que, um dia – ninguém sabe como –, Pujol descobriu que podia fazer o mesmo truque com o ar. Primeiro ele se dobrava ao meio, o que tornava difícil respirar. Depois tapava o nariz e a boca e contraía o diafragma, o que expandia o volume de seu abdome. Volume e pressão estão intimamente relacionados aos gases: quando um se eleva, o outro cai. Assim, a expansão do abdome necessariamente reduzia a pressão dentro de Pujol, criando um vácuo parcial. Normalmente, quando o diafragma faz isso, o ar penetra de maneira repentina e enche nossos pulmões. Mas como Pujol se dobrara e tapara a boca, o ar penetrou, em vez disso, pela porta de saída. O melhor de tudo foi que, após "inalar" o ar, Pujol soltou o mais épico pum de sua vida. Ele ficou alvoroçado – e saiu correndo para mostrar aos seus colegas soldados.

Em seguida Pujol passou anos aperfeiçoando essa "habilidade", até
que podia peidar sem interrupção por dez a quinze segundos. Descobriu
que podia variar a altura e o volume dos flatos também, brincando com
eles como notas musicais. Ele sempre fora um garoto teatral, cantando
e dançando constantemente, e depois que aprimorou seu repertório no
quartel, deixou crescer um bigode e ganhou a estrada com seu número
em meados da década de 1880. Autodenominou-se Le Pétomane – O
Flatulista.

Finalmente reuniu coragem para fazer um teste na famosa boate Moulin Rouge em Paris, em 1892. A entrevista para o emprego consistiu no
seguinte: Pujol abaixou as calças, limpou seu "instrumento" aspirando água
(submetia-se normalmente a cinco enemas por dia) e fez uma serenata para
o proprietário. Este, boquiaberto, contratou-o imediatamente.

A princípio as plateias não sabiam o que pensar do flatulista, mas em
dois anos ele tinha se tornado o artista mais bem pago da França, ganhando 20 mil francos por alguns espetáculos, mais que o dobro da lendá-
ria atriz Sarah Bernhardt. Quando a cortina se abria, ele aparecia no palco
vestindo smoking de cetim preto, luvas brancas e uma capa vermelha. (Ele
usava o smoking em parte pela incongruência, em parte para esconder a
tensão de se forçar a soltar flatos repetidamente.) Depois que as primeiras
risadas iam se apagando, ele fazia imitações. Um breve e agudo apito para
uma mocinha. Um balido substancial para a sogra. Uma noiva na noite
de núpcias (um envergonhado pio), e em seguida, alguns meses após o
casamento (um trovão). Ele imitava galos, corujas, patos, abelhas, sapos,
porcos e um cachorro que ficara com o rabo preso na porta. Fazia a casa
vir abaixo quando tocava uma flauta pela retaguarda. Perto do fim (ahã),
ele saía do palco e reemergia com um tubo inserido no ânus, como um
rabo. Na outra ponta estava introduzido um cigarro aceso, e ele começava a soprar anéis de fumaça pelos dois lados ao mesmo tempo. Para o
finale, Pujol oferecia uma emocionante execução da "Marselhesa", depois
apagava uma vela situada cerca de um metro de distância.

As mulheres na plateia, especialmente aquelas que usavam espartilhos,
muitas vezes riam tanto que desmaiavam. Um homem sofreu um ataque

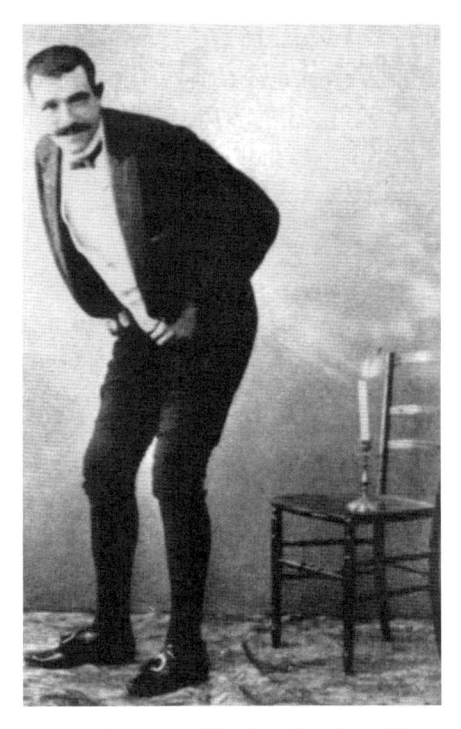

Le Pétomane, "O Flatulista", podia
cantar e fazer imitações com o ânus.

cardíaco. (O Moulin Rouge tirava proveito disso plantando enfermeiras pelo teatro e divulgando avisos sobre quão perigoso era o espetáculo – o que, evidentemente, só deixava as pessoas mais ansiosas para assisti-lo.)

E para que você não se sinta culpado por rir desse humor escatológico – ou seja sério demais para ver o que é tão engraçado –, saiba que Le Pétomane era íntimo de Renoir e Matisse, e que Ravel o adorava. Reza a lenda que Freud mantinha um retrato do artista na parede, e tirou partido dele ao desenvolver sua teoria da fixação anal. Até o rei da Bélgica foi ver o flatulista uma vez, embora incógnito.

Então, o que estava se passando lá atrás com Le Pétomane? Para começar, vamos examinar o que são os flatos. Em parte, eles são ar. Cada vez que você engole comida ou água, ingere alguns milímetros de ar. A maior parte dele é arrotada de volta. Mas uma fração, especialmente se você estiver deitado, penetra no estômago e nos intestinos, onde começa a migrar para o sul.

Mais ou menos 75% de cada flato são produzidos "em casa" por bactérias no intestino através de um processo chamado fermentação. Nós leigos normalmente associamos fermentação a cerveja, mas na realidade trata-se de muito mais: a fermentação abrange uma ampla variedade de casos em que carboidratos são digeridos e decompostos em metabólitos menores. Nesse caso, bactérias fermentadoras de flatos engolem e decompõem cadeias de carboidratos em dióxido de carbono, hidrogênio e metano; em seguida os micróbios os arrotam de volta, enchendo nossos intestinos de gás. Dizemos que certos alimentos dão gases porque eles contêm carboidratos (a lactose no leite, por exemplo, e a rafinose no repolho e no brócolis) que não se decompõem muito no estômago, e por isso fornecem um banquete para esses micróbios nos intestinos.

Um adulto emite em média cerca de 1,4 litro de gás por dia, em aproximadamente vinte vezes. Mas esses números podem variar bastante. Le Pétomane inalava quase 2,8 litros em cada respiração pelo traseiro, e um homem na literatura médica emitia flatos centenas de vezes por dia. Quantidades tão vastas de gás podem romper os intestinos se ficarem presos e não encontrarem uma saída. Num caso horripilante, cirurgiões que cauterizavam o cólon de um homem acabaram inflamando uma bolsa de gás, estourando um buraco de quinze centímetros em seu abdome.

Surpreendentemente, mais de 99% do gás presente nos flatos não tem cheiro. Mesmo o metano, apesar de sua má reputação, não tem odor. Na verdade, a maior parte da pungência do gás vem de alguns componentes-traço: sulfeto de hidrogênio (H_2S), que fede a ovo podre; metanotiol (CH_3SH), que fede a legumes podres; e dimetilsulfeto (CH_3SCH_3), que tem um cheiro enjoativamente doce. Eles são coletivamente conhecidos como compostos de enxofre voláteis, e emergem, mais uma vez, dos ventres supersaciados das bactérias. Esses mesmos gases também contribuem para o mau hálito matinal. (Procure não analisar isso de maneira tão séria.)

Portanto, é assim que os flatos funcionam. Mas talvez o surpreenda saber que nada disso tem a ver com Le Pétomane. Lembre-se, ele não estava devorando brócolis nem tomando goladas de leite para encher os intestinos de gás. Estava apenas inalando o bom e velho ar comum e empurrando-o direto para fora. Em consequência, seus flatos, pelo menos no palco, não cheiravam. De fato, ele evitava o humor escatológico em seus espetáculos, julgando-o vulgar. Considerava-se antes algo entre cantor e imitador, como um "homem de mil vozes" de vaudeville.

O que traz à tona uma pergunta séria, ainda que chocante. Ambas as extremidades do corpo têm tubos que permitem a passagem de ar. Então, por que não "falamos" através de nossos traseiros?[1] Não há nenhuma razão a priori para que não o façamos. O ânus é desprovido de cordas vocais, claro, mas elas não são nada de especial, apenas abas para ajudar a manter o alimento e a água fora de nossas vias aéreas; o esfíncter anal pode soar como um trompete, o que é quase tão bom quanto. Um problema maior é que nossos traseiros não têm lábios e línguas (graças a Deus!), os órgãos que moldam as correntes de ar em palavras. Mas a verdade é que poderíamos nos arranjar com um equipamento oral muito menos complicado para a comunicação básica. No geral, portanto, a evolução poderia facilmente ter dado meia-volta há muito tempo e desenvolvido dobras mais elaboradas em volta do ânus para a fala retal. Segundo consta, algumas espécies de arenque de fato se comunicam por meio de flatos.

Após alguns anos gloriosos no Moulin Rouge, Le Pétomane entrou em alguns conflitos legais com o patrão. Primeiro ele foi apanhado em ação numa barraca de doces na feira, tentando atrair fregueses para um amigo, e o proprietário o processou por quebra de contrato, alegando que Le Pétomane só estava autorizado a soltar flatos dentro do cabaré. (Os jornais acharam isso divertidíssimo.) O flatulista então deixou o emprego e fundou sua própria casa noturna, o que provocou novas disputas legais, especialmente quando o dono do Moulin Rouge encontrou uma flatulenta do sexo feminino para substituí-lo. (Revelou-se que ela era uma fraude: tinha um fole escondido debaixo da anágua. Le Pétomane havia de fato se despido diante de vários médicos e passado por um exame no início da carreira, quando algumas pessoas o acusaram do mesmo truque.)

Embora já não fosse o número mais bem pago da França, Le Pétomane ganhou a vida confortavelmente em sua nova boate por duas décadas, até que 1914 virou a Europa de cabeça para baixo. Ninguém mais tinha tempo para esse tipo de frivolidade, nem mesmo na família do flatulista: dois de seus filhos foram mutilados no front. E, após os já conhecidos ataques de guerra química da Primeira Guerra Mundial, a comédia com gases parecia de muito mau gosto.

Após a guerra, Le Pétomane sossegou e abriu uma padaria: ao que parece, ele fazia os melhores muffins das redondezas. Quando morreu, um mês após o Dia da Vitória, em 1945, vários médicos pediram permissão à família para examinar seu encanamento e ver o que lhe permitia inalar gases daquela maneira. Infelizmente nunca saberemos, pois a família recusou. Como um de seus filhos explicou: "Há algumas coisas nesta vida que simplesmente devem ser tratadas com reverência."

5. Caos controlado

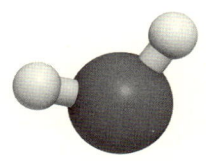

Água (H_2O) – variável, dependendo da paisagem e das
condições meteorológicas; você inala cerca de alguns bilhões
a vários quatrilhões de moléculas cada vez que respira.

NORMALMENTE, UMA CONVOCAÇÃO para ser julgado perante o sacro imperador romano não era uma ocasião para se celebrar. Mas Otto Gericke, prefeito de Magdeburgo, sentia sua confiança aumentar à medida que a carroça avançava com estrépito para o sul. Afinal, ele estava prestes a encenar talvez o maior experimento científico na história.

Gericke, clássico cientista independente, era obcecado pela ideia de vácuos, espaços fechados sem nada dentro. Tudo que a maioria das pessoas sabia sobre vácuo naquela época era a máxima de Aristóteles, de que a natureza o abomina e não pode tolerá-lo.[1] Mas Gericke suspeitava que a natureza era mais liberal que isso, e dispôs-se a criar um vácuo no início dos anos 1650. Sua primeira tentativa envolvia evacuar a água de um barril usando a bomba da brigada de bombeiros local. O barril estava cheio de água e perfeitamente lacrado, de modo que nenhum ar podia ali penetrar. A retirada do líquido por bombeamento deveria, portanto, deixar apenas espaço vazio para trás. Infelizmente, depois de alguns minutos de bombeamento, as aduelas do barril vazaram e o ar entrou de modo inesperado. Em seguida Gericke tentou esvaziar uma esfera oca de cobre usando arranjo similar. A esfera suportou por mais tempo, porém, na metade do processo, ela implodiu, ruindo com um estrondo ensurdecedor.

A violência da implosão assustou Gericke – e fez sua mente disparar. De alguma maneira, a mera pressão do ar – ou a diferença entre a pressão do ar dentro e fora – esmagara a esfera. Seria aquele um gás realmente forte o bastante para triturar o metal? Não parecia provável. Afinal, os gases são tão suaves, tão macios. Mas Gericke não conseguia ver outra resposta, e quando sua mente deu esse salto, foi um ponto de inflexão na relação humana com os gases. Talvez pela primeira vez na história alguém tenha se dado conta de quão fortes os gases são, quão potentes, quão vigorosos. Conceitualmente, daí para a energia a vapor e a Revolução Industrial foi apenas um pequeno passo.

Antes que a revolução começasse, contudo, Gericke precisava convencer seus contemporâneos de quão poderosos eram os gases, e por sorte ele tinha as habilidades científicas para levar isso a cabo. De fato, uma demonstração que ele montou durante a década seguinte começou a suscitar rumores tão fantásticos na Europa Central que o imperador Fernando III acabou convocando Gericke à corte para ver a coisa por si mesmo.

Na viagem de 354 quilômetros para o sul, Gericke levava dois hemisférios de cobre; eles se encaixavam para formar uma bola de 56 centímetros de diâmetro. As paredes dos hemisférios eram espessas o suficiente para resistir ao esmagamento desta vez, e cada metade tinha anéis soldados nelas em que Gerike afixava uma corda. Mais importante: ele furara um buraco num hemisfério e equipara-o com uma engenhosa válvula de ar, permitindo que o gás fluísse através dele somente numa direção.

Gericke chegou à corte para encontrar trinta cavalos e uma considerável multidão à sua espera. Naquela época, se puxavam e esquartejavam os criminosos condenados, e Gericke anunciara à multidão que tinha um suplício semelhante planejado para sua esfera de cobre: acreditava que os melhores cavalos de Fernando não conseguiriam separar os hemisférios. Devem-se perdoar os que riram: sem alguém que os segurasse juntos, os hemisférios se desmantelavam por seu próprio peso. Gericke ignorou os detratores e enfiou a mão em sua carroça para pegar a peça-chave do equipamento, uma espécie de cilindro sobre um tripé. Dele saía um tubo, que Gericke prendeu à válvula de sentido único na esfera de cobre. Em seguida pediu a vários ferreiros locais – os homens mais robustos que encontrou – que começassem a manobrar as alavancas e os êmbolos da máquina. A intervalos de poucos segundos ela resfolegava. Gericke chamou o dispositivo de "bomba de ar".

Ela funcionava assim: dentro do cilindro da bomba de ar havia uma câmara hermética especial equipada com um êmbolo que se movia para cima e para baixo. No início do processo o êmbolo estava abaixado, significando que não havia ar dentro da câmara. O primeiro passo envolvia um ferreiro suspendendo o êmbolo. Como a câmara e a esfera de cobre estavam conectadas através do tubo, o ar dentro da esfera podia agora fluir para dentro da câmara. Apenas por hipótese, digamos que houvesse oitocentas moléculas de ar dentro da esfera, para começar (o que é muuuito pouco, mas é um belo número redondo). Depois que o êmbolo foi levantado, talvez metade desse ar tenha saído. Isso deixou quatrocentas moléculas na esfera e quatrocentas na câmara.

Agora vinha o passo decisivo. Gericke fechou a válvula de sentido único sobre a esfera, prendendo quatrocentas moléculas em cada metade. Em seguida ele abriu outra válvula separada sobre a câmara e mandou o ferreiro comprimir o êmbolo com o pé. Isso voltou a esvaziar a câmara e expeliu todas as quatrocentas moléculas. O resultado final era que Gericke tinha bombeado para fora metade do ar original na esfera e o expelido para o mundo exterior.

Igualmente importante, Gericke estava agora de volta ao ponto inicial, com o êmbolo abaixado. Ele podia então voltar a abrir a válvula sobre a esfera e repetir o processo. Desta vez, duzentas moléculas (metade das quatrocentas restantes) fluiriam para a câmara, e outras duzentas permaneceriam na esfera. Fechando a válvula de sentido único uma segunda vez ele podia mais uma vez prender essas duzentas moléculas na câmara e expeli-las. Na próxima rodada, ele expeliria mais cem moléculas, depois cinquenta e assim por diante. Ficava mais difícil a cada rodada levantar o êmbolo – daí serem necessários ferreiros corpulentos –, mas cada ciclo da bomba retirava metade do ar de dentro da esfera.

À medida que uma quantidade de ar cada vez maior saía de seu interior, a esfera de cobre começou a sentir um grande aperto a partir de fora. Isso ocorria porque gazilhões de moléculas de ar pressionavam a superfície externa a cada segundo. Cada molécula era minúscula, claro, mas coletivamente elas somavam milhares de quilos de força (de verdade). Normalmente, o ar de dentro da esfera equilibraria essa pressão empurrando-se para fora. Mas como os ferreiros esvaziaram o interior, surgiu um desequilíbrio de pressão, e o ar do lado de fora começou a comprimir os hemisférios um contra o outro cada vez mais: dado o tamanho da esfera, devia haver 2.540 quilos de força líquida em vácuo perfeito. Gericke não tinha como saber de todos esses detalhes, e não está claro quão perto chegou do vácuo perfeito. Mas após observar aquela primeira concha de cobre amassar-se, sabia que o ar tinha muita força. Mais força até, apostava ele, que trinta cavalos.

Depois que os ferreiros tinham exaurido o ar (e a si mesmos), Gericke separou a esfera de cobre da bomba, passou uma corda através dos anéis de cada lado e prendeu-a a uma parelha de cavalos. A multidão fez silêncio. Talvez alguma donzela tenha levantado um lenço de seda e o deixado cair. Quando o cabo de guerra começou, as cordas esticaram-se, estalando, e a esfera estremeceu. Os cavalos bufaram e fincaram os cascos no chão; as veias saltaram em seus pescoços. Mas a esfera resistiu – os cavalos não conseguiram rompê-la. Depois, Gericke pegou a esfera e abriu uma válvula secundária com o dedo. *Hissss.* O ar entrou, e um segundo depois os hemisférios se separavam em suas mãos; como a Excalibur na pedra, só o escolhido podia levar a façanha a cabo. A proeza impressionou de tal maneira o imperador que ele logo elevou o simples Otto Gericke a Otto von Guericke, nobre alemão oficial.

Nos anos seguintes, Von Guericke e seus acólitos propuseram vários outros experimentos espetaculares envolvendo vácuo e pressão do ar. Eles mostraram que sinos em frascos de vidro evacuados não faziam ruído, provando que o ar é necessário para a transmissão do som. De maneira

O experimento de Magdeburgo, de puxar para esquartejar,
desenvolvido por Otto von Guericke (no detalhe).

semelhante, descobriram que, no vácuo, manteiga exposta a ferro em
brasa não derretia, mostrando que o vácuo não transmite calor convectivamente. Também repetiram a proeza dos hemisférios em outros lugares,
espalhando por toda parte a descoberta de Von Guericke sobre a força
do ar. E seria esta última descoberta que teria o maior impacto sobre o
mundo. A pressão atmosférica normal de nosso planeta, de 1 atm, pode
não parecer impressionante, mas isso equivale a 1,033 quilograma-força por
centímetro quadrado. Não são apenas hemisférios de cobre que sentem
isso, tampouco. Um adulto tem vinte toneladas-força pressionando seu
corpo o tempo todo. A razão por que você não sente essa carga esmagadora é que há outras vinte toneladas de pressão empurrando de volta
a do lado de dentro. Mas mesmo quando você conhece o equilíbrio de
forças, tudo ainda parece precário. Isto é, em teoria, um pedaço de folha
de alumínio, se perfeitamente equilibrado entre os jatos de ar de duas

mangueiras de incêndio, ficaria intacta. Mas quem se arriscaria a isso? Nossa pele e nossos órgãos passam pelo mesmo apuro em relação ao ar, suspensos dentro e fora entre duas forças torrenciais.

Por sorte, nossos antepassados científicos não tremeram de medo diante de tal poder. Eles aprenderam a lição de Guericke – de que os gases são extremamente fortes – e avançaram depressa, com novas ideias. Alguns dos projetos que empreenderam eram práticos, como máquinas a vapor. Alguns um tanto frívolos, como balões de ar quente. Outros, como os explosivos, nos puniram com sua força mortífera. Mas todos se baseavam na força física bruta dos gases.

A REVOLUÇÃO INDUSTRIAL começou com um brinquedo quebrado. No final dos anos 1750, a Universidade de Glasgow contratou um rabugento artesão chamado James Watt para fabricar e fazer a manutenção de equipamentos para demonstrações em sala de aula. Uma das tarefas envolvia consertar uma pequena máquina a vapor de Newcomen, uma versão de brinquedo da máquina usada em minas para bombear água. Ela tinha sessenta centímetros de altura, era feita de latão e nunca funcionara direito. O professor encarregado queria apenas que Watt consertasse aquela bobagem, mas quanto mais Watt estudava a pequenina máquina a vapor, mais via maneiras de *aperfeiçoá-la*. Isso se transformaria na obsessão de sua vida.

Os seres humanos há muito usam água para impulsionar maquinaria,[2] mas o vapor em si não encontrara muito emprego na indústria até que, em 1696, um inglês chamado Thomas Savery construiu um dispositivo para mineiros na Cornualha. Embora a região tivesse toneladas e mais toneladas de estanho e outras riquezas minerais, os poços das minas ficavam inevitavelmente cheios d'água após cerca de um metro de escavação. Retirar essa água envolvia atrelar dúzias de cavalos ou bois a uma roda gigantesca e fazê-los puxar baldes para cima e para baixo – trabalho lento, tedioso e caro. Assim, Savery inventou uma máquina para fazer o serviço. Ela se compunha de duas partes, uma bomba de vácuo no estilo da de Von Guericke para pegar a água e uma segunda bomba que usava vapor comprimido para empurrá-la mais para cima. Quando a vendia para os fregueses, Savery chamava a engenhoca de Amigo do Mineiro, como se ela fosse um cachorro de estimação. Mas a máquina parecia mais um dragão de estimação: tinha muitos metros de altura e chamas ardendo em seu ventre para produzir vapor. De fato, em sua solicitação de patente, Savery deu ao mecanismo um nome dramático, quase mítico: "Uma máquina para elevar a água pelo fogo."

Embora melhor que os bois, o Amigo do Mineiro tinha suas deficiências. A primeira envolvia a bomba de vácuo de Savery, que não podia transportar a água acima de dez metros. A razão para esse limite é sutil e envolve um mal-entendido comum sobre como as bombas de vácuo funcionam. A maioria das pessoas naquela época supunha que elas transportavam a água sugando fluidos para cima de alguma maneira. Não. Tecnicamente, o vácuo não pode suspender nem sugar coisa alguma – o que faz sentido, se você pensar bem. Não há literalmente nada no vácuo, logo, como poderia ele exercer alguma força ou fazer algum trabalho? O que realmente acontece é isso: sempre que você retira todo o ar de dentro de uma câmara de vácuo, não resta nada *fazendo pressão de volta* sobre quaisquer fluidos que estejam tentando entrar a partir de fora. Em consequência, esses fluidos podem entrar de forma repentina no vácuo desimpedido. Em geral, portanto, bombas de vácuo não puxam os fluidos para si; elas simplesmente permitem que os fluidos exteriores as invadam.

Por conseguinte, o que exerce o "empurrão" quando você transporta a água? A pressão do ar. Imagine o seguinte arranjo: um poço de mina com um acúmulo de água no fundo; uma bomba de vácuo no solo, acima; e um cano levando da bomba até a água. Assim que você ativa a bomba, a água começa a subir pelo cano. Mas não porque a bomba puxe a água. Ao contrário, é porque há pressão do ar empurrando para baixo na superfície do poço. Ora, isso parece invertido: ar pressionando *para baixo* irá *elevar* a água? Mas é verdade. Como analogia, imagine um pedaço de massa de pão pousada numa bancada. Ponha as mãos sobre a massa e pressione para baixo. Que acontece? Uma parte da massa fica comprimida, mas outra parte vai esguichar para cima através da abertura entre seus dedos. Em outras palavras, empurrar para baixo em alguns lugares levanta a massa em outros. A mesma coisa acontece com a água e a pressão do ar. O ar empurra para baixo na maior parte da superfície, mas esse impulso para baixo forçará a água para cima em qualquer região de baixa pressão – como o vácuo dentro do cano.

Todas essas distinções sobre vácuos versus pressão do ar e empurrão versus puxão parecem pedantes à primeira vista. E são mesmo, quando você está falando sobre como um canudinho de refrigerante de 22 centímetros funciona. (Por favor, não comece a mostrar para as pessoas que é a pressão do ar, e não seus pulmões, que está levantando o líquido. Ainda que isso seja verdade.) Mas a alguns metros do chão, essas distinções tornam-se vitais, já que nessas alturas o puxão da gravidade para baixo começa a ser um fator importante.

Para ver essa luta entre pressão do ar e gravidade, imagine um minerador tentando transportar água com uma das bombas de vácuo de Savery. Vou poupá-lo dos cálculos, mas se Savery aspirasse 30,5 centímetros de água no cano, a força da gravidade puxando para baixo sobre essa água equivaleria a 0,027 atm. A pressão do ar mantendo a coluna para cima é de 1 atm, e como 1 atm é maior que 0,027 atm, a pressão do ar vence. Se o minerador aspira 61 centímetros de água no cano, a pressão gravitacional dobra para 0,054 atm – ainda menor que 1 atm. Em algum ponto, porém, à medida que ele aspira cada vez mais água, a pressão gravitacional para baixo excederá 1 atm, e a coluna vai parar de subir. E se você fizer o cálculo, isso acontece por volta de dez metros.

Esse foi o limite com que Thomas Savery colidiu. Na realidade, nenhuma bomba de vácuo na Terra,[3] mesmo uma bomba perfeita, pode erguer a água acima de dez metros sem auxílio mecânico; nossa atmosfera simplesmente não possui força para tanto. As bombas de vácuo de Savery – que estavam longe de ser perfeitas – faziam ainda pior que isso, chegando no máximo a menos de nove metros.

Agora você pode se perguntar sobre a outra metade da máquina de Savery, que usava um jato de vapor para empurrar água para cima através de um cano. Há uma boa notícia aqui, pois esse método não tem nenhum limite intrínseco. Enquanto você continuar elevando a pressão do vapor, pode teoricamente bombear água até a Lua. O problema era que as válvulas e conexões dos anos 1690 não suportavam muita pressão, e tudo parava de funcionar depois de mais ou menos nove metros. Em geral, os dispositivos de Savery não podiam fazer a água subir mais de dezoito metros. Melhor que um cavalo, mas não ótimo.

Um ferreiro chamado Thomas Newcomen finalmente inventou uma máquina superior em 1710. Ela mais uma vez consistia em duas partes. Uma delas tinha um êmbolo dentro de uma câmara, que se movia para cima e para baixo com base em flutuações na pressão de vapor. Para ver como ela funcionava, imagine o êmbolo na posição superior, para começar. Há uma suave nuvem de vapor abaixo dele, ajudando a suportar seu peso, e enquanto o vapor permanecer ali, o êmbolo não se moverá. No momento em que o êmbolo começa a relaxar, porém, uma válvula se abre debaixo dele e estraga tudo. Essa válvula esguicha água fria dentro do cilindro, mantendo o vapor. O frio choca o vapor – é como alguém colocando gelo por dentro da sua camisa –, e o gás encolhe e se condensa em água, a qual escorre por um cano para o chão. (De fora, dizem que esse passo parecia alguém fungando.) Mais importante: quando o vapor se condensa, não há mais nada sustentando o êmbolo. Ele começa a cair a prumo, empurrado para baixo pela pressão do ar externo. Antes que ele caia estrondosamente no fundo do cilindro, porém, outra válvula se abre e resolve o problema. Vapor volta a entrar repentinamente na câmara, sustentando o êmbolo e fazendo com que ele suba. Evitada a crise, o êmbolo mais uma vez relaxa naquela nuvem de vapor – até que aquela válvula cruel se abra de novo, esguiche mais água fria e reinicie o ciclo.

Ora, tecnicamente, o lado do êmbolo não bombeava nenhuma água; apenas fornecia a força para isso. O bombeamento real ocorria do outro lado. Acima do êmbolo ficava uma gigantesca viga de madeira que oscilava para cima e para baixo como um guindaste de petróleo. (Os mineradores importavam esses mastodontes de doze metros das florestas virgens da Colúmbia Britânica ou do Báltico.) Uma ponta da viga estava acorrentada ao êmbolo, de modo que cada vez que ele girava, a gangorra subia e descia. Esse subir e descer, por sua vez, energizava a bomba que estava acorrentada à outra ponta da gangorra. Para ser sincero, porém, as "bombas" empregadas aqui mal mereciam esse nome. Muitas eram pouco mais que baldes que levavam a água para cima cerca de um metro a cada ciclo. Mas, diferentemente de bombas de vácuo sofisticadas, baldes não têm nenhum limite intrínseco devido à pressão do ar. E por mais toscos que os baldes parecessem, o lado que fazia o trabalho da máquina de Newcomen – os êmbolos de vapor – concentrava força tão bem que os mineradores conseguiam transportar a água por 45 metros, uma altura miraculosa no início do século XVIII.

Entretanto, apesar de todos os seus benefícios, poucos mineradores consideravam a máquina de Newcomen um grande amigo pessoal. Só a instalação das máquinas custava a extravagante soma de £1.000. Pior, elas devoravam pavorosas quantidades de carvão todo santo dia. Minas grandes não podiam se dar ao luxo de não as usar, mas só os custos do combustível já as deixavam oscilando, à beira da falência. As máquinas eram menos amigas que extorsivas, mas ninguém conseguia encontrar uma maneira de prescindir delas.

Isso nos leva de volta a James Watt. Enquanto consertava o brinquedo quebrado para a universidade, Watt não pôde deixar de notar várias ineficiências no projeto da máquina de Newcomen – especialmente o consumo excessivo de combustível. Hoje falaríamos sobre essa ineficiência em termos de perda de calor e de energia desperdiçada, mas naquela época os cientistas não tinham uma noção clara desses conceitos. Em vez disso, Watt falava de "desperdício de vapor". Parece esquisito, mas há muita verdade nisso. Naquela época, o vapor era realmente um artigo precioso.

Não tendo formação científica, Watt lançou-se ao problema de vapor desperdiçado de maneira desastrada. De manhã, ele coletava vapor de chaleiras e derretia coisas. De noite ele se enterrava nos livros sobre a teoria do flogisto ou realizava experimentos químicos. Finalmente fez algum progresso depois de conversar com Joseph Black, o animado professor de química escocês que tinha descoberto o dióxido de carbono. Black também estudava transições de fase, a passagem de uma substância de, digamos, sólido para líquido ou líquido para gás. Foi esse trabalho que finalmente forneceu o lampejo de que Watt precisava.

Para ver como, imagine uma panela de água fria no fogão. Comece a aquecê-la de 0°C para 1°C, depois de 1°C para 2°C, pouco a pouco até 100°C. Acontece que cada salto de 1°C requer a mesma quantidade de energia, aproximadamente uma caloria por cada um grama de água. Mas se você experimenta aquecer a água acima de 100°C, algo de estranho acontece. A água ferve a 100°C, por isso água a 101°C é vapor. E você pensaria, com base no input constante de calor antes demandado, que o salto de 100°C para 101°C exigiria a mesma quantidade de energia que o salto de 99°C para 100°C. Longe disso! Há um enorme abismo entre água líquida e vapor. Na realidade, demanda-se muito menos energia – cinco vezes menos – para elevar a temperatura de um copo de água de 0°C até 100°C do que para converter essa água a 100°C em vapor. É como uma maratona que termina numa montanha: os primeiros 41 quilômetros estão longe de ser tão difíceis quanto o último, tamanha é a energia que o vapor absorve.

Black chamou a energia extra dentro do vapor de "calor latente", e Watt aferrou-se à ideia para explicar a ineficiência das máquinas de Newcomen. Mais uma vez, o ciclo de Newcomen começava com o êmbolo levantado. Depois o vapor que o suportava se condensava, graças a um jorro de água fria no cilindro. Obviamente, para fazer esse trabalho, a água fria tinha de esfriar o vapor abaixo de 100°C. Menos obviamente, a água tinha de esfriar o êmbolo e o cilindro abaixo de 100°C também. De outro modo, quaisquer gotinhas que se condensassem sobre essas superfícies de metal quentes iriam chiar e se converter imediatamente em vapor. Isso significava esguichar muito mais água fria no cilindro do que se pensava, o que desperdiçava tempo e energia. Mas o pior era o processo inverso. Depois que o êmbolo descia, a máquina tinha de suspendê-lo de novo com mais vapor. E infelizmente, tendo acabado de esfriar com o esguicho de água fria, as superfícies de metal agora secam e condensam qualquer vapor que entre em contato com elas. Em outras palavras, as superfícies de metal frias vão sugar energia do vapor como um vampiro, deixando para trás gotas de líquido que não realizam trabalho útil. Para superar esse problema, as máquinas de Newcomen tinham de bombear ainda mais vapor para dentro, o que significava ferver mais água, quer dizer, queimar mais carvão, isto é, gastar mais dinheiro. Não estamos falando de centavos, tampouco. Watt calculou que as máquinas de Newcomen desperdiçavam 80% de seu vapor – quatro de cada cinco dólares jogados fora. Foi por isso que ele lamentou todo o "vapor desperdiçado" no projeto: vapor armazena tanta energia latente que tudo que solapa a eficiência do vapor solapa a operação como um todo.

Para resolver esse problema, Watt encontrou uma maneira de não aquecer e resfriar repetidamente o cilindro. Antes que pudesse fazer isso, porém, a vida interveio. Com mulher e filhos pequenos para alimentar, ele teve de parar de mexer com máquinas a vapor e arranjar um emprego fazendo levantamento topográfico para a construção de canais. Esses anos não foram de completo desperdício, contudo. Como os poços das minas, as covas dos canais muitas vezes se enchem de água durante a fase de escavação e precisam ser esvaziadas, de modo que Watt teve de passar uma boa temporada trabalhando com máquinas de Newcomen. Mas isso simplesmente o enfurecia – todo aquele vapor desperdiçado, dia após dia.

Durante esses anos, Watt também começou a se corresponder com um grupo de cientistas independentes que viviam quatrocentos quilômetros ao sul de Glasgow, em Birmingham. Sob alguns aspectos, Birmingham era o Vale do Silício de seu tempo – um reino encantado da tecnologia –, e turistas de todos os cantos da Europa afluíam à cidade para se embasbacarem com as turbinas hidráulicas e os teares automáticos. Isto dito, ali não estava propriamente a Utopia. Trabalhadores perambulavam cheirando a óleo, com olhos injetados e tosse permanente. Alguns tinham o cabelo tingido de verde por fundir cobre.

Apesar de sua própria origem na classe trabalhadora, Watt começou a se relacionar com a elite de Birmingham, em especial com seu famoso clube intelectual, a Lunar Society (a que Joseph Priestley, Wiliam Herschel e Erasmus Darwin também pertenciam). Os membros da sociedade encontravam-se uma noite por mês para acaloradas discussões sobre literatura e filosofia, sempre se reunindo na segunda-feira mais próxima da lua cheia. Basear reuniões nas fases da Lua parece encantador hoje, quando não místico, mas a escolha do dia na realidade tinha uma explicação prosaica: os membros precisavam do luar para encontrar o caminho de casa depois.

Watt tornou-se especialmente próximo de um lunático, o fabricante Matthew Boulton. Boulton ganhava a vida muito bem mantendo uma fábrica que fazia fivelas de sapatos, talheres, termômetros e as contas de vidro baratas que os exploradores usavam para trapacear os índios e expulsá-los de suas terras. Todo inverno o riacho que fornecia energia às fábricas de Boulton congelava, e ele tinha de fechá-las ou alugar grande número de cavalos para girar as rodas de azenha. As secas de verão geravam o mesmo dilema. Assim, Boulton começou a suplicar que Watt se mudasse para Birmingham e desenvolvesse máquinas a vapor para fornecer energia a seu maquinário.

Watt hesitou em aceitar a oferta, até que uma tragédia – a morte de sua mulher, em 1773 – o convenceu a se desarraigar e ingressar na firma de Boulton. Watt conhecia apenas uma maneira de mitigar o sofrimento: trabalhar até a exaustão; e mais ou menos da mesma maneira como iria se atirar ao estudo da medicina pelos gases quando sua filha Jessie morreu, anos mais tarde, ele mergulhou no trabalho com o vapor em Birmingham. Foi durante esse acesso de atividade que Watt construiu sua famosa máquina a vapor.

A ideia-chave tinha de fato ocorrido a Watt alguns anos antes, em 1765. Mais uma vez, numa máquina de Newcomen, um êmbolo se levantava e caía com base em flutuações na pressão de vapor, e, no projeto de Newcomen, ambos os passos ocorriam no mesmo espaço, dentro do cilindro. Mas talvez não tivessem de fazê-lo. Watt percebeu um dia que talvez pudesse remover o vapor e condensá-lo em outro lugar – conduzi-lo por um cano para uma câmara de resfriamento separada. A remoção do vapor ainda permitiria que o êmbolo caísse quando o ciclo o exigisse. Permitiria também a Watt manter o cilindro bem quente o tempo todo e evitar qualquer condensação prematura de vapor.

A visão de um "condensador separado" ocorreu a Watt num domingo, dia de descanso, e mortificou-o ter de deixar a ideia maturar em vez de correr direto para a oficina. Mal sabia ele que levaria vários anos para fazer o condensador separado funcionar de modo adequado, e depois outros tantos anos para, junto com Boulton, produzir uma máquina a vapor completamente desenvolvida. Esses atrasos em geral eram culpa do próprio Watt, porque sua mente obsessiva não podia evitar mexer com outras partes também. Ele virou o êmbolo de cabeça para baixo e inseriu uma

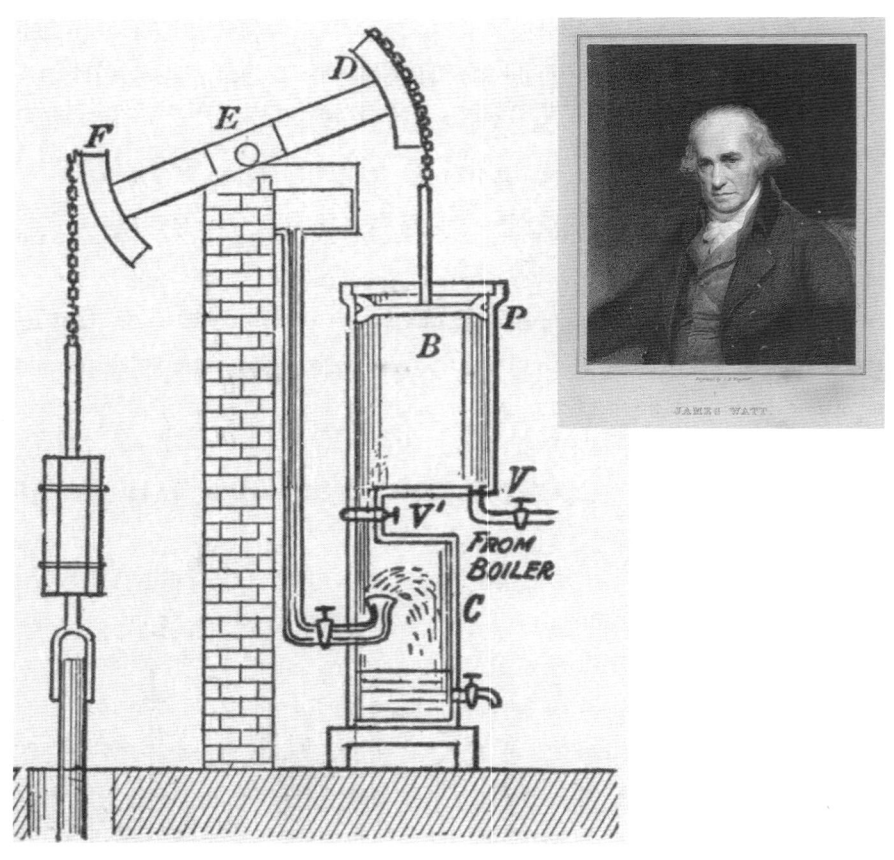

A famosa máquina a vapor de James Watt (no detalhe).

segunda câmara de vapor debaixo dele, para empurrar o êmbolo a partir dos dois lados. Acrescentou uma bomba de ar ao condensador separado, para sugar vapor mais depressa. Equipou o êmbolo com um regulador que ajustava automaticamente a velocidade, impedindo-o de correr depressa demais. Rodas dentadas dentro de rodas dentadas, canos dentro de canos: não havia complicação que Watt não introduzisse, contanto que ela extraísse um pouco mais de eficiência.

Finalmente, em meados dos anos 1770, ele montou uma máquina a vapor que funcionava – e se vocês me perdoam uma pequena opinião, o resultado me parece muito feio. Sou um apaixonado pela simplicidade mecânica, qualidade que a bomba de ar de Von Guericke e até a máquina de Newcomen possuíam. A máquina de Watt era desprovida de graça, em comparação – era um amontoado de tralhas reunidas. Mas não posso discutir os resultados. Por mais desordem que o condensador separado acrescentasse – canos extras, válvulas extras, bombas extras –, há tanta energia latente no vapor que tudo isso valia a pena. Sendo claro, as máquinas de Watt não conseguiam suspender a água mais que as máquinas de Newcomen; mas faziam isso com um quarto do carvão, poupando para os proprietários das minas uma incrível quantidade de gastos. (Imagine seu carro de repente rodando quatro vezes mais com um tanque de gasolina.) Watt não inventou a energia a vapor; mas se não a tivesse tornado tão econômica a Revolução Industrial provavelmente teria malogrado.

Watt e Boulton venderam sua primeira máquina a vapor em 1775, e embora eles levassem meses para montar cada uma delas, seu projeto passou a dominar o mercado minerador. Finalmente eles expandiram para outros mercados também, especialmente fábricas. Essa transição não foi tão simples quanto parece, pois as fábricas com frequência precisavam (por razões históricas) de máquinas que fornecessem energia rotativa, e não a energia para cima e para baixo dos êmbolos. Após alguns anos de ajustes, porém, Watt apresentou vários projetos engenhosos para atender às demandas.

A expansão para novos mercados levou Watt a pensar sobre máquinas a vapor em termos mais grandiosos também. Para a maioria das pessoas, as máquinas eram apenas ferramentas construídas para realizar uma tarefa específica – bombear água, impulsionar um torno, qualquer coisa. Watt concebeu as máquinas mais como fontes *universais* de energia – máquinas capazes de prover de energia qualquer processo mecânico. Numa analogia (anacrônica), a maioria das pessoas via as máquinas a vapor como semelhantes a calculadoras: competentes numa tarefa, mas inúteis para outras. Watt sonhou em construir o equivalente a vapor de computadores, máquinas versáteis o suficiente para funcionar em qualquer indústria.

Com essas novas ideias, Watt descobriu que precisava de um novo vocabulário também. Donos de fábrica sabiam, evidentemente, que ele podia lhes poupar dinheiro, mas eram uma gente conservadora, que queria detalhes exatos. Certo, um mineiro podia bombear 45 metros de água agora – mas como isso se traduziria para madeireiras e fábricas de fivelas para sapatos? Quantos metros extras de lã ou sacos de farinha eles obteriam pelo investimento?

Em vez de calcular o caso de cada fábrica separadamente, Watt inventou um padrão universal de comparação: o cavalo-vapor. Ele definiu isso bem literalmente, observando vários cavalos moverem uma roda de azenha e depois calculando a distância que eles moviam o peso numa certa quantidade de tempo (chegou a 745,7 joules por segundo). Essa unidade era sagaz sob vários aspectos. Ao invocar cavalos, Watt lembrava dissimuladamente aos donos de fábricas aquilo que podiam abandonar – toda a aveia, as patas quebradas e contas de veterinário. Os fregueses também compreendiam a unidade intuitivamente. Se dez cavalos moviam sua roda de azenha antes, bem, eles precisavam de uma máquina de dez cavalos-vapor.

Cientificamente, a ideia também se mostrou presciente. Durante o século seguinte, a química e a física seriam dominadas pela termodinâmica, o estudo do calor e energia. Energia é um vasto tópico na ciência, aparecendo em toda espécie de diferentes contextos, e os cientistas precisavam de uma unidade-padrão de comparação para compreender quão rápido diferentes processos absorviam e liberavam energia. O cavalo-vapor atendeu à necessidade perfeitamente. Mal sabiam esses cientistas que toda a ideia começou como uma estratégia de marketing de James Watt.

(À medida que a termodinâmica se ramificou para novos fenômenos, contudo, como luz e campos magnéticos, o absurdo do nome cavalo-vapor tornou-se óbvio – como se você ainda pudesse atrelar a velha Bessie ao equipamento. Em 1882, os físicos enfim decidiram estabelecer uma nova unidade universal de força, que se aplica tão facilmente a lâmpadas elétricas e geladeiras quanto a máquinas para erguer água pelo fogo. Eles a chamaram de watt.)

Infelizmente, durante a vida de Watt, o vapor nunca se tornou a fonte universal de energia que ele imaginara. Isso ocorreu em parte porque seu autor desperdiçou uma crescente quantidade de energia em tribunais, movendo processos por patentes. (Watt chamava os violadores de patentes de "espíritos maléficos de Satã", e suas cruzadas legais levaram vários deles à prisão.) Verdade seja dita, porém, o próprio Watt merece a maior parte da culpa pelo emperramento no progresso do vapor. Vários contemporâneos conseguiram atinar com maneiras de encolher as enormes máquinas de Watt e, digamos, encaixá-las em embarcações com rodas propulsoras. Em vez de abraçar essas ideias, Watt lançava todo obstáculo legal que podia diante delas. Um inteligente engenheiro na fábrica de Boulton chamado William Murdoch construiu um trem em miniatura movido a vapor em 1784; Watt e Boulton disseram-lhe para parar com aquilo. O membro da Lunar Society Erasmus Darwin, médico eminente que percorria, por ano, milhares de quilômetros pelas estradas esburacadas da Inglaterra (e tinha as nádegas machucadas para mostrar como prova), esboçou um automóvel movido a vapor. Watt acabou patenteando a ideia – em grande parte para impedir que outros o construíssem.

Mesmo se colocando contra a história e gritando "Pare!", porém, Watt não conseguiu tolher o desenvolvimento da energia a vapor para sempre. O vapor era simplesmente dinâmico demais, vigoroso demais para que os engenheiros o ignorassem. E para dar a Watt o que lhe é devido, os historiadores observaram que seu projeto básico de máquina sobreviveu inalterado por três quartos de século depois que ele morreu. Pense em quanto os computadores e outras tecnologias mudaram apenas no último quarto de século, e você verá quanto isso é incrível.

As máquinas a vapor de Watt provaram-se tão poderosas, de fato, que desenraizaram a sociedade inglesa. As fábricas não estavam mais acorrentadas à energia dos rios e puderam se mudar para as cidades, arrastando milhões de trabalhadores com elas. (Em meados do século XIX, a Inglaterra tornou-se o primeiro país do mundo a ter mais pessoas vivendo em áreas urbanas que nas rurais.) Mulheres e crianças ingressaram na força de trabalho também, e um novo estrato da sociedade, a classe média, emergiu. Em vez da revolução sangrenta da França, a Grã-Bretanha reconstruiu sua sociedade por meio de uma revolução industrial, e James Watt contribuiu consideravelmente para isso.

EMBORA O VAPOR tenha acabado por se tornar uma fonte de energia para todos os fins no século XIX, outros gases ainda o suplantaram em certas aplicações. Considere os explosivos.

Durante séculos a humanidade conheceu apenas um explosivo, a pólvora, uma mistura de carbono, enxofre e nitratos. Quando queimados, esses três ingredientes reagem da seguinte maneira: $3C_{(sólido)} + S_{(sólido)} + 2KNO_{3(sólido)} \rightarrow N_{2(gás)} + 3CO_{2(gás)} + K_2S_{(sólido)}$. Não perca o sono por causa dos detalhes, mas observe que você começa com seis mols de sólidos à esquerda e termina com cinco mols à direita – quatro delas gases. São esses gases que propelem projéteis e estilhaços em altas velocidades.

Ainda assim, obter apenas quatro mols de gás a partir de seis mols de material inicial não é assim tão impressionante, e um químico italiano chamado Ascanio Sobrero finalmente descobriu uma alternativa para a pólvora em 1846. Como a maioria dos químicos na época, Sobrero tinha um pouco de caubói, e gostava de trabalhar com materiais perigosos. Num experimento, ele começou a deixar cair substâncias como borracha e lactose em ácidos, só para ver o que acontecia. Uma substância química que experimentou foi glicerina, um tipo de açúcar, que ele pingou num banho de ácidos nítrico e sulfúrico. Daí emergiu um líquido amarelo-claro que ele comparou com azeite de oliva. Como a reação total envolvia misturar grupos nitro (−NO₂) na glicerina, ele chamou a substância de nitroglicerina ($C_3H_5N_3O_9$).

Como teste, Sobrero pôs uma única gota de nitroglicerina num tubo de ensaio lacrado e segurou-o sobre uma chama. Um instante depois, estava catando estilhaços de vidro de seu rosto e das mãos. Podemos ver por que o tubo explodiu sobre ele ao examinar a reação química: $4C_3H_5O_9N_{3(líquido)} \rightarrow 6N_{2(gás)} + 10H_2O_{(gás)} + 12CO_{(gás)} + 7O_{2(gás)}$. O ponto essencial é que quatro mols de nitroglicerina produziram colossais 35 mols de moléculas de gás, retorno sensacional para um investimento. Melhor ainda, a nitroglicerina libera esses gases quase instantaneamente,[4] dentro de 1 milionésimo de segundo. (Para pôr isso em perspectiva, a pólvora explode em alguns milésimos de segundo. Isso significa que, se você estendesse a explosão de pólvora para uma hora inteira, a explosão de nitroglicerina terminaria em quatro segundos.) Como os cientistas sabem agora, é essa velocidade que torna os explosivos tão mortíferos. Grama por grama, gasolina, carvão e até manteiga (!) armazenam mais energia em suas ligações químicas que a maioria dos explosivos. Eles apenas liberam sua energia muito mais depressa. Os explosivos também têm um meio – gases – para arremessar essa energia para fora – e são os gases que causam a maior parte do dano.

Sobrero tentou vender sua bomba de açúcar ao governo italiano, mas este fez objeções: nos testes, a nitroglicerina se provava um tantinho *boa demais* para destruir coisas. Mesmo nessa época, ela poderia ter encontrado uma aplicação, não fosse outro problema: sua instabilidade. Algumas vezes o calor a detonava, como Sobrero descobriu. Outras vezes, ela simplesmente queimava sem explodir. Outras vezes, ainda, ela explodia sem calor algum: um solavanco forte bastava. Ou entrava em combustão quase espontaneamente, como o sr. Krook de Dickens. Essa imprevisibilidade tornava a nitroglicerina perigosa demais para uso rotineiro – e ainda mais sedutora para químicos caubóis. Eles ficavam olhando para a nitroglicerina, rodeando, procurando uma maneira de domá-la. E embora isso tenha levando vinte anos, um sueco solitário e infeliz, Alfred Nobel, finalmente conseguiu.

O pai de Nobel, Immanuel, fabricava balas de canhão, morteiros, torpedos e outros instrumentos de guerra, e a família muitas vezes sofria cruelmente durante tempos de paz. Em razão de um incêndio numa fábrica, eles foram à falência no ano em que Nobel nasceu, 1833. Immanuel finalmente convenceu as Forças Armadas russas a deixá-lo construir minas navais para eles, e deslocou sua mulher e os quatro filhos de Estocolmo para São Petersburgo, em 1842. Provavelmente foi uma viagem dolorosa para Alfred, criança dispéptica com uma tosse seca e coração fraco. Inapto para uma vida vigorosa, ele havia se concentrado nos estudos e se destacara em várias matérias, tornando-se fluente em alemão, inglês, francês, italiano e russo. Dada essa facilidade com línguas, ansiava por escrever, mas seu pai empurrou-o para a ciência, e ele cursou química obedientemente, ainda que sem entusiasmo. Tudo isso mudou uma tarde, quando seu professor em São Petersburgo preparou uma demonstração. Ele esfregou uma gota do que parecia azeite de oliva numa bigorna e disse a todos para recuar. O arranjo podia não parecer muito impressionante, suscitando até alguns risinhos dos rapazes. Em seguida o professor bateu na bigorna com um martelo.

A explosão e o clarão derrubaram Nobel, de maneira figurada, se não literal. Toda aquela força em uma gota! A substância o fascinou, e quando seu pai novamente faliu, após a Guerra da Crimeia, Alfred convenceu a maior parte da família a se juntar a ele e concentrar-se na nitroglicerina.

Por mais insano que pareça, Nobel concluiu que a maneira de tornar a nitroglicerina mais segura era combiná-la com pólvora. Mais uma vez, as pessoas temiam a nitroglicerina porque ela parecia explodir aleatoriamente. Nobel raciocinou que a nitroglicerina precisava apenas de um detonador mais confiável, e não havia nenhum detonador mais confiável que a boa e velha pólvora. Assim ele projetou um protótipo de bomba com três componentes: um frasquinho de vidro de nitroglicerina, uma lata lacrada de pólvora na qual seria introduzida a nitroglicerina e um estopim. A esperança era que o estopim primeiro inflamasse a pólvora, liberando gás quente; o gás quente da pólvora iria bater na nitroglicerina e detoná-la – o primeiro explosivo em dois estágios da história. Nobel convidou seus irmãos para vê-lo testar o dispositivo numa vala de drenagem perto da fábrica da família em São Petersburgo. Ele acendeu o estopim, jogou a bomba na água e correu. *Cabum!* Choveu esgoto sobre eles, salpicando suas roupas. Nobel ficou fascinado.

No ano seguinte a Equipe Nobel voltou para Estocolmo, e quando Alfred finalmente retornou à pesquisa sobre nitroglicerina, teve uma nova ideia para uma explosão maior. Ele iria inverter seu arranjo inicial e pôr um frasco de pólvora dentro de uma robusta lata de nitroglicerina. Dessa vez convidou seu pai e seus irmãos Robert e Oscar-Emil para assistir; e, sentindo-se mais corajoso, decidiu detonar o dispositivo não na água, mas no ar comum.

Na tarde do grande dia, Nobel mais vez acendeu o estopim e correu. Três, dois, um, eeee – nada. A bomba falhou. A pólvora fez *pffft* e desapareceu numa pluma de fumaça. A nitroglicerina empoçou inofensivamente na terra. Todos olharam por um segundo, boquiabertos. Em seguida Robert e Immanuel caíram na gargalhada; dobraram-se em dois, chorando de rir. "Acho que esse arranjo levou bomba, hein, Alfred?" Nobel, enquanto isso, fervia de raiva. Ele saiu pisando duro e se trancou no laboratório para descobrir o que dera errado. Por que a mistura nitroglicerina-pólvora explodira debaixo d'água, mas não no ar? Não podia ser capricho: tinha de haver uma explicação científica.

Finalmente ele compreendeu que o problema estava ligado à pressão. Ao explodir a primeira bomba debaixo d'água, ele tinha inadvertidamente confinado os gases quentes de pólvora num espaço pequeno, porque a água impedia que eles escapassem. Em consequência, os gases tiveram tempo de bater na nitroglicerina e detoná-la. O ar, contudo, não podia fornecer a mesma camisa de força de pressão. Nesse caso, os gases de pólvora saíram como um foguete, deixando a nitroglicerina imperturbada. Nobel compreendeu que precisava, portanto, de uma maneira de confinar a pólvora. Após um ano de ajustes, inventou o que chamou de cápsula explosiva, um tampão de madeira oco que retardava o escapamento dos gases de pólvora apenas o suficiente para detonar a nitroglicerina. Aqui estava a inovação pela qual ele ansiava.

Alfred Nobel, fabricante de dinamite
e benfeitor dos prêmios Nobel.

Nobel começou a vender tanto cápsulas explosivas quanto Óleo Explosivo (seu nome comercial para nitroglicerina) em 1864. Ele havia acabado de receber suas primeiras grandes encomendas naquele mês de setembro, para ajudar a construir o canal de Suez, quando 113 quilos de nitroglicerina detonaram num galpão de armazenamento perto de seu laboratório. A explosão destruiu vários prédios e matou cinco pessoas, inclusive seu irmão de vinte anos, Oscar-Emil, o único que não rira dele. Nobel estava a quilômetros de distância no momento, e ninguém jamais determinou o que detonou a nitroglicerina, mas quando a polícia descobriu que ele estava fabricando a substância ilegalmente dentro dos limites da cidade, ameaçou acusá-lo de assassinato.

Ele tentou garantir à polícia que a nitroglicerina era segura se adequadamente manejada, mas o entulho em combustão lenta de seu laboratório desmentia isso. Uma série de acidentes semelhantes, no país e no exterior, cristalizou a opinião pública ainda mais contra ele. Sinceramente, algumas das vítimas parecem candidatos aos Prêmios Darwin:* caipiras que engraxaram seus sapatos com nitroglicerina ou enceraram sua caminhonete com ela. O minerador galês que estava jogando futebol com uma lata de nitroglicerina quase mereceu. Outros acidentes não puderam ser desprezados tão facilmente. Em 1866 um caixote mal vedado de Óleo Explosivo de Nobel

---

* Honrarias ironicamente atribuídas àqueles que, cometendo erros absurdos, morreram ou causaram a própria esterilização. O pressuposto é de que, assim fazendo, eles eliminaram os próprios "maus" genes, contribuindo para a melhoria do pool genético humano. (N.T.)

chegou a São Francisco, e alguns trabalhadores do depósito tentaram forçar a abertura com um pé de cabra. Eles conseguiram apenas abrir um buraco no bloco. Um braço humano arrancado foi bater numa janela do terceiro andar, descendo a rua. Vários prédios adiante, equipes de resgate encontraram um cérebro humano intacto pousado no chão.

À medida que esses acidentes se acumulavam – em Nova York, no Panamá, em Sydney, em Hamburgo –, Nobel tornou-se um verdadeiro inimigo público. Ninguém mais queria vender terreno para ele fazer seu laboratório, por isso ele teve de converter uma barcaça em laboratório químico flutuante e trabalhar sobre a água por alguns anos. Os estrondos e vapores que chegavam flutuando até o porto sempre o denunciavam, e ele tinha de levantar âncora e partir às pressas para um novo porto, como um fugitivo. Uma ou duas vezes multidões chegaram a atacar o "navio da morte de Nobel".

Em 1867 ele finalmente atinou com uma solução para o problema – uma maneira de reduzir o efeito da nitroglicerina sem neutralizá-la. Quimicamente, podemos pensar na nitroglicerina como um punhado de gases frouxamente ligados uns aos outros em forma líquida. Mas o líquido não possuía força para confinar essas moléculas ferozes. Assim, Nobel decidiu reforçar o líquido misturando-o com um sólido, *kieselguhr*, uma argila branca mole (ela se forma debaixo d'água quando animais marinhos chamados diatomáceas apodrecem). Várias lendas, que Nobel sempre negou, dizem que ele descobriu a mistura por acidente, um dia, depois de derramar desastradamente um pouco de nitroglicerina num monte de *kieselguhr*. Qualquer que tenha sido o processo, Nobel gostou da maneira como podia esculpir a massa resultante em bastões. Verificou-se que a argila enfraquecia a nitroglicerina, mas também impedia que um solavanco ou choque acidental explodissem a mistura. E mesmo no estado mais fraco, ela era cinco vezes mais poderosa que a pólvora. Ele chamou a substância de Dynamite, a partir da palavra grega para "força".

A dinamite tornou-se um grande sucesso – bem como o artigo mais controverso no mundo, o napalm ou agente laranja de seu tempo. Por um lado, firmas de mineração e construção imploravam por ela: era perfeita para abrir passagens em montanhas com explosões ou rebentar recifes teimosos em enseadas. Londres teve o primeiro metrô do mundo graças a ela. Por outro lado, muitos acidentes ainda ocorriam, e a potência da dinamite assegurava que, em vez de um ou dois trabalhadores, dezenas deles podiam morrer de uma vez. Um projeto especialmente horripilante, um túnel na Suíça, custou quinze vidas por quilômetro. Pior ainda, a dinamite parecia destinada a tornar as guerras mais mortíferas no futuro, mas não como substituto para a pólvora: a dinamite era na realidade poderosa demais para canhões e rifles, e estilhaçava seus canos. Mas ela produzia horríveis minas terrestres e bombas. Em consequência, Nobel tornou-se um pária internacional, alvo fácil para editoriais de jornais e políticos ressentidos. Aqui estava um homem, eles vociferavam, que fabricava sua fortuna com a morte.

Nobel conseguiu se tornar ainda mais impopular com o litígio de patentes. Como James Watt, ele defendeu ferozmente sua propriedade intelectual e experimentou ainda mais dificuldades por isso. Para início de conversa, Nobel tinha bem mais a defender: ele recebeu assombrosas 355 patentes ao longo da vida, tanto de substâncias químicas quanto de equipamentos detonadores; seria quase possível fazer um calendário de uma página por dia com elas. Segundo, a natureza da química tornava o litígio mais complicado. Assim que Nobel obtinha a patente de alguma molécula, alguém aparecia e a alterava – acrescentava-lhe alguns átomos, torcia algum ramo lateral numa direção diferente. A molécula funcionava basicamente da mesma maneira, mas no âmbito legal ficava fora do alcance da patente. Várias companhias também faziam cópias vagabundas de dinamite misturando nitroglicerina com outras argilas e chamando o resultado de Hercules Powder ou Rendrock. A cada ano que passava Nobel dedicava menos tempo à pesquisa e mais tempo a processar a concorrência.

Apesar dos processos e da imprensa negativa, o negócio de Nobel floresceu. Ocorre que as pessoas se importavam muito mais com túneis ferroviários e canais convenientes que com trabalhadores mortos. O homem antes obrigado a trabalhar num barco logo comandava um império de 93 fábricas em 21 países, acumulando uma fortuna equivalente a um quarto de bilhão de dólares atuais. O mais expressivo de tudo, a original

Dynamite dominou o mercado de explosivos em tal grau que se tornou substantivo comum.

A riqueza, no entanto, não fez de Nobel um homem feliz. Sempre arredio, ele nunca se casou e na meia-idade se afastou cada vez mais da família. Ocasionalmente revisitava seu sonho juvenil de se tornar escritor e esboçava um poema ou uma peça, mas não ousava publicá-los. À medida que a repulsa do mundo por ele se aprofundava, começou a se desprezar também – por matar o irmão, por lucrar com a guerra. Quando lhe solicitaram que escrevesse algumas linhas para uma genealogia da família, ele escreveu: "Alfred Nobel – uma miserável meia vida; devia ter sido asfixiado por um médico piedoso quando ingressou chorando na vida. Maiores méritos: mantém suas unhas limpas. Maiores defeitos: não tem família, um temperamento feliz ou um bom estômago. Maior e único desejo: não ser enterrado vivo." Em seus momentos mais sombrios, falava em abrir um luxuoso "empório do suicídio", no qual as pessoas poderiam morrer em paz, em quartos particulares e camas suntuosas, com música clássica tocando ao fundo.

Ainda assim, ele não compreendeu quanto o mundo o abominava até 1888, quando seu irmão Ludwig morreu em Cannes. Alguns dias depois, um jornal francês, pensando equivocadamente que Alfred tinha falecido, publicou um obituário intitulado "O negociante da morte morreu". Nobel, que morava então em Paris, estremeceu. Todos aqueles túneis, portos e metrôs que ele ajudara a construir, toda aquela riqueza mineral que ajudara a descobrir... "E não sou nada senão um assassino comum para eles." Decidido a salvar sua reputação, ele modificou seu testamento e instituiu um fundo para premiar pesquisas excepcionais em química, física e medicina. Para recuperar seu sonho da meninice, criou também um prêmio para literatura. E a fim de expiar uma vida vendendo a morte, proveu o Prêmio Nobel da Paz. (Talvez devêssemos todos ter a sorte de ler nossos próprios obituários...)

A saúde de Nobel, sempre instável, finalmente falhou nos anos seguintes. Ele sofria havia muito de dores de cabeça causadas pela inalação de vapores de nitroglicerina, queixa compartilhada por muitos trabalhadores de suas fábricas. Quando metabolizada pelo corpo, a nitroglicerina libera o gás óxido nítrico (NO). O NO faz os vasos sanguíneos dilatarem, o que inunda o crânio de sangue e causa violentas dores de cabeça. Nobel ao que parece nunca se tornou imune, embora a maioria das pessoas desenvolvesse alguma tolerância. Seus operários, de fato, costumavam esfregar nitroglicerina nas fitas dos chapéus toda tarde de sexta-feira e cheirar um pouco durante o fim de semana para não perder a tolerância e ter dor de cabeça quando chegasse a manhã de segunda-feira.

Além de dores de cabeça, Nobel também sofria de angina de peito, um acúmulo de placas nas artérias coronárias. Isso impede que o oxigênio chegue aos músculos cardíacos, e resulta em severa dor no peito. Ironicamente, quando Nobel afinal procurou tratamento, seu médico prescreveu nitroglicerina. Como a nitroglicerina faz os vasos sanguíneos se dilatarem, quando é injetada em pequenas doses, insuficientes para causar dor de cabeça, ela pode abrir ligeiramente as artérias coronárias, apenas o bastante para aliviar a agonia do débito de oxigênio. (Alguns dos empregados de Nobel já tinham descoberto isso: em contraste com aqueles que temiam as dores de cabeça da manhã das segundas-feiras, os que tinham dor no peito gostavam de chegar ao trabalho. Os gases eram um remédio gratuito.) Nobel, contudo, a princípio se recusou a tomar nitroglicerina. A substância química já dominava seus pensamentos e suas transações comerciais, e injetá-la deliberadamente no corpo parecia demais. No fim, porém, ele se deu por vencido, permitindo que essa estranha e mortífera substância química penetrasse até em seu coração.

Nobel sofreu um derrame cerebral em 10 de dezembro de 1896 e foi encontrado caído morto numa poltrona. Alguns dias depois, seus executores testamentários leram seu testamento de quatro páginas para os parentes – que ficaram chocados ao ver "seu" dinheiro indo para um estúpido prêmio. Felizmente para eles, Nobel tinha escrito o testamento sem consultar nenhum advogado (após décadas de litígio de patentes, ele desconfiava da categoria como um todo). Isso deixou o testamento aberto a contestações legais, e anos de brigas mesquinhas se seguiram. Surgiu até uma amante secreta que ameaçou estampar as cartas de amor de Nobel em todos os tabloides. Normalmente pensamos no Prêmio Nobel como algo elevado, a síntese da realização humana. Mas ele se fundou na vaidade – um moribundo tentando salvar sua reputação – e quase não se instituiu por causa da cobiça.

No fim os executores testamentários de Nobel subornaram todos que precisaram subornar. O último obstáculo ao estabelecimento dos prêmios envolveu a transferência da fortuna de Nobel de Paris de volta para a Suécia. Naquele tempo não havia sistemas eletrônicos de transferência de fundos, obviamente, e ninguém asseguraria o transporte daquela quantidade de dinheiro, por isso um executor começou a retirar por si mesmo pilhas de notas e títulos, alguns milhões de cada vez, e a guardá-los em malas. Depois passou a mão num revólver carregado e escoltou-os pessoalmente através da Europa em carruagens e trens. Apesar de todos os contratempos, os primeiros prêmios Nobel foram concedidos em 10 de dezembro de 1901, exatos cinco anos após a morte de Alfred Nobel. No século decorrido desde então, eles se tornaram os mais prestigiosos prêmios em ciência, e quase explodiram a reputação de Nobel como negociante da morte.

As MÁQUINAS A VAPOR e os explosivos ajudaram a catalisar a Revolução Industrial, permitindo-nos transportar toneladas com facilidade, ou derrubar em segundos uma montanha que estivera de pé desde o tempo dos dinossauros. Mas eles certamente não foram as tecnologias mais importantes da era, nem as únicas tecnologias importantes baseadas em gás. Outro avanço fundamental envolveu a produção de metais de alta qualidade, especialmente o aço. Ora, aço e gases parecem não ter muito em comum, mas jamais teríamos construído pontes, arranha-céus e superpetroleiros que dominam nosso mundo se não fossem algumas descobertas decisivas sobre a química do ar.

Interlúdio: *Preparando-se para enfrentar a tragédia*

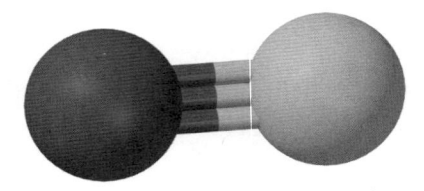

Monóxido de carbono (CO) – atualmente 0,1 parte por milhão
no ar (mais em áreas urbanas); você inala aproximadamente
1 quatrilhão de moléculas a cada vez que respira.

VOCÊ PODE DEBATER os méritos de Chaucer versus Milton, Auden versus Yeats. Mas quando se trata do pior poeta na língua inglesa, William Topaz McGonagall situa-se abaixo de todos.

Plateias na Escócia do século XIX afluíam aos bandos para se deleitar com o horror de seus recitais, e é difícil dizer qual de suas ofensas literárias os encantava mais – as rimas e os ritmos canhestros, os insights insípidos ("Como a maioria dos grandes homens, nasci num período muito precoce de minha existência"), a fé inquebrantável em seu próprio brilho (ele intitulou seu primeiro livro *Gemas poéticas*). Talvez fosse sua maneira estridente, histriônica de falar, ou o fato de que aparecia no palco usando kilt e brandindo uma espada. (Em sua defesa, a espada era útil para rebater, no meio de uma frase e em pleno ar, o ocasional peixe ou maçã podre arremessados em sua direção.) Mas a maior habilidade de McGonagall provavelmente era tomar momentos de genuína tristeza e esvaziá-los: ninguém era capaz de transformar *páthos* em anticlímax mais depressa. Considere sua obra-prima, "O desastre da ponte do Tay". Por favor.

Na noite de domingo, 28 de dezembro de 1879, um trem que rumava para o norte começou a atravessar a ponte mais longa do mundo, o vão de 3,20 quilômetros sobre o estuário do rio Tay, na Escócia oriental. Shakespeare ambientou *Macbeth* perto dali, mas a paisagem certamente não inspirou McGonagall a se elevar às mesmas alturas.[1] "Quando o trem deixou Edimburgo/ Os corações dos passageiros estavam leves e não sentiam nenhuma dor", observou ele, montando habilmente o cenário. Nem tudo estava bem,

William McGonagall, provavelmente o pior poeta que já existiu.

porque "a chuva caía torrencialmente/ e as nuvens escuras pareciam carrancudas". Enquanto o trem atravessava "o argênteo Tay", "as traves centrais caíram estrondosamente", e a ponte desabou. Todos que estavam a bordo morreram, e McGonagall deplorou esse "último dia de descanso de 1879,/ que será lembrado por muito tempo". Graças a McGonagall, o acidente ficou na memória, embora não pelas razões mais solenes.

Como a maior parte de seus contemporâneos, McGonagall culpou o "vento [visto que] ele soprava com toda a sua força" por derrubar a ponte. Mas embora o vento tenha de fato soprado fortemente naquele último dia de descanso de 1879, a química moderna aponta outro fator concorrente: o monóxido de carbono. Ou, na verdade, a *falta* de monóxido de carbono durante a produção das colunas de ferro da ponte.

Pensamos no ferro como um metal robusto, mas o ferro puro, na realidade, é fraco. Num nível "molecular", seus átomos formam delicadas camadas lisas que parecem bonitas, mas que tendem a deslizar umas pelas

outras caso se faça qualquer pressão sobre elas. Isso tornava o ferro puro –
também conhecido como ferro batido – bastante maleável, e por isso ideal
para obras artísticas ou tarefas de engenharia que exigem flexibilidade.
Também o torna inútil para suportar cargas pesadas.

Para os engenheiros no século XIX, a alternativa ao ferro batido era
ferro fundido, que contém impurezas, sobretudo átomos de carbono, que
perturbam as lisas camadas moleculares impedindo-as de deslizar. Isso
tornava o ferro fundido muito forte, perfeito para sustentar pontes e grandes edifícios. Lamentavelmente, o carbono também torna o ferro fundido
inflexível e quebradiço. Como a cerâmica, ferro fundido é forte até certo
ponto; mas além desse ponto ele não se curva e quebra sob muita tensão.

O que os engenheiros realmente precisavam para os projetos de construção em grande escala era aço, uma liga metálica intermediária, com
cerca de 1 a 2% de carbono – o bastante para acrescentar força, mas não o suficiente para deixar o metal quebradiço. Infelizmente, fabricar aço naquele
tempo era uma enorme canseira, pois exigia uma quantidade absurda de
processamento.

O processamento começava com o minério de ferro. Desde a "catástrofe do oxigênio" alguns bilhões de anos atrás, a maior parte do ferro na
Terra ficou presa dentro de minérios como a hematita (Fe_2O_3) e a mag-
netita (Fe_3O_4). Para liberar o ferro é preciso fundir o minério – isto é,
aquecê-lo com coque (um sólido rico em carbono derivado do carvão) e
misturá-lo com um pouco de ar. O ar contém gás oxigênio, que reage com
o carbono no coque para formar monóxido de carbono (CO).[2] O monóxido
de carbono introduz-se sorrateiramente no minério e devora como um
Pac-Man os átomos de oxigênio para formar CO_2. Esse processo também
introduz carbono do coque no ferro. O produto inicial da fundição do
ferro é, portanto, ferro fundido rico em carbono.

A fabricação do ferro batido exigia passos adicionais. Os trabalhadores primeiro derretiam o ferro fundido, num processo dispendioso, que
exige muito combustível. Depois tinham de despejar mais minério de
ferro na fornada. Finalmente, o carbono no ferro fundido derretido e o
oxigênio no minério derretido reagiam para formar mais monóxido de

carbono, que depois fervia e deixava ferro batido puro para trás. Mas como essa reação envolvia a mistura de líquidos, e não de gases, ela demandava vários dias. Enquanto isso alguém tinha de ficar ali, mexendo essa mixórdia toda à mão.

Nesse ponto, a maioria dos fundidores se dava por vencida. Muito poucos davam o passo seguinte para fabricar o aço, que requeria ainda mais processamento. Primeiro, aqueles dedicados ferreiros misturavam mais coque com o ferro batido, para lhe adicionar algum carbono de volta. Depois tinham de cozinhar toda a fornada durante várias semanas. Dada toda a trabalheira, os fundidores geralmente produziam aço apenas em pequenas fornadas artesanais, para ferramentas ou lâminas. Ninguém sonhava em fazer edifícios inteiros de aço – para isso os engenheiros se viam restringidos ao ferro.

Assim era a arte da fabricação do aço quando o inglês Henry Bessemer entrou em cena. Bessemer parecia um general da Guerra Civil Norte-Americana, com grandes e bastas costeletas, e ao longo de sua vida ele acumulou 117 patentes – sobre microscópios, veludo, verniz, fabricação de açúcar, o que você quiser. Num de seus primeiros triunfos, nos anos 1850, inventou um projétil de aerodinâmica brilhante. Pensava que poderia vencer a Guerra da Crimeia para os britânicos, mas infelizmente o projétil tendia a rachar os fracos canhões de ferro fundido da época. Um Bessemer irritado, mas curioso, decidiu então investigar como ferro e aço eram feitos.

A história das descobertas de Bessemer nesse campo é longa e complicada, e não há espaço para entrar nela aqui. (Ela também envolveu vários outros químicos e engenheiros, à maioria dos quais ele se recusou mesquinhamente a atribuir mérito em anos posteriores.) Basta dizer que através de uma série de acidentes felizes e deduções astutas Bessemer descobriu dois atalhos para a fabricação do aço.

Ele começava derretendo ferro fundido, tal como a maioria dos fundidores. Depois acrescentava oxigênio à mistura, para eliminar o carbono. Mas em vez de usar minério de ferro para fornecer os átomos de oxigênio, como todos os demais, Bessemer usava jatos de ar – um substituto mais barato e mais rápido. O atalho seguinte era ainda mais importante. Em vez de

Henry Bessemer, magnata do aço.

introduzir na mistura grandes quantidades de gás oxigênio e eliminar todo o carbono de seu ferro fundido derretido, Bessemer decidiu deter o fluxo de ar na metade do caminho. Como resultado, em vez de ferro batido livre de carbono, ele ficou com aço um pouco impregnado de carbono. Em outras palavras, Bessemer podia fabricar aço diretamente, sem todos os passos extras e material dispendioso.

Ele tinha investigado esse processo primeiro fazendo o ar borbulhar nesse ferro fundido derretido com um longo maçarico. Quando isso funcionou, ele tomou providências para um teste maior numa fundição local – 317 quilos de ferro derretidos num caldeirão de noventa centímetros de largura. Em vez de contar com seus próprios pulmões, dessa vez ele fez várias máquinas a vapor lançarem ar comprimido através da mistura. Os trabalhadores da fundição olharam penalizados para Bessemer quando ele explicou que queria fazer aço com lufadas de ar. E de fato nada aconteceu por dez longos minutos naquela tarde. De repente, ele recordou mais tarde, "uma sucessão de leves explosões" sacudiu a sala. Chamas brancas irromperam do caldeirão e ferro derretido saiu voando em "um verdadeiro vulcão", ameaçando incendiar o teto.

Depois de esperar o fim da pirotecnia, Bessemer olhou dentro do caldeirão. Por causa das faíscas, ele não conseguira interromper os jatos de ar na hora certa, e a fornada era puro ferro batido. Mesmo assim, ele abriu um sorriso: ali estava a prova de que seu processo funcionava. Tudo que devia fazer agora era descobrir o momento exato em que deveria interromper o fluxo de ar, e teria aço.

Nesse ponto as coisas avançaram rapidamente para Bessemer. Ele entrou numa farra de patentes durante os anos seguintes, e a fundição que instalou conseguiu reduzir o custo da produção de aço de cerca de £40 por tonelada para £7. Melhor ainda, ele conseguia produzir aço em menos de uma hora, em vez de semanas. Essas melhorias finalmente tornaram o aço disponível para projetos de engenharia em grande escala – um desenvolvimento que, segundo afirmam alguns historiadores, encerrou com um golpe a Idade do Ferro, que durara 3 mil anos, e empurrou a humanidade para a Idade do Aço.

Evidentemente, esse é um julgamento retrospectivo. Na época, as coisas não foram tão cor-de-rosa, e Bessemer, na realidade, teve muita dificuldade para persuadir as pessoas a confiar em seu aço. O problema era que cada fornada de aço variava de maneira significativa em qualidade, porque se provou bastante complicado saber quando deter o fluxo de ar. Pior, o excesso de fósforo no minério de ferro inglês deixava a maior parte das fornadas quebradiça e propensa a se fender em baixas temperaturas. (Bessemer, sortudo, tinha feito seus testes iniciais com minério de Gales, desprovido de fósforo; de outra maneira eles também teriam fracassado.) Outras impurezas introduziram novos problemas estruturais, e cada confusão solapava um pouco mais a confiança do público em Bessemer. Como no caso de Thomas Beddoes com a medicina gasosa, colegas e concorrentes acusaram Bessemer de exagerar as virtudes do aço e até de perpetrar fraude.

Durante a década seguinte, Bessemer e outros trabalharam com todo o fervor de James Watt para eliminar esses problemas, e nos anos 1870 o aço era, objetivamente, um metal superior comparado ao ferro fundido – mais forte, mais leve, mais confiável. Mas você não poderia censurar os engenheiros por continuarem desconfiados. O aço parecia bom demais para ser verdade – parecia impossível que lufadas realmente fortalecessem tanto um metal –, e anos de problemas haviam corroído sua fé. Quando Bessemer sugeriu certa vez o uso de vigas de aço para fazer trilhos de trem, um executivo de ferrovia exclamou: "Você quer me ver processado por homicídio culposo?" E a importantíssima Junta Comercial Britânica, que supervisionava obras públicas, proibiu estruturas de aço para pontes. Em consequência, quando a construção da ponte do Tay começou, em 1871, os engenheiros não tiveram escolha senão usar ferro fundido para as colunas de sustentação e ferro batido para o contraventamento em x – e esperar que suas mútuas debilidades se contrabalançassem.

Não que os engenheiros pensassem que esse arranjo comprometeria seu projeto. Ao contrário, eles apregoaram a Tay como a maior e mais forte ponte já construída – o *Titanic* da arquitetura. Lamentavelmente, vários fatores conspiraram para solapá-la. Primeiro houve uma falha de comunicação entre a fundição que forneceu os lingotes de ferro fundido e a firma de construção que derreteu e fundiu as colunas. Numa cena saída diretamente de *Ardil 22*, a firma de construção pediu o "melhor" ferro disponível para alguns componentes. Mal sabiam eles que a fundição vendia três graus de lingotes de ferro: melhor, melhor melhor e melhor melhor melhor. Assim, ao pedir o "melhor", a firma de construção obteve o pior. Durante o derretimento e fundição, pedaços estruturais em várias colunas quebraram de repente e tiveram de ser soldados de novo; as colunas também acabaram esburacadas, como se estivessem podres. Para não se atrasar, os trabalhadores que as ergueram encheram os buracos com uma massa feita de vários materiais sem grande capacidade de sustentação – resina, cera de abelha, limalha de ferro e, claro, fuligem, para encobrir o subterfúgio. (Os trabalhadores chamavam essa massa de *Beaumont's egg*, uma corruptela de seu nome francês, *beau montage*.)

Depois que a ponte foi inaugurada, inspetores preguiçosos agravaram o perigo deixando de relatar várias rachaduras que tinham se desenvolvido. Um historiador descreveu um teste assim: "Ele molhava um pedaço de papel de seu bloco de notas com saliva, colava-o sobre a rachadura e esperava o próximo trem. Nenhum rasgão no papel. Nenhum problema!" Para piorar as coisas, a ponte começara por ser mal projetada, mais pesada na parte de cima e propensa a balançar: mesmo em dias calmos, ela oscilava de dez a quinze centímetros quando os trens passavam. Além disso, o engenheiro-chefe, Thomas Bouch, havia atamancado alguns cálculos e não reforçara a ponte apropriadamente para rajadas.

Em consequência de tudo isso, em 28 de dezembro de 1879, com vendavais (mais de cem quilômetros por hora) soprando sobre ela, a ponte do Tay balançava como uma palmeira num furacão. Quando um pequeno trem de passageiros a cruzou às seis da tarde, ele quase descarrilou, ras-

A destruição da ponte do Tay, na Escócia.

pando nos contratrilhos e emitindo lâminas de faíscas. A locomotiva mal conseguiu atravessar a ponte.

Uma hora depois, o trem expresso de cem toneladas não teve a mesma sorte. Ele também raspou nos contratrilhos, inflamando um chuveiro ainda maior de faíscas. Como se fosse planejado, o vento se intensificou exatamente nesse momento, açoitando a estrutura na pior hora possível. Uma ponte feita de aço forte, flexível, poderia – poderia – ter resistido. O rígido e vagabundo ferro fundido não teve chance. Todas as doze colunas centrais desabaram – *bum, bum, bum, bum* –, abrindo uma brecha de oitocentos metros no vão. O trem avançou para o vazio, mergulhando 27 metros em direção à água e matando todos os 75 passageiros.

O governo logo abriu uma investigação, e todos os detalhes sórdidos sobre a construção barata e o "traiçoeiro" (palavra deles) ferro fundido vieram à luz. Precisando de um bode expiatório, os investigadores sacrificaram Bouch, o engenheiro-chefe. Não importava que ele tivesse acabado de ser nomeado cavaleiro naquele verão (por coincidência, junto com Henry Bessemer) ou que tivesse perdido seu genro no acidente. Já doente e frágil, Bouch sucumbiu. Morreu apenas alguns meses depois.

Enquanto todos estavam distraídos, a Junta Comercial suspendeu silenciosamente a proibição de pontes de aço. De fato, uma das primeiras pontes que aprovou em seguida, o vão de substituição sobre o Tay, usava aço para as colunas de sustentação. Ela foi inaugurada em 1887 e está de pé até hoje. Naturalmente, William Topaz McGonagall escreveu mais uma gema poética para comemorar a inauguração.

As histórias do capítulo anterior sobre vapor e explosivos enfatizaram a força dos gases, e a produção de aço parece reforçar esse tema: uma infusão de monóxido de carbono e oxigênio, afinal, é o que transforma o minério de ferro quebradiço em aço forte. Na realidade, porém, há uma lição melhor a se extrair aqui sobre a elegância dos gases.

Um poeta muito melhor que William McGonagall, e.e. cummings, captou esse sentimento perfeitamente num contexto diferente. Num famoso poema cummings se maravilha com os sentimentos que uma amante desperta dentro dele, "pétala por pétala, … assim como a prima-

vera se abre/ (tocando habilmente, misteriosamente) sua primeira rosa".
Ele insiste em que "ninguém, nem mesmo a chuva, tem mãos tão pequenas". É uma maneira encantadora de pensar sobre a chuva – como ela
goteja no solo e desperta a vida enterrada ali, trabalhando numa dimensão
que mal podemos compreender. Os gases fazem a mesma coisa. Quer estejamos falando sobre o *pas de deux* de gases em nossos pulmões, quer da
delicada cirurgia que CO e O_2 executam no aço, sua alquimia não parece
nada menos misteriosa. Os gases têm mãos pequenas também.

6. Rumo ao céu

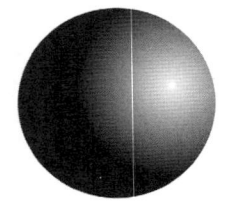

Hélio (He) – atualmente cinco partes por
milhão no ar; você inala 70 quatrilhões
de moléculas cada vez que respira.

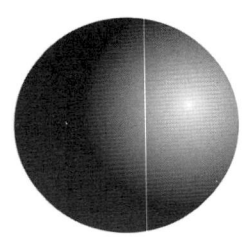

Argônio (Ar) – atualmente 1% do ar (10 mil partes
por milhão); você inala 100 quintilhões
de moléculas cada vez que respira.

ALÉM DE NOS PROPICIAR um grande progresso material, os novos experimentos com o ar tocaram o espírito humano também. Subitamente compreendemos o que era esse gás misterioso, mágico, que nos envolve por todos os lados, o que nos deu uma compreensão mais profunda do modo como nosso planeta funciona. Ainda mais assombroso, no fim do século XVIII os gases realizaram o que talvez fosse o sonho mais antigo da humanidade – permitindo à nossa espécie desajeitada, desprovida de asas e inequivocamente terrestre, subir ao céu pela primeira vez.

Segundo a lenda, a história do voo humano começou com uma lingerie. Quando completou 42 anos, Joseph-Michel Montgolfier tinha fracassado na vida. Embora herdeiro de uma fortuna oriunda da fabricação de papel, ele tinha cumprido pena numa prisão para inadimplentes no centro da França, depois suportara a humilhação de ver o irmão mais moço se apoderar de seu quinhão do negócio da família. A paixão de Montgolfier, estudar a química pneumática de Priestley e Lavoisier, o marcou ainda mais como desajustado aos olhos das pessoas. Uma tarde em 1782, no entanto, esse estudo dos gases o compensou da maneira mais inesperada. Ao observar a roupa de sua mulher secar acima do fogo,

Um dos primeiros balões de Montgolfier, abastecido com ar quente e fumaça.

ele notou que as peças mais íntimas tendiam a enfunar sugestivamente. Maravilha. Notou também que elas se levantavam sempre que o fogo se avivava. Por quê? O que as fazia se elevar? Ele começou a se perguntar se poderia algum dia construir um "saco de ar" grande o bastante para içar a si mesmo. No meio do que equivaleu a uma fantasia devassa, Montgolfier imaginou o primeiro balão do mundo.[1]

Sem parar para pensar (por vezes uma virtude), ele construiu uma estrutura retangular de madeira e cobriu-a de seda. Ela pesava 2,2 quilos e tinha 1,20 metro de altura, e quando ele a segurou sobre um pequeno e fumacento fogo dentro de casa, ela flutuou até o teto. Ele experimentou fazer teste semelhante ao ar livre e viu-a subir a 21 metros de altura. Segundo a maioria dos relatos históricos, Joseph era um químico desajeitado – mas de alguma maneira esses experimentos funcionaram. Ele ficou em êxtase: dessa vez não fracassara.

Joseph então mostrou o dispositivo a seu irmão mais novo, Jacques-Étienne, e temos de admirar a devoção de Étienne ao irmão irresponsável. Pondo quaisquer dúvidas de lado, ele ajudou Joseph a construir uma caixa maior, de 6,8 quilos. E – uau! –, quando eles a deixaram voar, ela arrebentou a corda que a prendia e flutuou por 1,6 quilômetro. Eles a perseguiram, só para ver um transeunte mal-humorado destruí-la quando pousou. Apesar disso os irmãos ficaram radiantes. Um voo verdadeiro! Durante os meses seguintes eles começaram a esboçar planos para construir um balão ainda maior, um balão que, esperavam, os tornaria famosos.

Esse balão, um experimento sob todos os aspectos, mediria nove metros de lado a lado e pela primeira vez seria esférico. Como envelope, os Montgolfier tentaram prender umas às outras faixas de seda forradas com papel rígido. Funcionou surpreendentemente bem. Mas seu outro experimento capital, com novos gases de sustentação, provou-se uma grande dificuldade. Primeiro eles tentaram o vapor, que na época causava tanto alvoroço na Inglaterra, mas ele só serviu para deixar o papel encharcado. Tentaram trocá-lo pelo gás hidrogênio de Cavendish, para descobrir que ninguém jamais produzira mais de alguns litros de uma vez; eles precisariam de vários milhares. Pior: sendo a menor molécula que existia, o hidrogênio se dispersava facilmente através do envelope de seda e deixava o balão flácido. Eles voltaram por fim para o ar quente em 1783, embora com uma alteração inesperada. Veja bem, apesar de seu amor pela química, Joseph na realidade entendia muito pouco de gases. Em primeiro lugar, ele pensava que aquecendo o gás e acrescentando-lhe fumaça mudava magicamente suas propriedades químicas. (Na verdade fumaça não é um gás; é uma suspensão de partículas sólidas no ar, como água suja.) Além disso, ele acreditava que a fumaça, e apenas a fumaça, provocava o soerguimento: fez uma descrição famosa de um balão como "uma nuvem num saco de papel", e embora isso soe poético, provavelmente ele tinha em mente nuvens literais de fumaça. Assim, para a primeira demonstração pública de seu balão não tripulado, em junho de 1783, os Montgolfier fizeram a fogueira mais fumacenta possível, alimentada com palha, lã, peles de coelho e sapatos velhos.

Milhares de pessoas se aglomeraram em volta e viram, por entre lágrimas de sufocação, o envelope do balão se erguer e ganhar forma. Vários homens corpulentos o seguraram ao chão com cordas até que alguém deu o sinal, e eles as soltaram. O balão se levantou de chofre e pairou no céu como uma lua em miniatura.

Embora tenha tornado os Montgolfier famosos, a demonstração teve o indesejado efeito colateral de atrair rivais – rivais que sabiam o que estavam fazendo. Após um pouco de reflexão, uma segunda dupla de irmãos que morava perto de Paris, os engenheiros Anne-Jean Robert e Nicolas-Louis Robert, inventaram uma maneira de tornar os balões herméticos, dissolvendo borracha em terebintina e pintando o verniz resultante sobre a seda. Isso na verdade estragou o aspecto do balão – o envelope listrado de vermelho e branco que tinham imaginado acabou parecendo, em vez disso, vermelho e cor de dentes manchados de fumante –, mas restaurou a possibilidade do uso de hidrogênio em balões, pois as pequeninas moléculas H_2 não podiam atravessar o verniz. Um químico conhecido dos irmãos, Jacques-Alexandre-César Charles, resolveu então o outro problema com o hidrogênio descobrindo uma maneira de produzi-lo em massa. Ele encheu um enorme barril com ferro e derramou dentro um pouco de ácido sulfúrico (H_2SO_4). O ácido se decompunha ao bater no metal e liberava ondas de gás hidrogênio, que ele introduzia no balão por meio de volumosos tubos de couro. Isso lhe custou quinhentos quilos de ferro e quatro desagradáveis dias de trabalho, mas ele conseguiu encher o balão com 34 mil litros de hidrogênio. (Para custear o trabalho, ele vendeu ingressos para o enchimento, tornando-o um espetáculo público mais ou menos como os experimentos de Lavoisier.) Quando lançado, o balão pousou a incríveis 24 quilômetros de distância, num campo fora de Paris. Camponeses imediatamente o atacaram com forcados e foices, convencidos de que um monstro tinha caído do céu. Mais uma vez, porém, a destruição do balão não conseguiu ofuscar a sensação de triunfo.

Atordoados pela notícia, os Montgolfier logo transferiram as operações para Versalhes, ao norte, e começaram a planejar um segundo voo. Naturalmente, sendo franceses, eles contrataram um designer de papéis de parede para incrementar a aparência de seu balão. Ele criou um deslumbrante envelope azul-celeste cravejado de signos do Zodíaco dourados.

Camponeses atacam um balão que aterrissou fora de Paris.

Dessa vez os irmãos também decidiram lançar animais no experimento – um carneiro, um galo e um pato; eles ficavam pendurados sob o balão, numa gaiola. (A gente se pergunta por que foram se incomodar com um pato, que podia voar sozinho, mas deixe pra lá.) Nessa altura eles já tinham transformado a velha rotina de queimar sapatos em pseudociência, e enquanto o rei Luís XVI observava, encheram o balão em poucos minutos. Depois os quinze homens que o seguravam na terra o soltaram. A multidão arfou e ele deu uma guinada para o lado; os animais grasnaram e baliram. Mas o balão se endireitou à medida que subia e acabou pousando, incólume, a pouco mais de três quilômetros dali.

Os Montgolfier e os Robert começaram então a disputar o verdadeiro prêmio – o primeiro voo tripulado. O rei Luís sugeriu enviar dois criminosos na viagem; aparentemente era cético em relação às chances que alguém teria de sobreviver. Mas ambas as equipes gargalharam à simples ideia; não queriam condenados roubando sua glória.

Com base apenas em perspicácia científica, a equipe Charles-Robert certamente levava vantagem. Os irmãos eram engenheiros melhores, e Charles era excelente químico. Mas no fim o entusiasmo derrotou a erudição, e em 21 de novembro de 1783 os Montgolfier ajudaram dois amigos seus – um físico chamado Jean-François Pilâtre de Rozier e um marquês – a entrar numa gôndola sob o novo balão alaranjado. Os homens que seguravam as cordas as soltaram, e a esfera começou a se elevar sobre Paris como um lento meteoro. Antes desse dia certamente bilhões de pessoas ao longo de toda a história haviam olhado para o céu, para as aves a deslizar no alto, e pensado: "Uma vez, só uma vez…" Pilâtre de Rozier e o marquês finalmente realizaram esse sonho, pousando a oito quilômetros de distância e tornando-se os primeiros seres humanos a voar.

Embora a equipe Charles-Robert tenha perdido a corrida, Paris mostrou um entusiasmo nada menor por seu primeiro voo tripulado duas semanas depois, no início de dezembro. Segundo algumas estimativas, metade da população da cidade – meio milhão de pessoas – viu Jacques Charles e Anne-Jean Robert subirem a bordo. (Em meio a essa multidão estava o embaixador Benjamin Franklin, que assinaria o tratado pondo fim à Guerra de Independência americana uma semana mais tarde. Quando um cético espectador perguntou a Franklin, nesse dia, "Para que serve um balão?", Franklin murmurou "Para que serve um recém-nascido?".) Como o hidrogênio propicia mais sustentação que o ar quente, Charles e Anne-Jean permaneceram no ar por duas horas, pousando a 32 quilômetros de distância logo após o cair da noite. Como uma criança num parque de diversões, Charles logo quis fazer outra viagem, e alguns minutos depois fez a primeira ascensão solo – subindo 3 mil metros, alto o suficiente para ver o sol se pôr uma segunda vez. Infelizmente, as subidas e descidas dos voos o deixaram com uma dor aguda nos canais auditivos. Depois de aterrissar, ele nunca mais voou de novo – embora não saibamos se foi porque não poderia superar o duplo pôr do sol ou por não querer enfrentar a dupla dor de ouvido.

O balonismo logo se tornou um espetáculo público na Europa, embora fosse perigoso. "Aeronautas" começaram a competir para ver quem voava mais alto, mais longe, mais depressa. Os mais bem-sucedidos tornaram-se genuínas celebridades, os Evel Knievel de seu tempo.* Outros pilotos começaram a oferecer serviços de passageiros, com direito a piqueniques: as pessoas almoçavam frango assado, croissants, e bebiam limonada gelada enquanto contemplavam boquiabertas o solo embaixo. (O champanhe, no entanto, provou-se um fracasso em altitudes elevadas: em razão da pressão mais baixa do ar, as bolhas na garrafa se expandiam depressa demais e esguichavam.)[2] Na maior parte das viagens, a única nota destoante para os passageiros era a temperatura fria no alto, que os obrigava a se agasalhar bem com peles e cobertores. Volta e meia, porém, os balões enfrentavam um perigo real. Padrões meteorológicos mudam de maneira imprevisível em grandes altitudes, e as tripulações às vezes eram bombardeadas com granizo ou expostas a raios. Alguns também sofriam com a doença da altitude: visão borrada, pernas pesadas, dedos escurecidos.

---

* Nome artístico de Robert Knievel (1938-2007), motociclista e artista performático americano que em 1974 realizou um malsucedido voo sobre o cânion do rio Snake a bordo de um foguete movido a vapor. (N.T.)

(Em casos extremos, sangravam pelos globos oculares, como vítimas de ebola.) E pessoas começaram a morrer em acidentes de balão já em 1785. De fato, a primeira vítima fatal de um balão foi o primeiro homem a voar, o físico Pilâtre de Rozier, cujo balão pegou fogo sobre a Normandia numa tentativa de cruzar o canal da Mancha. Sua noiva, Susan, o viu despencar oitocentos metros e ser arremessado contra as rochas; ela própria morreu de choque oito dias depois.

Além dos intrépidos e os apreciadores de piqueniques, vários cientistas subiam ao céu também. Alguns mediam pontos de orvalho, campos magnéticos e outras miscelâneas. Outros realizavam experimentos toscos que envolviam jogar garrafas de bebida alcoólica balão abaixo e cronometrar quanto tempo levavam para se espatifar no chão. A maioria se contentava com observações simples, ainda que surpreendentes. Bandos de borboletas podiam aparecer de repente a vários quilômetros de altitude e pegar uma carona no envelope do balão. A acústica do céu também os surpreendia. Como os balões flutuavam impelidos pelo vento, os passageiros não ouviam nenhum rugido em volta enquanto voavam. Em consequência, sons vindos do solo eram extraordinariamente nítidos – galos cantando, martelos batendo em bigornas, tiros de espingarda. O céu acima deles também parecia diferente em altitudes elevadas. Com menos ar para distorcer a luz, as estrelas pareciam menos suaves e cintilantes, mais como grãos duros de gelo. E durante o dia o azul suave do céu dava lugar a um mais escuro e mais sinistro azul da Prússia.

Voos de balão também estimulavam o interesse pelas propriedades dos gases. De fato, não é coincidência que alguns dos primeiros balonistas tenham sido também algumas das primeiras pessoas a explorar o comportamento dos gases de maneira sistemática. Esses eram os homens que mais tinham a perder, inclusive a vida, se suas teorias falhassem.

Uma questão inicial envolvia como exatamente os balões decolavam do chão. O princípio-chave aqui remonta a Arquimedes, aquele que correu nu por Siracusa. No século III a.C., o rei de Siracusa deu a um ourives local um pedaço de ouro para fazer uma coroa, mas desconfiou que o ourives o trapaceara, ficando com parte do ouro e misturando um peso equivalente de prata para substituí-lo. Ainda assim, o rei não tinha nenhuma prova, por isso pediu ajuda a Arquimedes. Após quebrar a cabeça durante semanas com aquilo, Arquimedes foi tomar banho, e percebeu que a água da banheira se elevava à medida que ele entrava nela. Um experimento surgiu num relance em sua mente, e momentos depois mães gregas estavam tapando os olhos dos filhos nas ruas.

Na maioria das versões dessa história, Arquimedes desvenda o enigma mergulhando a coroa num recipiente cheio de água até a metade e observando até onde a água subia. Depois ele repete o processo com uma pepita de ouro puro que tinha o mesmo peso. Se a água subisse a alturas diferentes em cada caso, o ourives tinha trapaceado. Mas muitos historiadores contestam essa situação hipotética, pois a diferença em altura entre o primeiro e o segundo caso teria sido, numa típica jarra grega, de cerca de meio milímetro, pequena demais para ser avaliada a olho nu. (Tente você.) Em vez disso, Arquimedes provavelmente fez o seguinte: ele sabia que a água fornece uma força de flutuação para cima a qualquer coisa submersa nela. (Você sente essa força quando nada.) E quanto maior o volume do objeto, mais força para cima a água fornece. Assim Arquimedes encontrou uma balança, pesou tanto a coroa quanto o pedaço de puro ouro e afundou a coisa toda na água. A coroa obviamente pesava o mesmo que a pepita (razão pela qual a balança se equilibrava inicialmente). Mas se a coroa contivesse prata – metal menos denso que o ouro –, o volume da coroa seria maior. Com um volume maior, a coroa sentiria mais força de flutuação debaixo d'água, e, com mais força de flutuação de um lado, a balança não mais se equilibraria. Como era de esperar, quando Arquimedes submergiu a balança, o lado da coroa moveu-se para cima. Heureca – o ourives tinha trapaceado.

Experimentos como esse deram origem ao que hoje se chama de princípio de Arquimedes. Ele diz, primeiro, que qualquer objeto submerso em fluido sente uma força de flutuação para cima; segundo, que quanto maior o volume do objeto, mais força ele experimenta. (Mais precisamente, a força para cima é igual ao peso do fluido deslocado.)

Então, o que tem isso tudo a ver com balões? Aparentemente pouco – até que cientistas no século XVIII compreenderam que o ar é também um fluido e também exerce uma força de flutuação para cima. Você não sente essa força na vida diária e sai flutuando porque ela é bastante pequena e porque seu corpo é muito compacto. Mas ela existe: você realmente pesa um pouquinho menos no ar do que pesaria no vácuo. Corpos grandes, menos densos, como balões, sentem essa força de flutuação agudamente. Equilibrado contra essa força está, claro, o peso do balão e qualquer carga presa a ele (como uma cesta), que quer derrubá-lo na terra. Cabe considerar também o peso do próprio gás. Isto é, quando você está calculando se seu balão tem ou não sustentação suficiente para voar, não pode negligenciar o peso do gás de sustentação dentro do envelope (ele pode estar ajudando a gerar sustentação, mas não é uma carga útil "gratuita"; ainda conta como peso). É por isso que gases leves como hidrogênio são tão úteis em balões. Como pesam pouco, a gravidade não pode agarrá-los com muita firmeza; a força de flutuação tem, portanto, mais chances de suplantar a gravidade.

(Sendo o elemento mais leve, o hidrogênio fornece o máximo de sustentação por molécula. Mas realmente qualquer gás mais leve que o ar pode levantar um balão – hélio, vapor, amônia. Em teoria, até um vácuo poderia funcionar. Essa ideia fracassa diante do fato de que nenhum material conhecido é ao mesmo tempo forte o suficiente para impedir que um balão de vácuo murche e também leve o suficiente para que o ar o levante – balões de cobre não vão muito longe.)

Embora mais populares de início, os balões de hidrogênio acabaram se provando caros demais, inflamáveis demais e difíceis demais de manejar para uso diário. (O hidrogênio fornecia tanta sustentação que até jogar um copo d'água fora dele, ou urinar, podia fazer o balão dar um tranco para cima.) Por isso a maioria dos aeronautas voltou-se para os balões de ar quente – e descobriu no processo que esses balões sobem por razões ligeiramente diferentes que os balões de hidrogênio. Arquimedes desempenha um papel aqui também, mas precisamos de algumas ferramentas adicionais, as leis dos gases, para compreender inteiramente o que se passa.

No fim do século XVIII os cientistas sabiam um pouco sobre as leis dos gases, que descrevem a inter-relação entre temperatura, pressão e volume do gás. Por exemplo, o químico irlandês Robert Boyle determinou em 1662 que a elevação da temperatura de um gás aumenta sua pressão. Para balões de ar quente, precisamos considerar volume versus temperatura. Uma regra fundamental dos gases é que seu aquecimento os faz se expandir; ao contrário, seu esfriamento os contrai. Você pode ver isso por si mesmo com um balão de látex: ponha-o na geladeira, e ele murcha; retire-o, e ele se expande.

Com balões de ar quente, algo ligeiramente diferente acontece. O ar dentro deles ainda se expande quando aquece, claro, mas, ao contrário dos balões de látex, os de ar quente em geral são feitos de material que não estica. Em consequência, o próprio balão não vai se expandir muito. Em vez disso, os gases em expansão abrem caminho para fora do buraco na base do balão, já que não têm nenhum outro lugar para onde ir. Isso deixa menos gás dentro do envelope, e portanto menos peso. Com menos peso para levantar, a força de flutuação para cima, de Arquimedes, pode agora derrotar a gravidade e içar o balão rumo ao céu.

Ironicamente, embora os Montgolfier construíssem balões de ar quente e Jacques Charles construísse balões de hidrogênio, foi Charles quem primeiro descobriu a lei da temperatura-volume para gases, e desse modo explicou como os balões de ar quente funcionavam. Ele fez grande parte da pesquisa que levou a essa descoberta em seu laboratório no Louvre. Por alguma razão, contudo, hesitou em publicar sua lei da temperatura-volume, por isso recebe pouco reconhecimento por ela. Mas debateu seus experimentos com um colega, Joseph-Louis Gay-Lussac, que expandiu e refinou os experimentos de Charles e finalmente publicou ele mesmo a lei, em 1802.

Como Joseph Montgolfier, Gay-Lussac teve sua vida alterada por causa de roupas íntimas. Em seu caso, conheceu sua mulher numa loja de lingerie; ela era a única vendedora que, por espantoso que pareça, lia um texto de química no trabalho. Ela por sua vez se interessou por ele porque, como muitos de seus colegas químicos, Gay-Lussac tinha algo de caubói. Uma vez, enquanto isolava sódio e potássio, os metais explodiram no seu rosto, quase o cegando. Mais tarde ele levou um choque tão violento com uma bateria feita em casa que perdeu o uso dos braços por um dia inteiro.

Outro frasco explodiu em seu rosto em 1844; dessa vez ele certamente teria perdido um olho caso não estivesse usando óculos, consequência do primeiro acidente.

Naturalmente, Gay-Lussac adorava pôr sua vida em risco em balões e subia ao céu sempre que possível. Para um célebre voo em agosto de 1804 ele se associou a um físico chamado Jean-Baptiste Biot. Embora fosse tecnicamente o copiloto, Biot não foi muito útil na cesta e passou a maior parte do voo medindo o campo magnético da Terra em diferentes altitudes. (Para seu prazer, descobriu que ele continua forte mesmo a vários quilômetros de altitude. Diferentemente da temperatura ou pressão, o campo magnético quase não se altera com a elevação.) Gay-Lussac, enquanto isso, esperava colher dados sobre a composição química da atmosfera superior. Para esse fim ele planejou abrir vários frascos evacuados em diferentes altitudes e engarrafar o ar neles para análise posterior.

À medida que continuavam a subir, no entanto, as coisas desandaram. Biot não estava exatamente em forma, e começou a se sentir nauseado. De repente ele tombou para a frente, como se estivesse morto. No fim das contas estava bem, mas você pode imaginar o pânico de Gay-Lussac. E entre conduzir o balão e ressuscitar Biot, Gay-Lussac se esqueceu dos seus frascos até pousar. A oportunidade perdida o irritou, por isso ele fez uma subida solo três semanas depois. Esse balão tinha mais sustentação, e, sem o lastro de Biot, subiu a 7 mil metros, altitude recorde que se manteve por meio século. Gay-Lussac quase certamente sofreu de déficit de oxigênio nessa altitude, mas livrou-se do torpor mental e conseguiu encher vários frascos com ar rarefeito, de altitude elevada. A análise posterior revelou que mesmo numa altitude de vários quilômetros, a composição da atmosfera se conserva a mesma que no nível do mar. Em outras palavras, embora haja menos ar no alto, a proporção relativa de nitrogênio, oxigênio e outros gases é idêntica.

Quando os químicos atmosféricos começaram a alcançar alturas cada vez maiores, porém, usando balões não tripulados, eles compreenderam que o ar de fato muda de outras maneiras, mais sutis, à medida que ascendemos. Eles finalmente descobriram quatro camadas distintas na atmosfera da Terra, cada uma circundando a outra como as camadas numa cebola. Vivemos na troposfera, que se estende do solo até cerca de dezesseis quilômetros de altura (dependendo da latitude e da estação). A maior parte das condições meteorológicas ocorre aqui. Em seguida vem a estratosfera, que contém ozônio e alcança cerca de cinquenta quilômetros de altura. A mesosfera, onde os meteoros se consomem, se estende até cerca de oitenta quilômetros. Finalmente, encontramos a rala termosfera, que abriga a aurora boreal e se estende até oitocentos quilômetros. Como altitude, oitocentos quilômetros parecem vertiginosamente altos – tocando a borda do espaço exterior. Por outro lado, ainda são apenas oitocentos quilômetros; você poderia dirigir seu carro antigravidade até aqui em cerca de sete horas. (O cenário nessa viagem logo iria se tornar bastante sombrio, porém: nada menos que metade do peso da atmosfera da Terra situa-se abaixo de 6,5 quilômetros.) E justamente a 11,2 quilômetros de altitude – extensão não maior que a de uma corrida de domingo – os níveis de oxigênio caem a aproximadamente um quarto de seu valor no nível do mar, tão baixo que a vida quase cessa. Cientistas na Grécia Antiga afirmavam que o ar deve melhorar à medida que subimos rumo ao céu – atingimos a quintessência. Na verdade, vivemos numa casca precariamente fina de ar, proporcionalmente muito menos espessa que a casca de uma maçã.

Além de explorar a atmosfera, Gay-Lussac desenvolveu trabalhos de laboratório suficientes para descobrir mais uma lei do gás. Essa diz que, se a pressão de um gás aumenta, a temperatura também deve aumentar. E se você está tendo um certo déjà-vu aqui – isso é praticamente igual à lei do volume-temperatura –, você não é o único. Químicos na época de Gay-Lussac começaram a perceber as mesmas variáveis (temperatura, pressão, volume) aparecerem repetidas vezes sempre que falavam sobre comportamento dos gases. Naturalmente começaram a se perguntar se não poderiam talvez combinar algumas leis individuais dos gases numa lei abrangente – a superlei dos gases. Foi necessária mais uma geração, contudo, nos anos 1830, os cientistas finalmente descobriram a chamada lei dos gases ideais. Prepare-se. Se você deixar V representar volume, T representar temperatura, P representar pressão, n representar a quantidade de gás presente e R representar uma constante (para fazer a aritmética se equilibrar), você pode descrever o comportamento de qualquer gás conhecido da seguinte maneira: $PV = nRT$.

Ora, essa fórmula não parece impressionante à primeira vista. Mas acredite se eu lhe disser que ela é nitroglicerina: uma incrível quantidade de força comprimida num espaço mínimo. Quando adequadamente manejada, essa lei lhe diz toda espécie de coisas sobre o comportamento dos gases num instante: como a alteração da temperatura afeta o volume, como a alteração do volume afeta a pressão, ou *qualquer outra combinação* em que você pense. Igualmente importante, você pode arrancar conhecimento oculto dessa equação. Digamos que as válvulas de pressão num tonel em sua fábrica parecem lhe fornecer as leituras erradas, a ponto de você temer que o tonel exploda. Como saber? Bem, meça o volume do tonel, a temperatura e assim por diante, e *voilà*: a lei dos gases ideais revela a pressão. Em outras palavras, se você conhece os valores das outras variáveis, a pressão se revela automaticamente. Ou se seus termômetros começam a funcionar mal, você pode inferir a temperatura gratuitamente – ou qualquer outra coisa. Isso parece trapaça: você está medindo uma coisa e obtendo algo completamente diferente, como se pudesse saber a cor de uma coisa medindo sua altura. No entanto, por mais diferentes que pareçam vistos de fora, a pressão, o volume e a temperatura de um gás estão todos relacionados num nível mais profundo, mais fundamental – e a lei dos gases ideais explica como.

De fato, a lei dos gases revela toda uma nova maneira de pensar sobre eles. Priestley, Lavoisier e Davy tinham se concentrado nas diferenças entre os gases – como cada novo gás cheirava diferente ou queimava de modo diferente ou afetava nossa fisiologia de diferentes maneiras. Mas a lei dos gases ideais se aplica a todos eles igualmente. Ela elimina toda a questão das diferenças – é democrática. Uma nuvem de hidrogênio é feita de moléculas do tamanho de mosquinhas, uma nuvem de radônio, de enormes abelhões. Ainda assim ambas se expandem exatamente da mesma maneira se você as aquecer. Nuvens de gás nitrogênio são serenas e não reativas, nuvens de gás cloro são abrasadoramente tóxicas. No entanto, se você aumentar a pressão sobre ambas, elas se contrairão exatamente na mesma medida. Diferentes sólidos e líquidos têm muito pouco em comum, além do fato óbvio de serem usualmente duros ou molhados. Mas gases imitam-se uns aos outros num grau incrível. Fisicamente, se não quimicamente, todos os gases se comportam da mesma forma.

Uma das maiores vocações da mente humana é a descoberta científica: olhar para a confusão florescente, alvoroçada, do mundo à nossa volta e destilar alguma espécie de essência inalterável. $PV = nRT$ consegue isso num grau em que poucos outros princípios científicos o fazem. Todo gás em que você pensar é representado por essas cinco letras. Os velhos chamam às vezes a lei dos gases ideais de lei perfeita dos gases, e eu gostaria de ressuscitar esse nome. Porque a lei realmente sugere algo absoluto e ideal, algo eterno e imortal, algo verdadeiramente perfeito em ação no mundo.

OK, É HORA DE FAZER uma confissão: a última parte terminou com uma mentira. Uma mentira inofensiva, uma mentira bem-intencionada, graciosa, charmosa e talvez até nobre, mas ainda assim uma mentira. Porque quando você está falando sobre gases reais, verdadeiros – como o ar que está respirando neste momento –, esses gases não estão inteiramente à altura da perfeição da lei perfeita dos gases. É como qualquer círculo que você trace, mesmo com um compasso, que não será tão redondo e simétrico quanto um círculo ideal. Os químicos sabem disso, claro, e quando calculam algo aplicando a lei dos gases ideais esperam que a realidade se desvie um pouquinho. Ainda assim, alguns gases chegam mais perto da perfeição que outros. De fato, quando dois cientistas descobriram alguns gases praticamente ideais nos anos 1890 – gases mais perto de perfeitos que qualquer coisa que possa haver neste mundo –, o resto da comunidade científica se recusou a acreditar neles. Esses espécimes perfeitos, eles pensavam, simplesmente não podiam existir.

Essa história começa com o homem que talvez tenha tido a maior tolerância ao tédio da história da ciência. John William Strutt nasceu rico e enfermiço, em 1842, e devia ter levado a vida inútil de um nobre inglês meio marginal. Ele teve de abandonar Eton em razão de uma coqueluche, e depois que voltou aos estudos pouco se distinguiu. Mas havia algo ambicioso em Strutt. Ele se matriculou na Universidade de Cambridge, e, em vez de tratá-la como uma escola de traquejo social, horrorizou sua família fazendo cursos de matemática e física. Seu sucesso nos cursos os deixou ainda mais estupefatos, e eles ficaram boquiabertos quando o filho se dignou aceitar um emprego na instituição como pesquisador em física. Pareceu recobrar a razão em 1871, quando se casou e renunciou ao posto. Em 1873, com a morte do pai, Strutt tornou-se lorde Rayleigh ("Ray-lee") e assumiu o comando da propriedade da família. Mas aquela velha comichão precisava ser coçada, e Rayleigh acabou entregando a propriedade ao irmão mais moço em 1876. Em outras palavras, Rayleigh impôs a si próprio a mesma humilhação que Joseph Montgolfier suportara – um irmão mais jovem controlando os negócios da família – para se concentrar na ciência.

Rayleigh usava um bigode de morsa e bastas costeletas, e ano a ano o cocuruto cada vez mais calvo de sua cabeça aumentava. Ele publicou mais de quatrocentos artigos em sua carreira e realizou trabalhos pioneiros em uma dúzia de campos, incluindo a biologia (entre outras coisas, descobriu por que as penas de pavão têm aquele sexy brilho metálico). Mas encarregou-se de um tópico verdadeiramente entediante no início dos anos 1880: começou a medir as densidades de gases como oxigênio e hidrogênio. Sem dúvida esse trabalho tinha sido importante outrora – no século XVIII. Contudo, um século depois, não estava claro o que Rayleigh esperava aprender. Apesar disso ele passou dez anos o fazendo de modo intermitente – e, de fato, não aprendeu nada de novo. Simplesmente estendeu a medida das densidades desses gases por alguns pontos decimais. Foi o anti-heureca.

Inacreditavelmente, masoquisticamente, Rayleigh em seguida começou uma outra rodada de medições de densidade com um gás ainda mais enfadonho, o nitrogênio. Para fazer as medições, ele precisava de amostras puras, que obtinha eliminando os outros componentes do ar, um a um. Para remover vapor d'água do úmido ar inglês, ele punha cobertores de lã dentro das câmaras de reação em seu laboratório; em alguns dias eles absorviam até nada menos que um litro d'água. Em seguida, passava o ar por tubos de cobre incandescentes para expurgar o oxigênio, e por potassa (um mineral rico em potássio) para remover o dióxido de carbono. Banhos de ácido sulfúrico retiravam quaisquer últimas impurezas, em quantidades-traço. Então ele coletava o nitrogênio puro numa ampola e media sua densidade.

Ultraobsessivo, Rayleigh repetia o experimento purificando nitrogênio de outra maneira. Em vez de remover o oxigênio com cobre incandescente, dessa vez ele o fazia borbulhar com amônia líquida. Isso era um pouco mais sujo quimicamente. Entre outras coisas, o O_2 reagia com a amônia (NH_3) para produzir moléculas de nitrogênio extras como subproduto. Mas como Rayleigh queria estudar nitrogênio de qualquer maneira, acrescentar mais dele não devia fazer diferença.

Adivinhe o que aconteceu. Rayleigh descobriu que um litro de nitrogênio purificado com amônia era sete miligramas mais leve que um litro de nitrogênio purificado com cobre. Isso é 0,007 grama. Já passei muitas horas inúteis em laboratórios de química na faculdade e posso lhe dizer que, se algum dia eu tivesse conseguido que dois testes concordassem com diferença de menos de 0,04 quilo eu teria chorado de alegria. Simplesmente ninguém obtém resultados tão bons assim – você investigaria essa pessoa por falsificar os dados. Mas a diferença torturou Rayleigh. Os cientistas da época tinham balanças 1 milhão de vezes mais sensíveis que as de Lavoisier, precisas até pequeninas frações de miligrama. Sete miligramas, portanto, caía bem dentro do erro experimental, e Rayleigh começou meticulosamente (neuroticamente) a verificar os resultados. Ele inventou outros seis métodos para purificar o ar, alguns dos quais produziam nitrogênio extra, outros não – e ficou "aborrecido", como ele disse, ao ver que a diferença persistia.

Rayleigh finalmente publicou uma carta na revista *Nature*, em 1892, admitindo sua perplexidade e pedindo conselho aos químicos do mundo inteiro. A maioria das sugestões que considerou não deu em nada. Mas ele prestou atenção ao que disse William Ramsay, um esbelto escocês com olhos fatigados que trabalhava em Londres. Ramsay logo ficaria tão obcecado pela discrepância do nitrogênio quanto Rayleigh – um desdobramento que deixou Rayleigh magoado, sentindo que Ramsay tinha se

Lorde Rayleigh (à esquerda), o físico que descobriu o argônio,
e William Ramsay, o químico que descobriu outros gases nobres.

intrometido em sua seara. Apesar disso os dois concordaram em se manter mutuamente a par dos experimentos e publicá-los em conjunto.

Uma ideia eles excluíram de imediato. Rayleigh havia se perguntado se teria talvez criado uma forma exótica de nitrogênio, como N_3 (similar ao ozônio, O_3). Isso explicaria as diferentes densidades, mas Ramsay afastou essa ideia, já que a estrutura do N_3 parecia instável.

Eles finalmente chegaram a algum lugar quando consultaram um antigo e esquecido artigo de Henry Cavendish. Em 1785 Cavendish havia aprisionado um bolsão de ar dentro de um tubo cheio de mercúrio. Em seguida ele passou uma corrente através do mercúrio, fazendo faíscas pularem pela brecha. Essas faíscas fizeram o nitrogênio e o oxigênio no bolsão reagirem, criando vapores de um laranja avermelhado. Os vapores se dissolveram no mercúrio, e, quando o fizeram, o bolsão encolheu aos pouquinhos. Cavendish esperava que o bolsão fosse finalmente encolher até sumir, porém, por mais que prolongasse o experimento – horas, dias, semanas –, cerca de 1% do gás se recusava a desaparecer. Ele por fim desistiu, mas ao ler o artigo um século depois, Rayleigh e Ramsay se deram conta de que ele podia ter isolado um novo gás.

Reconhecidamente, essa era uma possibilidade remota. Em 1892 os cientistas tinham estudado a composição da atmosfera por mais de um século, e parecia improvável – para dizer o mínimo – que tivessem deixado escapar 1% inteiro do ar. Por outro lado, um gás extra explicaria as estranhas densidades encontradas por Rayleigh. Digamos que um gás mais pesado que o nitrogênio de fato se escondesse nas atritadas amostras de ar. A densidade dessas amostras dependeria da razão de nitrogênio para o gás X, assim como a densidade de uma lata de castanhas mistas depende das proporções relativas de amendoins para castanhas-do-pará. Mas sempre que Rayleigh usava um método que acrescentava inadvertidamente mais nitrogênio (mais amendoins) à mistura, ele teria deixado de lado essa razão e alterado um pouquinho a densidade. Ramsay e Rayleigh concordaram que valia a pena procurar o gás X.

Na procura pelo gás X, cada homem adotou uma estratégia diferente. Rayleigh evocou o espírito de Cavendish e usou faíscas elétricas para expurgar o ar de tudo, exceto o gás misterioso. Esse trabalho provou-se tão monótono que até Rayleigh ficou farto. Instalou uma linha telefônica em seu laboratório e pôs um fone perto do gerador de faíscas, que zumbia enquanto trabalhava; levou o fio do outro fone até sua biblioteca, onde podia cochilar numa poltrona – e se levantar num pulo sempre que o zumbido transmitido pela linha cessava. Enquanto isso Ramsay eliminou o N_2 de sua amostra expondo-o ao magnésio, metal super-reativo que formava um pó marrom duro quando se combinava com o nitrogênio. A indução dessa reação, contudo, exigia que o magnésio fosse aquecido a ponto de o tubo de vidro em volta dele quase começar a derreter. Ramsay provou-se tão chegado à monotonia quanto Rayleigh, certa vez despendendo dez dias a passar nitrogênio de um lado para outro através do metal quente. Mas os dois conjuntos de experimentos funcionaram: cada um deles chegou a um dedal cheio de gás X a 99% de pureza.

Como passo seguinte, a dupla investigou as propriedades do gás. Ele se provou insípido, inodoro e sem cor, todos sinais intrigantes. O que realmente tornava o gás especial, contudo, era sua acústica. Ondas sonoras são basicamente pulsos de energia que se espalham através de moléculas de gás à medida que se chocam umas com as outras. (É como empurrar alguém numa multidão: a pessoa vai se chocar com outras, e estas com outras, e assim por diante, espalhando a energia original do empurrão para o exterior.) Esse movimento cria padrões de pressão alta e baixa que nossos ouvidos interpretam como tons. E esses empurrões de ondas se movem em diferentes velocidades dependendo do peso e da forma das moléculas de gás envolvidas.

Ora, a física aqui fica bastante complicada (acredite em mim). Mas, em termos simples, Ramsay e Rayleigh mediram a velocidade do som no gás X sob duas condições, depois converteram esses dois números numa razão. Isso ajudaria a determinar a forma das moléculas do gás, pois – e este é o ponto fundamental – a razão varia dependendo do tamanho e da complexidade das moléculas. Como exemplo, imagine enviar um pulso de som através de uma nuvem de dióxido de carbono (CO_2) ou amônia (NH_3). Dentro dessas moléculas, os átomos de C e O ou N e H podem se desviar um em relação ao outro ou quicar de um lado para outro como molas. Esses giros extras acabam dissipando parte da energia sonora. E, por outras razões de física complexa, essa perda de energia reduz a razão crucial para cerca de 1,3. Gases mais simples, como H_2 e N_2, têm menos maneiras pelas quais os átomos se movem uns em relação aos outros, e portanto perdem menos energia. Isso produz uma razão mais elevada, 1,4. O gás misterioso de Ramsay e Rayleigh tinha uma razão de 1,67, o que significa que era mais simples que dois átomos. Em outras palavras, tinha um átomo – diferentemente de qualquer outro gás conhecido.

Essa nem foi a maior surpresa. Ramsay e Rayleigh também quiseram ver como seu gás reagia com outras substâncias, por isso o expuseram a oxigênio, hidrogênio e dióxido de carbono. Nada aconteceu. Eles tentaram compostos mais enérgicos como enxofre, fósforo e potássio. Todos inúteis. Tentaram cloro, ácidos e outros horrores. Ele nem piscou. Finalmente eles limparam o armário de suprimentos químicos, jogando toda substância repugnante de que dispunham nesse gás. Nem uma centelha de interesse.

Em agosto de 1894, a dupla sabia que tinha um novo gás, e provavelmente um novo elemento. Ainda assim, hesitava em discutir essa possibilidade em público. Na verdade, eles relataram a curiosa razão e todas as ausências de reação – os resultados básicos de seus experimentos –, mas se recusaram a ir além e reivindicar a descoberta de um novo elemento. Em parte, isso era a boa e saudável circunspecção – a necessidade de identificar tudo. Em parte, era vaidade. Eles tinham descoberto havia pouco que a Smithsonian Institution estava oferecendo um prêmio de US$10 mil (US$275 mil atuais) para o melhor artigo sobre uma descoberta original relativa ao ar. Como a Smithsonian queria apenas resultados inéditos, a dupla tinha de ficar quieta para ganhar o prêmio.

O embargo da mídia não se aplicava a seus pares, porém, que sabiam muito bem o que os resultados sugeriam e não gostaram daquilo. Os químicos atmosféricos sentiram-se francamente insultados: como podiam *todos* ter deixado escapar esse gás misterioso? (Se o gás X compunha 1% da atmosfera, como a dupla afirmava, então todo ser humano estava inalando um sétimo de um quilo dele todos os dias. Pior, se R&R realmente tinham descoberto um novo elemento – a que alguns cientistas estavam se referindo como argônio, do grego *argon*, que significa "preguiçoso"[3] –, ele precisava de uma posição na tabela periódica. Mas onde? Com base na densidade do argônio, Rayleigh calculara seu peso atômico como 40. Mas isso o punha perto do cloro e do potássio na tabela – dois elementos reconhecidamente reativos. Não fazia sentido. O pai da tabela periódica, Dmitri Mendeleiev, finalmente interveio e disse que o argônio era ridículo, sugerindo que eles haviam criado N_3.

Rayleigh e Ramsay ganharam o prêmio Smithsonian em janeiro de 1895, derrotando 218 concorrentes. Foi uma vitória de Pirro, já que o consenso científico tinha endurecido contra eles durante o silêncio. Um crítico denunciou o argônio como um "monstro químico trazido inesperadamente para a antes feliz família dos elementos, tão indesejável como o cuco". A tabela periódica tinha se tornado tão vital para a química que qualquer coisa que ameaçasse sua legitimidade ameaçava a própria química. Rayleigh e Ramsay acabaram pedindo desculpas por todo o caos – mas sem retirar uma sílaba do que tinham dito.

Em seguida Ramsay piorou as coisas com mais uma descoberta. Alguns anos antes, um ingênuo geólogo nos Estados Unidos estava trabalhando com um pouco de urânio quando percebeu pequeninas bolhas de gás brotando da substância. O gás não reagiu com nada que ele tinha à mão, então ele o chamou de nitrogênio e seguiu em frente. Depois do début do argônio, um amigo contou essa história a Ramsay. O próprio Ramsay coletou um pouco das borbulhas da rocha e confirmou que ela não reagia com nada – nem mesmo com coisas que normalmente combinavam com nitrogênio. Ele então deu um passo adiante e mostrou que esse gás pesava muito menos que o argônio – o que queria dizer que descobrira mais um elemento. Ele o chamou de criptônio, do grego *kryptos*, que significa "oculto, secreto". Mas quando enviou uma amostra a outro cientista para obter confirmação, foi a vez de Ramsay levar um choque. Nos idos dos anos 1860, os astrônomos estavam decompondo a luz solar em suas cores constituintes. E entre essas cores eles notaram algumas vezes estranhas faixas de amarelo, verde e vermelho, que atribuíram a um elemento misterioso. O novo gás de Ramsay, quando aquecido, produzia exatamente essas mesmas faixas coloridas. Em outras palavras, Ramsay havia redescoberto esse "elemento solar" na Terra. Como os cientistas anteriores já lhe tinham dado um nome, Ramsay se curvou ao precedente e chamou seu gás de hélio.[4]

O hélio complicou o problema representado pelo argônio, porque os químicos tinham agora de encontrar lugar para dois cucos no harmonioso ninho da tabela periódica. Embora algumas poucas almas corajosas sugerissem o acréscimo de uma nova coluna, apenas para acomodar os gases, Mendeleiev e outros desdenharam da ideia. A tabela periódica podia ser considerada o mais importante avanço na história da química. Centenas de cientistas tinham gastado milhões de horas refinando-a. E agora esperava-se que rearranjassem tudo e fizessem entrar à força uma nova coluna por causa de dois malditos britânicos? Nem pensar.

Mas Ramsay gostou da ideia de uma nova coluna – em parte porque ela indicava que havia mais desses gases arredios. Para testar esse palpite, ele e seu assistente começaram a despir 1.600 litros de ar em 1898, removendo oxigênio, nitrogênio e outros componentes até que apenas permanecesse gás não reativo. Em seguida resfriaram o gás restante em centenas de graus, levando-o à forma líquida. Eles sabiam que esse líquido era em sua maior parte argônio, mas se outros elementos estivessem se escondendo dentro dele, eles poderiam pescá-los aquecendo-o lentamente. Como vimos antes, diferentes substâncias dentro de um líquido fervem todas de modo independente, em diferentes temperaturas. De fato, três novos gases apareceram durante o lento rastejar até a temperatura ambiente. Para um dos gases, eles reciclaram o nome criptônio. A outro chamaram de xenônio, derivado da palavra grega para "estrangeiro" (vários desses gases têm nomes vagamente insultuosos). Para o terceiro gás, Ramsay anunciou sua descoberta durante o jantar, uma noite, com a família. Seu filho de dez anos, Willie, adiantou-se e com muito atrevimento propôs um nome para ele, *novum*, a palavra latina para "novo". Papai ruminou isso a noite toda, mas ele queria uniformidade com as outras etimologias gregas, por isso os dois chegaram a um meio-termo com neônio.

Ora, você poderia pensar que cinco cucos eram ainda piores que dois, mas não. Diante de cinco gases não reativos – argônio, hélio, neônio, criptônio e xenônio –, os químicos se sentiram muito mais confortáveis abrindo uma nova coluna, só para gases, na tabela periódica. (Anos depois, os cientistas descobririam um sexto gás para essa coluna, o radônio. Ramsay confirmou a existência do radônio examinando seu espectro de luz – o que significa que Ramsay teve uma participação na descoberta de todos os gases nobres conhecidos, um feito sem precedentes.)[5] Para ser franco, muitos químicos trataram essa nova coluna, a princípio, como um gueto, um lugar onde descartar os gases problemáticos e esquecê-los. Com o tempo, porém, a maioria aprendeu a apreciá-los; até o mal-humorado e velho Mendeleiev sorriu.[6] Atualmente, esses gases são reverenciados como os "gases nobres", porque não se dignam a interagir com os outros elementos. Sentem-se perfeitamente contentes por permanecer sozinhos, e essa falta de interesse por outros átomos lhes permite obedecer à lei dos gases ideais num grau extraordinário.

Ramsay acabou ganhando um dos novos prêmios de química de Alfred Nobel em 1904 e tornou-se uma celebridade científica. Em entrevistas, ele atribuía modestamente o sucesso a seus gordos polegares, que havia usado para tamponar tubos de vidro quando transferia gases nobres de um lugar para outro no laboratório. Ele também deu o mérito às habilidades motoras finas que havia desenvolvido desde os anos em que enrolava seus próprios cigarros (desprezava os comprados nas lojas como "indignos de um experimentalista"). Por fim, todo esse fumo teve consequências, e ele desenvolveu câncer nasal em meados da década de 1910. Durante seu declínio, ficou obcecado pela Primeira Guerra Mundial e o aparente fim da civilização, e começou a atacar os cientistas alemães com cartas cáusticas no *Times* de Londres. (Seus amigos, constrangidos com sua conduta, explicaram essa obsessão pela Alemanha como insanidade temporária provocada pela dor do câncer.) Ramsay morreu como um homem amargo em 1916, arrasado ao descobrir que seres humanos raramente se comportavam de forma tão perfeita como os gases.

Enquanto isso, Rayleigh ganhou o Prêmio Nobel de Física em 1904 pela descoberta do argônio. O prêmio pretendia complementar o prêmio de química de Ramsay, mas, dados todos os exóticos gases novos que Ramsay tinha descoberto, o prêmio de Rayleigh parecia uma consolação. De fato, você pode se perguntar que diabos Rayleigh fizera durante a década anterior – apenas assistia, enquanto Ramsay reescrevia a tabela periódica? Não exatamente. Rayleigh havia seguido suas próprias inclinações e, num notável feito de física, finalmente provara, após milênios de especulação, por que o céu é azul.

Antes de 1900 filósofos e protocientistas haviam proposto toda espécie de explicações para o fato de o céu ser azul. Alguns afirmavam que a cor representava um matiz conciliatório, uma mistura do índigo da noite com o amarelo do Sol. Outros atribuíam-na a cristais de gelo flutuantes; outros, ainda, a coisas exóticas como fluorescência do ozônio ou bolhas microscópicas. De sua parte, Rayleigh atribuiu o azul à dispersão da luz solar por partículas desconhecidas no ar. Mais uma vez a física aqui fica cabeluda, mas o ponto importante é que a luz com comprimentos de onda mais curtos é muito mais dispersada (isto é, redirecionada) que luz com comprimentos de onda mais longos. Em particular, a luz azul, que tem um comprimento de onda mais curto que quase qualquer outra cor no arco-íris, é muito mais facilmente dispersada que a luz vermelha ou laranja.

Essa dispersão leva ao céu azul da seguinte maneira. Imagine que você está deitado ao ar livre, vendo as nuvens passarem. Enquanto isso, um pouco de luz branca do Sol chega à Terra. Na verdade, essa "luz branca" é feita de várias cores diferentes de luz, inclusive azul, arranjadas em camadas umas sobre as outras. Segundo a teoria de Rayleigh, a luz azul tem mais chance de ser dispersada e desviada que a luz de qualquer outra cor. Ora, essa luz azul poderia voar em qualquer direção depois que isso acontece. Ela seria empurrada para 27 quilômetros ao norte de você. Seria redirecionada para cima, rumo ao espaço. Mas alguma luz azul será redirecionada para baixo do céu, em direção à sua pupila. Sem dúvida, alguma luz vermelha (ou amarela ou verde) também pode ser redirecionada. Mas em muito menor quantidade que a luz azul; em qualquer ponto no céu, o azul domina. Multiplique esse único ponto por trilhões de trilhões de outros, e você terá um belo céu azul.

(Aqueles de vocês que conhecem teoria das cores podem estar prontos para levantar a bandeira da balela. Afinal, a luz púrpura tem um comprimento de onda ainda menor que o da luz azul. Assim, pelo raciocínio anterior, o céu deveria ser violeta! Isso é verdade até certo ponto, mas negligencia outros fatores. Por acaso o Sol emite mais luz azul que púrpura, de modo que há muito mais luz azul para dispersar. Além disso, os cones em nossas retinas não podem detectar luz púrpura tão bem assim. Uma explicação completa da cor azul do céu, portanto, leva em conta não somente a dispersão de Rayleigh, mas o espectro do Sol e o sistema de circuitos de nossos olhos.)

Rayleigh expôs grande parte dessa explicação em 1871, ano em que trocou Cambridge pelo casamento. Mas ao fazê-lo pairou sobre um ponto crucial: a identidade das partículas que realmente dispersam a luz solar.

Era poeira, gelo, bandos de micróbios suspensos no ar? Rayleigh sugeriu cristais de sal, mas ninguém sabia de verdade.

O germe da resposta surgiu primeiro numa carta que Rayleigh recebeu do físico James Clerk Maxwell em 1873. Maxwell estava de férias no nordeste da Índia e acabara de passar uma tarde no terraço de seu hotel contemplando os Himalaias. Ele pôde até distinguir o monte Everest a 160 quilômetros de distância. A claridade do ar o atordoou, e ele se perguntou por que as moléculas de gás entre ele e o Everest não tinham absorvido toda a luz. Se Maxwell tivesse se fixado nesse problema decerto teria resolvido o enigma; ele era um físico célebre que já havia reescrito tanto a termodinâmica quanto a teoria da luz. Mas Maxwell não tinha nenhum livro de física à mão, e admitiu em sua carta que estava se sentindo um pouco preguiçoso, por isso encarregou Rayleigh de investigar.

Rayleigh adiou a tarefa – um quarto de século se passou e nesse ínterim Maxwell morreu. Mas em 1899 Rayleigh finalmente fez os cálculos necessários. Como corolário desse trabalho, ele descobriu que as moléculas de ar têm o tamanho perfeito para dispersar a luz visível. Portanto, não eram impurezas como poeira, sal ou bolhas. "Mesmo na ausência de partículas estranhas", declarou ele, "ainda deveríamos ter um céu azul." Nitrogênio, oxigênio e argônio sozinhos pintam o domo de azul-celeste.[7] E Rayleigh nunca saberia disso se seu amigo Maxwell não tivesse passado uma tarde indolente contemplando o monte Everest, o ponto da Terra que mais chega perto de tocar aquele céu.

NA DÉCADA DE 1780, os químicos realizaram o que talvez fosse o sonho mais antigo da humanidade: quebrar as amarras da gravidade e levantar voo. Um século depois um físico decifrou um dos mistérios mais duradouros da humanidade: por que o céu é tão azul. Assim, você pode perdoar os cientistas por terem uma visão bastante elevada de si mesmos por volta de 1900, e por suporem ter pleno conhecimento de como o ar funcionava. Graças a químicos, de Priestley até Ramsay, eles conheciam agora todos os seus principais componentes. Graças à lei dos gases ideais, sabiam agora como o ar reagia a quase qualquer mudança de temperatura ou pressão a que se pode submetê-lo. Graças a Charles e Gay-Lussac e outros balonistas, sabiam agora como era o ar quilômetros acima de suas cabeças. Havia algumas pontas soltas, é verdade, em campos como física atômica e meteorologia. Mas tudo que os cientistas precisavam fazer para resolver esses casos era ir além das leis dos gases já conhecidas. Eles deviam se sentir incrivelmente perto de compreender seu mundo.

Adivinhe o que aconteceu. Os cientistas não só depararam com dificuldades ao tentar amarrar aquelas pontas soltas; eles tiveram de construir novas leis inteiras da natureza, por puro desespero, para explicar o que estava acontecendo. A física atômica, claro, levou aos absurdos da mecânica quântica e aos horrores da guerra nuclear. E por mais difícil que seja acreditar, a meteorologia, um dos ramos mais sonolentos da ciência, despertou a teoria do caos, uma das mais profundas e perturbadoras correntes do pensamento do século XX.

Interlúdio: *Luzes da noite*

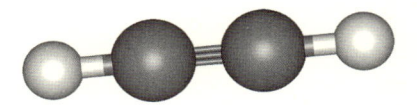

Acetileno (C_2H_2) – atualmente entre 0,0001 e 0,001 parte por milhão no ar (ou mais, em áreas urbanas); você inala entre 1 bilhão e 10 bilhões de moléculas cada vez que respira.

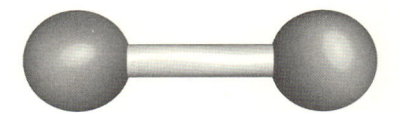

Hidrogênio (H_2) – atualmente 0,55 parte por milhão no ar; você inala 7 quatrilhões de moléculas cada vez que respira.

NÃO PODEMOS DEIXAR os gases nobres para trás sem falar um pouco sobre sua mais famosa aplicação, as chamadas luzes neon. Para ser justo, porém, as luzes neon são na realidade parte de uma história muito maior sobre luz e gases em geral. Porque embora gases como o vapor tenham certamente proporcionado energia à Revolução Industrial, gases como o metano e o acetileno também fizeram algo importante: eles iluminaram a revolução. Um historiador chegou até a chamar esses gases fornecedores de luz, juntamente com o vapor, de "as duas principais forças propulsoras da história".

Para dar algum contexto, lembre-se de que a Lunar Society de Joseph Priestley se encontrava na segunda-feira mais próxima da lua cheia porque seus membros precisavam do luar para encontrar o caminho de casa. Mas a geração de Priestley esteve entre as últimas a precisar se preocupar com esse tipo de problema. Vários dos gases que os cientistas descobriram no final do século XVIII ardiam com um fantástico brilho, e meio século depois da morte de Priestley, em 1804, a iluminação a gás tornara-se comum em toda a Europa. A lâmpada de Edison recebe todas as manchetes históricas, mas foi o gás de carvão quem primeiro erradicou a escuridão no mundo moderno.

Os seres humanos tiveram iluminação artificial antes de 1800, claro – fogos de lenha, velas, lâmpadas a óleo. Contudo, por mais românticos que fogueiras e jantares à luz de velas pareçam hoje, essas são na realidade péssimas fontes de luz. As velas em especial emitiam um brilho doentio, débil, que, como disse brincando um historiador, pouco faziam senão "tornar a escuridão visível". (Um ditado francês da época expressava o sentimento de maneira diferente: "À luz de velas, um bode é feminino.") De qualquer modo, nem todo mundo tinha condições de comprar velas diariamente – imagine se todas as suas lâmpadas precisassem ser substituídas com poucas noites de intervalo. Casas maiores e empresas podiam consumir 2.500 velas por ano. Para completar, as velas liberavam fumaça tóxica, e era facílimo derrubar uma delas e botar fogo em casa ou na fábrica.

Em retrospecto, gás de carvão parece a solução óbvia para esses problemas. Gás de carvão é uma mistura heterogênea de metano, hidrogênio e outros gases que emergem quando o carvão é aquecido lentamente. Tanto o metano quanto o hidrogênio ardem brilhantemente sozinhos, e quando queimados juntos produzem uma luz dúzias de vezes mais intensa e brilhante que a das velas. Mas como ocorreu com o gás hilariante, as pessoas a princípio consideraram o gás de carvão pouco mais que uma novidade. Mascates comprimiam multidões em quartos escuros por meio pêni cada uma e as deslumbravam apresentando-lhes pirotecnias com gás. E não era só o brilho que impressionava. Como não dependiam de pavios, as chamas de gás de carvão desafiavam a gravidade e surgiam de repente de lado ou de cabeça para baixo. Alguns artistas até combinavam diferentes chamas para fazer formas de flores e animais, mais ou menos como bichos feitos de balões.

Pouco a pouco, as pessoas compreenderam que o gás de carvão daria uma iluminação interior muito melhor. Jatos de gás queimavam de maneira constante e limpa, sem a chama tremeluzente e a fumaça de uma vela, e era possível fixar dispositivos de gás na parede, reduzindo a probabilidade de as coisas pegarem fogo. Um engenheiro excêntrico chamado William Murdoch – o mesmo homem que inventou uma locomotiva a vapor na fábrica de James Watt, antes de Watt lhe dizer para acabar com aquilo – instalou o primeiro sistema de iluminação a gás do mundo em sua casa em Birmingham, em 1792. Vários homens de negócios locais ficaram impressionados o bastante para instalar iluminação a gás em suas fábricas logo em seguida.

Depois dessas primeiras adesões, os governos municipais começaram a usar gás de carvão para iluminar as ruas e pontes. As cidades usualmente armazenavam o gás dentro de tanques gigantescos (chamados gasômetros) e o canalizavam em tubulações subterrâneas, mais ou menos como a água hoje. Somente Londres tinha 40 mil postes de luz a gás em 1823, e outras cidades na Europa seguiram o exemplo (afinal, Paris não queria que a maldita Londres usurpasse sua reputação de cidade-luz). Pela primeira vez na história, povoados humanos seriam visíveis do espaço à noite.

Os prédios públicos entraram em seguida, incluindo estações ferroviárias, igrejas e especialmente teatros, que se beneficiavam mais que qualquer outra instituição. Com mais luz disponível, os diretores podiam posicionar os atores mais no fundo do palco, permitindo muito mais profundidade de movimento. Uma tecnologia relacionada chamada luz de cálcio – que envolvia derramar oxigênio e hidrogênio sobre cal virgem ardente – proporcionava uma luz ainda mais brilhante, e levou aos primeiros projetores. Como o público agora podia vê-los mais claramente, os atores podiam também usar menos maquiagem e gesticular de maneira mais realista, menos histriônica.

Em meados do século XIX, até as aldeias na Inglaterra rural tinham tubulações rudimentares de gás, e a difusão de iluminação barata e uniforme transformou a sociedade de várias formas. A criminalidade caiu, pois os bandidos e a escória não podiam mais se esconder sob o manto da escuridão.

A vida noturna explodiu à medida que as tabernas e os restaurantes começaram a ficar abertos até mais tarde. Fábricas instituíram horários de trabalho regulares, pois não precisavam mais fechar após o pôr do sol no inverno, e alguns fabricantes operavam a noite toda para produzir mercadorias em massa.

Um outro gás forneceu as primeiras lâmpadas portáteis fortes. Em 1836, Edmundo, primo de Humphry Davy, descobriu o acetileno, uma pequena cadeia de hidrogênio e carbono triplamente ligado (C_2H_2). Ele queimava com surpreendente ferocidade e logo encontrou uso nas lâmpadas de rua, em boias e faróis. Os empresários também desenvolveram proveitosas lanternas de acetileno para uso portátil, especialmente em poços de minas e cavernas. Em anos posteriores, bicicletas e carros, inclusive o Modelo T, empregavam faróis de acetileno, apesar de produzirem um efeito colateral peculiar. A maioria das lâmpadas e lanternas criava acetileno gotejando água sobre um quebradiço mineral cinza chamado carbeto de cálcio (CaC_2). O acetileno que borbulhava não tinha nenhum cheiro, mas certos subprodutos do processo fediam a alho.

Apesar de suas vantagens sobre a luz de velas, a iluminação a gás não era uma tecnologia perfeita. O gás de carvão algumas vezes liberava impurezas como amônia e enxofre que deixavam pessoas doentes. As chamas intensas tendiam a consumir o oxigênio do ambiente, deixando as pessoas com dor de cabeça após uma noite no teatro. Dispositivos de gás por vezes vazavam e asfixiavam as pessoas. O filósofo Friedrich Schiller louvou notoriamente a difusão de canos de gás como uma maneira rápida e indolor de cometer suicídio – um "endosso" que em nada ajudou a reputação de insalubridade da iluminação a gás.

No início do século XX, a maioria das cidades tinha começado a trocar os dispositivos de gás por lâmpadas elétricas, que não tinham cheiro, não furtavam oxigênio e forneciam luz mais brilhante. As lâmpadas pareciam mais modernas também, o próximo passo lógico numa progressão: o gás de carvão tinha fornecido fogo puro sem madeira ou fumaça; as lâmpadas elétricas forneciam luz pura sem exigir o fogo.

Ainda assim, fabricantes de lâmpadas elétricas não podiam ignorar os gases em seus projetos. O filamento dentro da maioria das lâmpadas consistia numa fina tira de metal (com frequência tungstênio). A passagem da eletricidade pelo metal o faz brilhar, mas também o aquece, e na presença do oxigênio os metais quentes queimam. Para eliminar esse problema, os fabricantes começaram a bombear todo o ar para fora dos bulbos, deixando vácuo no interior. A solução de um problema, no entanto, apenas introduziu outro, pois filamentos de metal quente evaporavam lentamente em pressão ultrabaixa, enegrecendo o interior do bulbo. Por isso, hoje, a maioria das lâmpadas é evacuada primeiro e depois preenchida com nitrogênio ou outro gás inerte.

Se as lâmpadas elétricas eliminaram as chamas, alguns sistemas de iluminação modernos fazem melhor e eliminam os filamentos também. Considere a iluminação a vapor, a base das lâmpadas de rua de sódio amarelo. A iluminação a vapor difere da iluminação a gás do século XIX porque esta última envolvia uma reação química: as moléculas de metano e hidrogênio quebravam suas ligações internas, liberavam calor e luz e formavam novas substâncias. A iluminação a vapor não envolve quebra de ligações ou formação de novas substâncias; em vez disso, a eletricidade é conduzida através de um gás de átomos de sódio e os excita. Mais especificamente, são excitados os elétrons nos átomos de sódio, que começam a saltar para níveis de energia superiores e a desabar de volta logo depois. Ocorre que esses saltos e desabamentos liberam fótons de luz, que se irradiam para fora e estimulam nossos globos oculares, ajudando-nos a nos desviar daquele buraco.

A iluminação a neônio produz luz por meio desse mesmo processo de excitação de elétrons. Para fazer lâmpadas de neon, na realidade é possível usar qualquer um dos seis gases nobres, dependendo da cor que se queira. Simplesmente encha um tubo com criptônio, ou xenônio, ou outro gás nobre qualquer, conduza uma corrente através dele e proteja os olhos. Um químico francês chamado Georges Claude vendeu o primeiro anúncio luminoso de neon para um barbeiro em Paris, em 1912, e logo depois um cartaz anunciando vermute no topo de um edifício. Isso levou a um serviço de iluminação do saguão da Ópera de Paris, além de outras encomendas. A iluminação a neon não decolou exatamente depois disso – Claude quase abriu falência nos anos 1920, mas ele morreu nos anos 1960, muito, muito rico. Curiosamente, muitos dos primeiros computadores e calculadoras usavam luzes neon em seus monitores, porque elas demandam menos energia que as lâmpadas tradicionais e não ficam superaquecidas tão facilmente.

Nos tempos anteriores à iluminação onipresente, as pessoas às vezes chamavam a luz artificial de "luz emprestada". Parece uma expressão estranha hoje, como se tivéssemos de furtar fragmentos de luz solar e contrabandeá-los para o escuro. Atualmente, claro, nós nos preocupamos mais em manter a luz *ausente* à noite. Queixamo-nos da poluição luminosa que arruína nossa visão das estrelas e nos afligimos com os postes de luz lá fora, perturbando uma boa noite de sono. Essa é uma transformação que teria deixado nossos ancestrais pasmos: a própria escuridão tornou-se uma mercadoria preciosa no mundo moderno.

PARTE III

Fronteiras

Os novos céus

Uma pessoa que vivesse no ano 1600 não teria se sentido tão deslocada no início do século XVIII. Mesmo o início do século XIX talvez não lhe tivesse parecido estranho demais. Mas salte à frente mais cem anos, até o século XX, e ela ficaria muito intrigada. Arranha-céus de aço tinham se erguido de repente muito acima dela. Barcos a vapor haviam revolucionado o comércio e as viagens. Até a distinção entre o dia e a noite, o mais básico princípio organizador na vida humana, tinha erodido. Os gases desempenharam um importante papel em cada avanço, provando que o ar moldou muito mais que nossa biologia básica – ele moldou a civilização humana também.

Nas últimas décadas a relação entre seres humanos e ar mudou mais uma vez. O ar que nosso amigo de 1600 respirava não é o mesmo que respiramos hoje; o desenvolvimento industrial mudou sua composição química. Nossa concepção mental do ar mudou de maneira ainda mais drástica: só recentemente os cientistas começaram a avaliar quão complexa é nossa atmosfera, rivalizando com o cérebro humano tanto em sua complexidade quanto na fragilidade. Até agora, este livro se concentrou no modo como a atmosfera moldou os seres humanos. Agora temos de inverter as coisas, e encarar a maneira como nós, seres humanos, moldamos a atmosfera.

7. Os efeitos secundários da precipitação radioativa

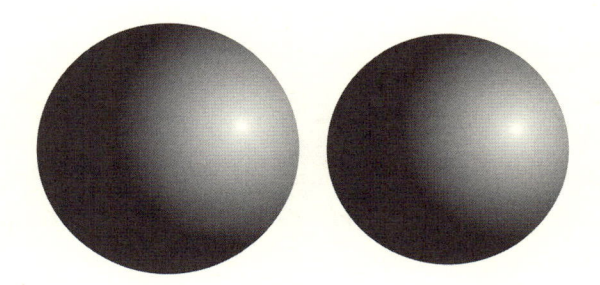

Iodo-131 (I)* e estrôncio-90 (Sr) – atualmente zero parte
por milhão no ar (se você tiver sorte!).

JÁ FOI MUITO ESQUISITO ver uma porca nadando no Pacífico Sul. E para os
marinheiros que a encontraram, foi ainda mais surreal, considerando-se
que eles tinham acabado de destruir a laguna com uma bomba nuclear.

Em contraste com o ultrassecreto Projeto Manhattan, as Forças Armadas vinham alardeando a Operação Crossroads havia meses. Conduzida
em julho de 1946 ao custo de US$100 milhões (US$1,2 bilhão atualmente),
a Crossroads era o maior experimento científico realizado até então – embora "experimento" sugira um nível de refinamento que faltava um pouco
aqui. A Marinha basicamente planejou jogar uma bomba atômica sobre
uma frota de noventa navios e apenas ver que diabo acontecia. Ainda assim a Crossroads exigiu 42 mil marinheiros para coordenar, mais 25 mil
detectores de radiação e 457.200 metros de videoteipe – a metade do estoque mundial na época – para colher dados. O cenário foi o atol de Bikini,
um anel de ilhas de coral 4.184 quilômetros a sudoeste do Havaí. O paraíso.

---

* Níveis extremamente baixos de iodo-131 foram detectados na Europa. www.iaea.org/
newscenter/pressreleases/source-iodine-131-Europe-identified. (N.R.T.)

Cabras e ratos expostos a precipitação radioativa
e radiação durante a Operação Crossroads.

A Marinha havia tomado vários dos navios-alvo da Alemanha e do
Japão no ano anterior, inclusive o odiado *Nagato*, o navio de comando do
ataque a Pearl Harbor. De maneira controversa, a frota simulada também
incluía navios americanos que haviam lutado em campanhas importantes, como o USS *New York* e o USS *Pennsylvania*. (Oficiais removeram os
sinos e os aparelhos de chá de cada navio, que tinham valor sentimental.
Deixaram as gravuras de garotas.) Após um clamor público, o Congresso
interveio e limitou o número de navios americanos a 33, mas a frota de
belonaves, couraçados e submarinos na laguna de Bikini ainda teria constituído a quinta maior marinha do mundo.

Nova controvérsia irrompeu na primavera de 1946. Primeiro, as Forças Armadas americanas expulsaram todos os 167 nativos da ilha e os
realocaram. O comandante militar local teve a audácia de chamá-los de

afortunados, comparando-os aos israelitas libertados do cativeiro no Egito e conduzidos para a Terra Prometida. (Adivinhe quem era Moisés...) Segundo, em conformidade com o tema bíblico, a Marinha levou o equivalente a uma arca de animais para Bikini e os distribuiu pelos navios-alvo, a fim de testar os efeitos biológicos das bombas atômicas. Quando isso foi anunciado, vários milhares de cartas raivosas choveram nos escritórios do governo americano. Noventa pessoas chegaram a se oferecer para tomar o lugar dos animais, inclusive o escritor E.B. White e um prisioneiro em San Quentin que disse desejar fazer algum bem à sociedade, para variar. (Algumas pessoas não propriamente caridosas sugeriram o uso de prisioneiros de guerra.) A Marinha concordou em não usar cães, mas importou 5 mil ratos, 204 cabras e duzentos porcos, entre outros animais. Para tornar o experimento mais realista, na véspera do teste os cientistas vestiram os animais maiores com uniformes militares e cortaram seus pelos no comprimento do cabelo humano. Os porcos foram escolhidos porque têm órgãos semelhantes aos nossos, enquanto várias das cabras tinham sofrido condicionamento para torná-las propensas a colapsos psicóticos;[1] em tese, isso ajudaria a determinar os efeitos psicológicos da guerra nuclear.

O grande experimento começou às nove da manhã do dia 1º de julho de 1946. Alguns minutos antes, milhares de marinheiros começaram a encher os conveses dos navios de apoio fora da laguna de Bikini. Os oficiais ordenaram que não olhassem para a explosão, mas evidentemente todos o fizeram; os mais espertos olharam com um olho só, por via das dúvidas. Uma piada que correu naquela manhã dizia que se a bomba destruíssse Bikini, eles poderiam mudar o nome da ilha para Nothing Atoll (isto é, *at all*). Ainda assim, a maioria dos homens estava nervosa: nos onze meses decorridos desde Nagasaki, nenhuma arma atômica tinha sido detonada, e a bomba adquirira uma aura quase sobrenatural no imaginário público.

O estômago dos marinheiros deu um nó quando um bombardeiro B-29, o *Dave's Dream*, apareceu no céu. Em sua barriga estava a bomba, que os pilotos tinham batizado de "Gilda" em alusão ao papel da explosiva Rita Hayworth num filme então recente. (Oficialmente, o teste da bomba era conhecido como Able.) O alvo da bomba, o USS *Nevada*, estava a 5,6 quilômetros da costa de Bikini, imprensado entre meia dúzia de outros navios. A Marinha havia pintado o *Nevada* de laranja para torná-lo fácil de reconhecer. Mesmo assim os bombardeiros erraram o alvo. Gilda detonou dezesseis metros acima da água, como era esperado, mas caiu 594 metros a noroeste do *Nevada*, perto de um porta-aviões.

O equivalente a 22,6 milhões de quilos de TNT explodiram no interior de Gilda. Os marinheiros ciclópicos viram um lampejo de luz e sentiram um rubor quente nas faces; o estrondo levou dois minutos inteiros para chegar até eles. Os animais nos navios estavam menos precavidos. A bomba vaporizou tudo nas proximidades e emitiu uma onda de choque que se espalhou como um foguete a 16 mil quilômetros por hora. Muitos animais morreram em decorrência da força concussiva, e cinco navios num raio de mil metros do "ponto zero" começaram a afundar. Absolutamente todos os animais a bordo desses navios ficaram presos e se afogaram no naufrágio. Exceto um.

Pig 311 – segundo a etiqueta numerada em sua orelha – fora vestida com um uniforme e trancada no banheiro dos oficiais a bordo do cruzador japonês *Sagawa*, a 384 metros do ponto zero. Após a explosão, parecia que um gigante tinha esmagado o *Sagawa* com sua bota; a explosão fez um buraco no lado do navio, e ele começou a afundar. De alguma maneira, porém, em meio à destruição, a porta do banheiro se abriu, e Pig 311 deu um jeito de se despir e evitar ser espetada enquanto se debatia através dos destroços e mergulhava na laguna. Um barco patrulha enviado para verificar os danos na manhã seguinte encontrou-a espumando na água, chapinhando em busca da praia. Ela tinha seis meses de idade, era branca com manchas pretas e pesava 22,6 quilos.

Apesar do resgate milagroso, os veterinários consideraram que a 311 estava nas últimas. Ela começou a perder peso e o pelo caiu. De forma mais agourenta, suas contagens de glóbulos despencaram, porque a radiação mata a medula óssea, responsável pela produção de novos glóbulos vermelhos. Com base nos sintomas vistos em outros animais expostos, o estômago e o cérebro dela começaram da mesma forma a inchar, e o fígado começou a atrofiar – doença da radiação em sua forma mais aguda. Todavia, de alguma maneira, ao longo das semanas seguintes ela se estabilizou. O pelo voltou a crescer e as contagens de glóbulos vermelhos se nivelaram, depois começaram a subir. Logo a porca começou a ganhar peso e outros sinais vitais se recuperaram. Não demorou para que parecesse normal de novo.

Os militares, naturalmente, ficaram radiantes com a recuperação. Os oficiais estavam ansiosos para minimizar a ameaça das armas nucleares, e assim que Pig 311 apareceu gorda e feliz de novo, começaram a promovê-la como heroína popular – a porquinha que desafiou a grande bomba má. E o público comprou a história. A revista *Life* publicou uma reportagem fotográfica, e um colunista que escrevia para vários jornais declarou-a "um símbolo da mente acima da matéria e do porco acima de ambas". Ela logo ganhou uma valiosa pocilga no National Zoo em Washington, DC, onde visitantes de todo o país faziam fila para vê-la. Uma porca.

A propaganda em torno de Pig 311 tinha um objetivo primordial: tranquilizar o público quanto à segurança das armas nucleares. Num grau extraordinário, funcionou. É verdade, quando voltamos os olhos para a era nuclear hoje, não podemos deixar de pensar em leite radioativo e crianças se enfiando embaixo de carteiras escolares. Mas nosso pânico nuclear não começou imediatamente. Nos anos 1940 e no início dos anos 1950, era igualmente provável que as pessoas depreciassem as armas nucleares, até rissem delas. Em vez de Hiroshima e Nagasaki, elas podiam pensar na Operação Crossroads e em Pig 311. Porque, realmente, se um porco podia sobreviver a uma bomba atômica, quão perigosa era ela?

Essa complacência condizia muito bem com o objetivo do governo dos Estados Unidos de testar o maior número de armas nucleares possível, o mais depressa que pudesse. Os militares conseguiram realizar duzentos testes durante as duas décadas seguintes, e até hoje convivemos com suas consequências: mesmo sessenta anos depois, ainda inalamos alguns dos átomos radioativos que essas bombas geraram.

O Projeto Manhattan foi mais um triunfo da engenharia que um grande avanço científico.[2] Toda a física essencial fora elaborada antes mesmo do início da guerra, e os esforços verdadeiramente heroicos envolveram não quadros-negros e heurecas, mas trabalho árduo e estafante. Considere o refinamento do urânio. Entre outras etapas, trabalhadores tiveram de converter mais de 9 mil quilos de minério de urânio bruto num gás (hexafluoreto de urânio) e depois reduzi-lo, quase átomo por átomo, a cinquenta quilos de urânio-235 físsil. Isso exigiu a construção de uma usina de US$500 milhões (US$6,6 bilhões atuais) em Oak Ridge, Tennessee, que se espalhava por 170 mil metros quadrados e usava três vezes mais eletricidade que a cidade de Detroit. Toda aquela teorização elegante sobre bombas teria dado em nada não fosse esse investimento sem precedentes.

O plutônio também não foi nenhuma brincadeira. Produzir plutônio (ele existe em pequena quantidade na natureza) provou-se tão desafiador e dispendioso quanto refinar urânio. Detonar a coisa foi uma dificuldade ainda maior. Embora o plutônio seja muito radioativo – a inalação de um décimo de um grama mata a maioria dos adultos –, a pequena quantidade de plutônio com que os cientistas em Los Alamos estavam trabalhando não sofreria uma reação em cadeia e explodiria a menos que eles aumentassem sua densidade enormemente. Plutônio metálico já é muito denso, de modo que a única maneira plausível de fazer isso era triturando-o junto com um anel de explosivos. Lamentavelmente, embora seja fácil fazer uma coisa voar pelos ares com explosivos, é quase impossível implodi-la numa forma menor de maneira coerente. Os cientistas de Los Alamos passaram muitas horas discutindo os detalhes aos gritos.

Na primavera de 1945, eles tinham finalmente esboçado um arranjo plausível para os explosivos. Mas a ideia precisava de comprovação, por isso eles marcaram a famosa Experiência Trinity para 16 de julho de 1945. A responsabilidade por armar o dispositivo – apelidado de Gadget – coube a Louis Slotin, jovem físico canadense que tinha fama de imprudente (perfeito para trabalhar com a bomba). Depois que ele escalou os trinta metros da torre Trinity e montou a bomba, Slotin e seus chefes aceitaram um recibo de US$2 bilhões por ela e partiram para observar do acampamento da base, a dezesseis quilômetros de distância.

Às 5h30 da manhã o anel de explosivos detonou e esmagou o núcleo de plutônio do tamanho de uma toranja do Gadget até ele ficar do tamanho de um caroço de pêssego. Um pedacinho no meio – berílio misturado com polônio – expulsou então algumas partículas subatômicas chamadas nêutrons, que realmente agitaram as coisas. Esses nêutrons fixaram-se a átomos de plutônio próximos, tornando-os instáveis e fazendo-os fender-se, ou rachar. Essa rachadura liberou enormes quantidades de energia: o chute de um único átomo de plutônio pode fazer um grão de areia saltar visivelmente, ainda que um átomo de plutônio seja 100 mil milhões de bilhões de vezes menor. De forma crucial, cada cisão também liberava mais nêutrons. Esses nêutrons se prendiam a outros átomos de plutônio, tornavam-nos instáveis e causavam mais fissões.

Dentro de alguns milionésimos de segundo, oitenta gerações de átomos de plutônio tinham sofrido fissão, liberando uma quantidade de energia igual a 22 milhões de quilos de TNT. O que aconteceu em seguida fica complicado, mas toda essa energia vaporizou tudo nas proximidades da bomba – a torre de metal, a areia debaixo dela, cada lagarto e escorpião. Mais do que vaporizou, realmente. A temperatura perto do núcleo se elevou tanto, a dezenas de milhões de graus, que os elétrons dentro do vapor foram arrancados de seus átomos e começaram a perambular por si mesmos, como vaga-lumes. Isso produziu um novo estado da matéria chamado plasma, uma espécie de supergás mais comumente encontrado dentro da fornalha nuclear das estrelas.

Dadas as incríveis energias envolvidas, mesmo cientistas sensatos como Robert Oppenheimer (diretor do Projeto Manhattan) haviam considerado seriamente a possibilidade de que Trinity inflamasse a atmosfera e fritasse tudo na superfície da Terra. Isso não aconteceu, obviamente, mas cada homem entre as várias centenas deles que estavam em observação naquela manhã – alguns dos quais besuntaram o rosto de filtro solar e protegeram os olhos com óculos escuros – sabia que havia desencadeado um novo tipo de inferno no mundo. Depois que Trinity se acalmou,

Oppenheimer, num comentário célebre, recordou uma frase do *Bhagavad Gita*: "Agora me tornei a Morte, a destruidora de mundos." De maneira menos conhecida, Oppenheimer também recordou algo que Alfred Nobel disse uma vez, sobre como a dinamite tornaria a guerra tão terrível que a humanidade certamente a deixaria de lado. Como esse desejo parece estranho agora, à sombra de uma nuvem em forma de cogumelo.

Depois dos ataques a Hiroshima e Nagasaki, no início de agosto, a maior parte dos cientistas do Projeto Manhattan experimentou uma sensação de triunfo. Durante os meses seguintes, contudo, as histórias que emergiram do Japão os deixaram com uma crescente sensação de repugnância. Eles sabiam que suas bombas maravilhosamente projetadas iriam matar dezenas de milhares de pessoas, obviamente. Mas os militares já tinham matado números comparáveis de civis durante os ataques aéreos com bombas incendiárias sobre Dresden e Tóquio. (Alguns historiadores calculam que mais seres humanos morreram durante as seis horas do bombardeio de Tóquio – pelo menos 100 mil – que em qualquer ataque na história, então ou depois.)

O que consternou a maioria dos cientistas em relação a Hiroshima e Nagasaki, portanto, não foi o número imediato de corpos, mas a radioatividade prolongada. A maioria dos físicos antes disso tinha uma atitude bastante despreocupada em relação à radioatividade; abundam as histórias sobre seu desdém bravateador ante os perigos envolvidos.[3] O Japão mudou isso. A precipitação radioativa resultante da bomba continuou a envenenar as pessoas por meses – matando suas células, ulcerando sua pele, transformando até o sal em seu sangue e as obturações em seus dentes em pequeninas bombas radioativas.

O general Douglas MacArthur, o comandante militar americano no Japão, acabou declarando uma censura na mídia a todas as histórias sobre os efeitos secundários da bomba. Mas MacArthur não podia suprimir os rumores, especialmente dentro da comunidade científica. Os que contavam essas histórias também não precisavam exagerar – a realidade já era péssima. (Um médico americano lembrou-se de ter entrado num pronto-socorro semanas depois e se perguntar por que todos os pacientes japoneses usavam blusas de bolinhas. Então as bolinhas começaram a se remexer. As vítimas não tinham forças para afugentar os insetos que lhes comiam a pele.) Uma série de acidentes abafados em Los Alamos em 1945 e 1946 ressaltaram os perigos da radioatividade de maneira ainda mais aguda, pois os cientistas puderam ver a destruição em primeira mão.

Os acidentes começaram com Harry Daghlian, um físico gorducho que ingressara no MIT aos dezessete anos e chegara a Los Alamos seis anos depois, em 1944. Ele trabalhava em experimentos de criticalidade, que envolviam iniciar reações em cadeia em esferas de plutônio no laboratório. Esses experimentos não teriam detonado o plutônio, pois as esferas não eram densas o bastante. Mas o trabalho não era exatamente aprovado pela Occupational Safety and Health Administration (Osha) também. Os cientistas de Los Alamos referiam-se a essa pesquisa como "fazer cócegas na cauda do dragão adormecido", e ela acontecia num cânion distante, a 6,4 quilômetros dos terrenos principais de Los Alamos, numa instalação chamada Omega Site.

Daghlian trabalhava com uma esfera de plutônio de 8,89 centímetros idêntica aos núcleos das bombas em Trinity e Nagasaki. De fato, sua esfera – apelidada de "Rufus" – teria ido parar numa bomba por volta de 20 de agosto se o Japão não tivesse se rendido e encerrado a guerra. Agora, com o conflito terminado, você poderia pensar que Daghlian de repente não tinha nada para fazer: afinal, todo o objetivo do Projeto Manhattan era derrotar a Alemanha e o Japão, e a missão fora realizada. Na verdade, porém, a carga de trabalho para algumas pessoas em Los Alamos não diminuiu muito. O governo americano tinha gasto centenas de milhões de dólares em armas nucleares e não queria desperdiçar o investimento. Mais importante, a disputa pelo poder pós-guerra já começara, e várias figuras-chave dentro do governo consideravam as bombas nucleares – em especial as bombas de plutônio – essenciais para a segurança nacional a longo prazo.

Assim, em 21 de agosto, menos de uma semana depois que a guerra acabou, Daghlian iniciou outra série de testes que faziam cócegas no dragão no edifício Omega. Para usar a terminologia do laboratório, esses testes envolviam criar um "ninho" de blocos em volta de um "ovo" de plutônio. Os blocos eram feitos de um material especial chamado carbeto de tungstênio, que tem a propriedade de refletir nêutrons muito bem. (Os nêutrons atravessam a maior parte dos materiais.) Ao empilhar os blocos em volta da esfera, Daghlian assegurava, portanto, que quaisquer nêutrons extraviados seriam refletidos de volta para o plutônio, permitindo-lhes participar das fissões. Isso efetivamente reduzia a quantidade de plutônio necessária para sustentar uma reação em cadeia. Daghlian completou um teste de empilhamento de manhã e outro à tarde, e depois foi a um colóquio naquela noite. Mas após o evento, por volta das nove horas, ele voltou ao Omega para completar uma última série. Trabalhar assim sozinho era proibido, e Daghlian já tivera um dia ocupadíssimo, mas Los Alamos era muito informal na época, e Daghlian era um sujeito afável, então o segurança o deixou entrar.

Ele primeiro pousou a esfera de 6,35 quilos num berço. Além de ser radioativo, plutônio é tóxico – quase tão repugnante quanto arsênico –, por isso a esfera estava revestida de níquel, o que tornava "seguro" manejá-la sem luvas. Os cientistas se lembram de que ela parecia sinistramente quente por causa da radioatividade latente sob o revestimento. Um deles disse que era como segurar um coelho vivo.

Com o ovo no lugar, Daghlian começou a montar o ninho de 52 refletores de carbeto de tungstênio. A cada camada, um número maior de nêutrons era rebatido de volta para o núcleo de plutônio, deixando-o mais perto da criticalidade. Com quatro camadas inteiras prontas e a maior parte de uma quinta montada, ele pegou um tijolo final e o segurou acima da esfera. Quando o fez, o alto-falante na bancada a seu lado começou a estalar. Ele estava conectado a um detector de radiação, e os estalos significavam que acrescentar mais um tijolo daria início a uma reação em cadeia. Daghlian começou a agitar o tijolo para a frente e para trás, brincando, fazendo cócegas. Satisfeito com o ruído, ele recuou – foi quando o tijolo escorregou e caiu exatamente onde não devia, bloqueando a única saída de emergência dos nêutrons. No jargão do laboratório, a esfera ficou em estado "superponto crítico". De maneira mais direta, o dragão Rufus abriu os olhos.

O estalo do alto-falante se transformou num estrondo. Uma aurora de luz azul começou a dançar em torno da esfera à medida que o nitrogênio no ar próximo era ionizado. Daghlian tentou separar o castelo de tijolos com a mão, falhou e tentou de novo, e finalmente o derrubou. Tudo ficou em silêncio. A aurora desapareceu, o alto-falante se calou. Certamente nenhum alarme soou. E afora um formigamento na mão, Daghlian sentia-se bem: ao contrário do veneno convencional, a radioatividade não causa nenhuma dor a princípio. Mas Daghlian já havia se matado, e sabia disso.

Mesmo assim foi para o hospital. Os médicos retiraram de seus bolsos as chaves e uma faca, e pediram a uma técnica para analisá-las em Los Alamos. Ela o fez, e descobriu que elas emperravam os contadores Geiger, de tão "quentes" que estavam. Os físicos calcularam mais tarde que o corpo de Daghlian fora bombardeado com o equivalente a 50 mil raios X do tórax. Sua mão direita chegou mais perto de 400 mil, e durante os dias seguintes essa mão transformou-se numa gigantesca bolha. O braço direito inchou também, e a pele ficou vermelha e descascou até o ombro, assim como a pele do rosto. (Ele sofria essencialmente de uma "queimadura solar tridimensional", tal a profundidade em que a radiação tinha penetrado em seu corpo.) Enquanto isso, tsunamis de náusea o inundavam, entrecortados por cãibras e soluços. O cabelo caía a mancheias e quilos inteiros desapareciam de seu corpo. Misericordiosamente ele entrou em coma depois de algumas semanas e morreu 25 dias após o acidente. Oficiais militares mentiram à imprensa e disseram que Daghlian tinha sucumbido a "queimaduras químicas". Em seguida fizeram um cheque de US$10 mil para a irmã e a mãe de Daghlian, a fim de silenciá-las.

Durante todo esse suplício Louis Slotin, o cientista que havia montado a bomba para a Experiência Trinity, permaneceu à cabeceira de Daghlian. Ver o colega morrer abalou Slotin e reforçou uma recente decisão que ele tomara de abandonar o trabalho com armamentos. Infelizmente, Slotin ainda tinha um ano de contrato com os militares. De forma ainda mais infeliz, o acidente de Daghlian não lhe ensinou nada em matéria de cuidado.

Slotin tinha apenas dezesseis anos quando ingressou na faculdade em Winnipeg, ainda mais jovem do que Daghlian. Ele dedicou-se ao boxe, talvez para parecer mais durão, e adotou um estilo igualmente macho de se vestir: jeans, botas de caubói, camisa aberta no peito. Depois da faculdade ele percorreu a Espanha e gostava de sugerir (provavelmente mentindo) que tinha pegado em armas na Guerra Civil Espanhola. Acabou arranjando um emprego na construção de cíclotrons em Chicago, e então caiu na armadilha da pesquisa do plutônio. Em dezembro de 1944 chegou a Los Alamos e imediatamente pediu para fazer cócegas no dragão. O grupo o recebeu bem, mas mesmo entre esses temerários ele granjeou uma reputação de afoito. Uma vez, precisando fazer alguns ajustes numa reação nuclear que ocorria num tanque de água, ele pediu à equipe de manutenção que desligasse o equipamento. Mas era sexta-feira à tarde, e a equipe lhe disse para esperar até depois do fim de semana. Quando eles voltaram, na segunda-feira de manhã, as mudanças já tinham sido feitas. Slotin desligara o equipamento? Não, ele simplesmente tirara seus jeans e as botas de caubói e mergulhara no tanque – com o reator ainda em chamas.

Slotin tinha prazer em chocar a família quando revelava seu papel na construção das bombas de Hiroshima e Nagasaki. Mas logo se desiludiu com o trabalho relativo às bombas, e depois da morte de Daghlian pediu para voltar a Chicago. Os militares disseram que ele primeiro tinha de armar as bombas para o teste de Bikini. Slotin cedeu e concordou, e também concordou em treinar seu substituto em Los Alamos, um homem chamado Alvin Graves.

As sessões de treinamento começaram, e terminaram, em 21 de maio de 1946, com uma demonstração que Slotin realizara talvez quarenta vezes antes. Ele primeiro pegou Rufus – a mesma esfera de plutônio que Daghlian usara – e pôs no berço. Agora tinha de instalar os refletores de nêutrons. Mas em vez de usar os tijolos de carbeto de tungstênio, Slotin pegou uma concha semiesférica de berílio, um refletor mais poderoso. O berílio refletia nêutrons tão bem – de fato, praticamente jogava pingue-pongue com eles – que a maioria dos cientistas tomava precauções extras ao usar as conchas. Em particular, eles sabiam que deixar a concha cair sobre a esfera de plutônio causaria uma imediata reação em cadeia, de modo que acrescentavam uma salvaguarda: empilhavam finos calços de madeira

 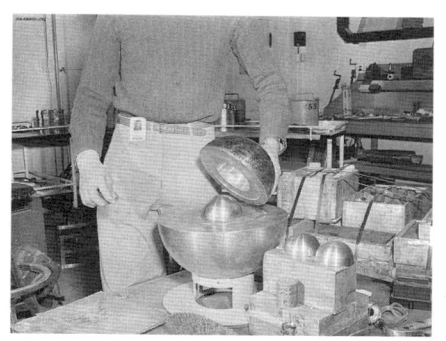

Recriação do acidente que matou Louis Slotin após o Projeto Manhattan.

em torno do perímetro da esfera. Depois eles punham o domo de berílio sobre os calços e os removiam um a um, à medida que o experimento se desenrolava. Desse modo podiam abaixar a concha lentamente e avançar pouco a pouco para a criticalidade.

Slotin não podia se dar a todo esse trabalho. Ele simplesmente apoiou uma borda da concha no berço, equilibrou-a num ângulo elegante sobre Rufus e usou uma chave de fenda para empurrar a borda oposta para cima e para baixo – indo e vindo para o limiar de uma reação em cadeia. Ao vê-lo fazer isso uma vez, Enrico Fermi o repreendera, dizendo-lhe que ele "estaria morto dentro de um ano" se não parasse com aquilo. Slotin deu de ombros.

Naquela tarde de maio, Slotin montou a demonstração em dois minutos e começou a levantar e abaixar o hemisfério. Um alto-falante próximo roncou com cliques. Graves, olhando sobre o ombro de Slotin, ficou impressionado. Um instante depois, contudo, alguma coisa aconteceu. A chave de fenda escorregou e a concha de berílio caiu com estrondo sobre o plutônio. Os oito homens que estavam na sala sentiram um pulso de calor e viram um halo de luz azul.

Slotin afastou o hemisfério com um tapa. Sua mão começou a formigar um segundo depois, e um gosto metálico inundou sua boca. Mas depois que recuperou o fôlego, ele sentiu a mesma estranha serenidade que Daghlian experimentara: sabia que tinha se matado, mas naquele momento sentia-se bem. Simplesmente deu um passo atrás e disse: "Bem, já basta."

Nesse ponto a maior preocupação de Slotin eram os outros homens ali presentes, em especial Graves. Antes de ir para o hospital, ele tentou estimar a dose de radiação que cada um absorvera usando o detector em alguns objetos que estavam perto de Rufus, inclusive um martelo e uma garrafa de Coca-Cola. Mas o próprio detector estava tão contaminado que as leituras foram inúteis. Como último recurso, Slotin parou junto à mesa de uma "calculista" – uma perita em cálculos – e lhe pediu que estimasse a dose de alguém parado onde Graves estivera. (Segundo cálculos modernos, Slotin absorveu o equivalente a 200 mil raios X do tórax; Graves absorveu "apenas" 35 mil, sobretudo porque o corpo de Slotin lhe servira de escudo.) Estranhamente – porque Slotin estava atordoado ou porque ele não a conhecia –, a calculista para quem ele pediu que fizesse as contas era a mulher de Graves, Elizabeth, que só soube a razão daquilo horas depois.

Slotin trabalhava com o mesmo núcleo de plutônio que Daghlian. Era o mesmo dia do mês, 21, do acidente de Daghlian, e era também uma terça-feira. E quando Slotin chegou ao hospital, os médicos o puseram na mesma cama do mesmo quarto – e o viram morrer a mesma morte atroz, enquanto seu corpo literalmente se desintegrava. Nove dias depois eles despacharam o cadáver de avião para casa, em Winnipeg, num caixão revestido de chumbo.

As mortes de Daghlian e especialmente de Slotin – o "mais experiente montador de bomba" do mundo, como ele gostava de alardear – chocaram o mundo da física nuclear e provocaram um racha na comunidade. Alguns físicos já se sentiam culpados pelo que tinham provocado com a bomba atômica. Agora, com colegas morrendo, o remorso se convertia em completa oposição às armas nucleares. Mas alguns cientistas raciocinavam de outra maneira. A iminente Guerra Fria parecia assumir uma magnitude muito, muito maior para eles que a vida de qualquer homem isolado. A própria civilização estava em jogo, e eles viam a morte de um colega como um corajoso sacrifício. Esses belicistas logo incluiriam o homem que olhava sobre o ombro de Slotin no dia do acidente, Alvin Graves.

Depois de ter matado Slotin e Daghlian, os cientistas pararam de chamar aquela maldita esfera de plutônio de Rufus e começaram a se referir a ela como "núcleo do demônio". Para nós, hoje, pode parecer insensível, se não maluco, continuar usando o demônio em outros experimentos, mas o plutônio era então a substância mais valiosa da Terra, e os militares não estavam dispostos a jogar fora o equivalente a milhões de dólares. Assim, pouco depois que Slotin morreu, o núcleo do demônio foi despachado de avião para o Pacífico Sul e acabou dentro de uma das bombas na Operação Crossroads.

Incrivelmente, as Forças Armadas americanas quiseram vaporizar algumas das ilhas Galápagos com as bombas da Crossroads. Eles finalmente se decidiram por Bikini, apesar do espaço limitado, do ecossistema frágil e dos ventos imprevisíveis (prenunciando um alerta).

O teste Gilda/Able em 1º de julho foi a quarta explosão atômica na história; a quinta ocorreu três semanas depois, no teste Baker, em 25 de julho. (A bomba com o núcleo do demônio teria sido a sexta, mas os militares cancelaram o teste e de maneira muito pouco cerimoniosa decidiram fundir o núcleo e reciclar o plutônio para uso em outras bombas.) A bomba Baker, apelidada de Helen de Bikini, não gozou de grande parte do drama pré-detonação: em vez de ser jogada de um avião, ela explodiu a 24 metros de profundidade, debaixo d'água, para simular um ataque de surpresa a uma frota. Mas os efeitos especiais pós-detonação compensaram isso sobejamente. Dentro de dez milissegundos o centro da laguna iluminou-se como um diamante, refulgente de luz, e 85 mil metros cúbicos de água vaporizaram-se (James Watt teria ficado boquiaberto). Além disso, 7,5 milhões de litros se elevaram velozmente na maior fonte que o mundo já viu, com 610 metros de diâmetro e 1.828 metros de altura. Nove navios afundaram imediatamente, matando mais porcos, cabras e ratos. A frota sobrevivente foi encharcada com o que um estudo chamou de uma "infusão de bruxa" de água radioativa.

O teste nuclear Baker perto do atol de Bikini, em 25 de julho de 1946.

Apesar do encharcamento, a Marinha tentou recuperar esses navios restantes e salvar quaisquer animais que eles contivessem. Como? Embarcando neles milhares de marinheiros para lavar os conveses. Uma boa esfregada com lixívia, imaginavam os almirantes, e uma nova camada de tinta liquidariam qualquer radioatividade desagradável. Quando esse plano fracassou – os contadores Geiger a bordo continuavam apitando –, os almirantes ficaram chocados. Podia o plutônio realmente resistir a uma caiação? Finalmente a Marinha admitiu a derrota e abandonou ou vendeu como sucata sessenta dos noventa navios. (Vários continuam até hoje afundados na laguna, um país das maravilhas submerso para polvos, peixes e mergulhadores.) De maneira ainda mais preocupante, após recolher os animais, a Marinha observou um número crescente de problemas de saúde entre eles: sofriam da mesma fadiga, perda de peso e contagem baixa de glóbulos vermelhos que Pig 311, mas nunca melhoraram.

Em geral o público permaneceu na ignorância em relação a esses problemas de longo prazo. A maioria dos repórteres deixou Bikini imediatamente depois que as bombas explodiram, minimizando a ameaça das armas atômicas nos relatos que apresentaram. Como foi mencionado, as bombas atômicas tinham obtido poderes quase mitológicos na mente das pessoas desde Hiroshima e Nagasaki. No início de 1946 cientistas militares tiveram realmente de emitir declarações assegurando ao público que, apesar de rumores em contrário, os testes de Bikini não iriam "destruir a gravidade" ou "romper o fundo do mar e deixar toda a água escorrer pelo buraco". Assim, quando Gilda e Helen não marcaram o início do Apocalipse – e de fato deixaram vários navios flutuando na laguna –, os repórteres zombaram. Eles começaram a não levar as bombas atômicas a sério, escarnecendo delas como "coisas claramente superestimadas". (Um radialista afirmou ter feito uma gravação clandestina da explosão de Gilda, e em seguida pôs um ridículo pipilo de frango no ar.) Poucos fizeram alguma reportagem posterior ou consideraram a possibilidade de que o verdadeiro perigo fosse invisível.

Ao tomar essa posição, os repórteres estavam também dizendo ao público o que este ansiava ouvir. Chame isso de covardia, chame de natureza humana, mas depois de vários milhões de mortes e 44 meses de guerra em dois continentes – e depois mais um ano de histórias histéricas sobre a bomba, para coroar –, a maioria das pessoas queria simplesmente levar a vida, não continuar a se afligir. O anticlímax em Bikini lhes deu até permissão para rir um pouco. Pessoas deram festas com bolos de pão de ló em formato de cogumelo. Boates gabaram-se de seus dançarinos vestidos com "bombas anatômicas". E estilistas franceses, *naturellement*, lançaram um maiô de duas peças tão compacto e perigoso, eles insinuavam, quanto as armas em Bikini.

Essa apatia permitiu que o governo dos Estados Unidos continuasse a testar as bombas – num programa que se acelerou depois que a União Soviética detonou sua primeira

Bolo imitando uma nuvem
em forma de cogumelo.

arma nuclear, em 1949. Os locais de teste americanos situavam-se quase de uma costa à outra, tão a noroeste quanto as ilhas Aleutas e tão a sudeste quanto o Mississippi. A maior parte dos testes ocorreu em Nevada.

Muitos desses primeiros ensaios concentraram-se numa única questão: quão bem a casa americana média resistiria a uma explosão nuclear de um megaton. Não muito bem, pelo que se revelou. Para realizar esses testes, os cientistas ergueram fileiras de casas e fachadas de lojas no deserto de Nevada, que batizaram alegremente de Cidade da Sobrevivência. (As vias locais tinham apelidos mais lúgubres: rua da morte, travessa do Desastre, rua do Dia do Juízo.) Cada casa estava abastecida com móveis e comida, bem como manequins simulando as atividades diárias de uma família, como dormir, brincar com o bebê ou receber os amigos bebendo e ouvindo música.

Ficou bastante claro desde o princípio que não sobreviveria muita coisa na Cidade da Sobrevivência. Sempre que as bombas explodiam, construções num raio de algumas centenas de metros do ponto zero se esfacelavam em cinzas. Casas mais distantes podiam continuar de pé, mas a maior parte dos manequins dentro delas era queimada e estilhaçada; alguns manequins de crianças foram decapitados. Com resoluto otimismo, contudo, os cientistas militares anunciaram que as coisas não tinham sido tão más. Eles até desencavaram algumas geladeiras do entulho e cozinharam os morangos, as empadas de frango e as batatas fritas congeladas que estavam nelas para um grupo de foco, a fim de mostrar como as pessoas podiam viver no período subsequente à explosão da bomba. Os comensais declararam a refeição deliciosa.

Funcionários da área da saúde também disseram muitas tolices ao público. Um médico sugeriu que, longe de causar dano ao corpo, a radioatividade de fato "estimulava os espermatócitos". Acrescentou que "o plutônio, depois do álcool, é provavelmente uma das melhores coisas da vida", e afirmou que o usava em seu pó dentifrício. Um psicólogo de Harvard declarou que a maior ameaça que a humanidade enfrentaria após um ataque nuclear não seria, digamos, milhões de mortes ou o colapso das civilizações, mas o excesso de sexo fora do casamento entre os sobreviventes.[4]

Ao mesmo tempo, porém, circulavam notícias perturbadoras sobre os efeitos no longo prazo e mais insidiosos das armas nucleares. Cânceres de ação rápida, como leucemia, já estavam dizimando Hiroshima e Nagasaki. Cientistas do Projeto Manhattan, agora espalhados pelo país, começaram a comentar os casos de Slotin e Daghlian nas bancadas de laboratório e nos almoços de docentes. Até Pig 311, embora vivendo em alto estilo no National Zoo, revelou-se estéril. Ela também engordou muito, chegando a 272 quilos, e morreu em 1950, com quatro anos e meio, bastante jovem para um porco. Talvez a radiação não fosse uma das boas coisas da vida.

Pior, uma assustadora palavra nova entrou no vocabulário nacional no início dos anos 1950: precipitação. A maior parte da precipitação radioativa dos testes de armas dos Estados Unidos se depositou no deserto de Nevada, e o governo a monitorou cuidadosamente. Mas de início o governo não tinha nenhum programa nacional de detecção, porque os cientistas não se davam conta de que as nuvens em forma de cogumelo podiam transportar poeira radioativa até níveis elevados da atmosfera, onde os ventos a dispersavam amplamente. De fato, as primeiras pessoas a perceber quão extensamente a poeira radioativa se espalha foram os funcionários da Eastman Kodak, os quais descobriram que parte do material de embalagem que usavam para as remessas era radioativa. Ele era feito de palha de milho reciclada do sudoeste de Indiana, e estava se soltando a taxas altas o suficiente para estragar caixotes inteiros de filme.

Nuvens de poeira radioativa consistiam em vários tipos de partículas. De início, as próprias nuvens eram por vezes coloridas de vermelho em razão de todos os gases de óxido de nitrogênio que se formavam no calor das explosões nucleares. Mas o material realmente perigoso era invisível: átomos radioativos isolados, trapaceiros, que apareciam quando o plutônio sofria fissão em fragmentos, de antimônio-125 a zircônio-97. A fissão do plutônio também liberava nêutrons que se prendiam firmemente a moléculas antes inofensivas, como N_2, e as tornavam radioativas. Essas espécies radioativas migravam por milhares de quilômetros em correntes de ar de alta altitude, assentando-se por si mesmas ou sendo presas pelas tempestades e atingindo as cidades desavisadas – Albany, em Nova York, ou Minot, em Dakota do Norte – em centros de intensa atividade nuclear. Contrariando a lógica, as chuvas torrenciais eram na realidade menos perigosas, pois produziam mais escoamento e carregavam a radioatividade; enquanto isso, as garoas permitiam que as partículas radioativas se fixassem.

O mundo nunca tinha conhecido ameaça semelhante à poeira radioativa. Fritz Haber, durante a Primeira Guerra Mundial, também tinha transformado o ar em arma, mas, depois de uma boa brisa forte, os gases de Haber em geral não nos faziam mal. A poeira radioativa fazia – ela persistia por dias, meses, anos. Na época, um escritor registrou a angústia de olhar para cada nuvem que passava e se perguntar que perigos ela podia encerrar. "Nenhuma previsão do tempo desde aquela dada a Noé", disse ele, "transmitiu tanto mau presságio para a raça humana."

Mais que qualquer outro perigo, a precipitação radioativa arrancou as pessoas de sua complacência em relação às armas nucleares. No início dos anos 1960, átomos radioativos (de testes soviéticos e americanos) tinham semeado cada centímetro quadrado da Terra; até pinguins da Antártida tinham sido expostos. As pessoas ficaram especialmente horrorizadas ao saber que a precipitação radioativa atingia as crianças de forma mais intensa. Um produto da fissão, o estrôncio-90, tendia a assentar em estados produtores de grãos do Meio-Oeste, onde as plantas o absorviam pela raiz. Em seguida ele começava a viajar pela cadeia alimentar acima, quando as vacas comiam capim contaminado. Como se situa abaixo do cálcio na tabela periódica, o estrôncio se comporta de maneira semelhante em reações químicas. Assim, o estrôncio-90 acabava concentrado no leite rico em cálcio – que depois ficava concentrado nos ossos e dentes das crianças quando elas o ingeriam. Um cientista nuclear que tinha trabalhado em Oak Ridge e depois se mudara para Utah, a sotavento de Nevada, lamentava que seus dois filhos tivessem absorvido mais radioatividade em alguns anos no Oeste do que ele em dezoito anos de pesquisa da fissão.

Mesmo patriotas inflamados, mesmo belicistas que consideravam a União Soviética a maior ameaça à liberdade que o mundo já vira, não eram exatamente favoráveis a se pôr radioatividade nos dentes de crianças. A pura inércia permitiu que os testes nucleares continuassem por um período, mas no final dos anos 1950 os cidadãos americanos começaram a protestar em massa. O grupo ativista Sane publicou anúncios que diziam "Nenhuma contaminação sem representação", e depois de um ano de sua fundação em 1957, tinha 25 mil integrantes. Estudos detalhados de padrões meteorológicos logo corroboraram a argumentação, pois os cientistas compreendiam agora com que rapidez os poluentes podiam se espalhar por toda a atmosfera. A cultura pop interveio também, com Homem-Aranha, Hulk e Godzilla – cada um a vítima de um acidente nuclear – debutando durante essa era.[5] Os vários protestos culminaram na assinatura pelos Estados Unidos, União Soviética e Grã-Bretanha de um tratado para cessar todos os testes nucleares atmosféricos em 1963. (A China continuou até 1974, a França, até 1980.) E embora isso pareça história antiga – afinal, JFK assinou o tratado de proibição –, ainda estamos lidando com os efeitos secundários da precipitação radioativa hoje, e de várias maneiras.

EM PRIMEIRO LUGAR, apenas para dar o contexto, cabe observar que não há nada de intrinsecamente mau na radioatividade. Se você for uma dessas pessoas que comem comida e bebem água, já consome radioatividade de fontes naturais, não relacionadas à precipitação radioativa – no mínimo quatro raios X do tórax por ano. (Para ser claro: não é que seu alimento libere raios X por si mesmo; mas os diferentes tipos de radioatividade no alimento causam a mesma quantidade de dano a seu tecido que quatro raios X.)[6] Há radioatividade nas castanhas-do-pará, no café, na carne vermelha. Bananas contêm potássio-40 radioativo suficiente para que os grandes carregamentos por vezes façam disparar os detectores de radioatividade nos portos marítimos. Os cientistas nucleares chegaram até a definir uma imaginativa medida de radioatividade cotidiana chamada BED (de *banana equivalent dose*).

(A propósito, todo esse potássio-40 – tanto em bananas quanto na crosta da Terra em geral – decai gradualmente produzindo argônio e vaza no ar. Isso explica por que esse gás nobre casual é tão comum na atmosfera: o potássio radioativo está constantemente fabricando-o.)

Por falar em ar, quando respira, você inala vinte vezes mais raios X do tórax em radioatividade por ano, sobretudo o radônio. Temos raios cósmicos com que nos preocupar também, ondas de partículas subatômicas que se originam no espaço profundo e bombardeiam nosso planeta em números inimagináveis (até 10 mil por metro quadrado por segundo em alguns pontos). A atmosfera filtra a maior parte dos raios cósmicos, mas, como o ar é mais rarefeito em altitudes maiores, você se expõe a mais desse granizo nuclear toda vez que faz um voo através do país ou visita Denver.

Eu poderia continuar. Detectores de fumaça liberam partículas alfa, aparelhos de televisão antigos liberam raios X. Areia higiênica para gatos exsuda urânio, assim como revistas de capas lustrosas e elegantes bancadas de granito. E uma vez que você não sofre uma síncope cada vez que limpa a caixa de areia do Sr. Bigodes, provavelmente vai deduzir que não há necessidade de se preocupar com a radioatividade cotidiana. Você teria de comer 20 milhões de bananas para induzir um envenenamento por radiação, 80 milhões para morrer. Toda essa conversa sobre dezenas de raios X parece assustadora, mas lembre-se de que esse dano se distribui por um ano inteiro, o que dá às suas células tempo para se recuperar e reparar qualquer dano.

Assim, quanta radioatividade prolongada inalamos a cada ano em decorrência dos testes de armas atômicas? Anticlímax: cerca de um décimo do equivalente a um exame de raios X. Isso encurtará a vida da pessoa média em 1,2 minuto. Estatisticamente, quatro tragadas num cigarro causam dano maior.

Antes que você solte uma risadinha de "grande coisa", porém, considere algo. Raios cósmicos naturais muitas vezes produzem carbono-14 radioativo no ar. O carbono-14 se prende ao oxigênio para formar CO_2 radioativo, que por sua vez é absorvido por plantas e começa a avançar pela cadeia alimentar acima. Há cerca de 1 milhão de bilhões de átomos desse carbono radioativo dentro de você neste momento, e ele está constantemente passando para suas células. Embora não de maneira avassaladora, esses átomos de fato danificam e provocam mutações no DNA, e o resultado pode ser câncer.

Com isso em mente, considere agora o fato de que os testes atmosféricos de bombas quase duplicaram a quantidade de carbono-14 no ar entre 1950 e 1963, acrescentando mais de 450 bilhões de quilos. Essa concentração ainda não caiu para o nível normal, e não o fará por milhares de anos. Por isso, você tem mais chance de sofrer de câncer do que teria antes, mesmo que tenha nascido depois do tratado que baniu os testes. Quanto mais? Dependendo das suposições que você faça, o carbono-14 extra estava induzindo entre 100 mil e 1 milhão de mutações extras do DNA por pessoa por dia ainda em 1990. Certamente a taxa normal de mutações do corpo supera isso por várias ordens de magnitude, e a maior parte do dano será logo reparado. Mas não todo. No mundo inteiro, os cientistas estimam que sofreremos vários milhões de casos de câncer relacionados ao carbono-14 em consequência de armas nucleares, inclusive 2 milhões de mortes extras por câncer, no fim das contas – estando a maioria delas ainda por vir. (Lembre-se, também, de que isso é relativo apenas ao carbono-14; outras espécies radioativas continuam flutuando à nossa volta também, entrando e saindo das nossas células.) Tudo isso ajuda a relativizar aquela estatística de 1,2 minuto. Ela é precisa, mas é uma *média*. A maioria das pessoas perderá zero minuto. Mas milhões de pessoas perderão muito mais que oitenta e poucos segundos.

Nessa mesma linha, é um tanto enganoso comparar a absorção de uma quantidade X de radioatividade gradualmente e em pequenas quantidades ao longo de um ano inteiro com a absorção de uma quantidade X de radioatividade num único grande gole de exposição à precipitação radioativa, pois grandes goles causam mais dano. Os marinheiros que trabalharam nos testes da bomba em Bikini morreram, em média, três meses mais cedo que as pessoas em grupos de controle, o que não é tão insignificante. Pessoas que nasceram durante o baby-boom de 1946-1964 enfrentam riscos graves, também, uma vez que eram crianças que viveram durante o auge dos testes nucleares.

Como exemplo, considere minha mãe, que teve vários golpes demográficos contra ela. Cresceu nos anos 1950, no Iowa rural, que foi salpicado de concentrações de precipitação radioativa muito maiores que centros populacionais ao longo da costa. (Crianças em Utah, Montana e Idaho foram as mais prejudicadas, em razão dos ventos vindos de Nevada. Nos Estados Unidos continentais, as crianças em Los Angeles foram as mais beneficiadas, porque ventos vindos de Nevada raramente sopravam naquela direção.) A maior parte da exposição de minha mãe deve ter vindo da ingestão de leite contaminado com estrôncio-90 e, pior, iodo-131, outro produto comum da fissão. Como o estrôncio, o iodo é absorvido por plantas e concentrado em leite de vaca; leite materno também contém quantidades consideráveis, assim como queijo cottage, ovos e vegetais folhosos. E embora o estrôncio-90 pelo menos se distribua por todo o corpo, o iodo-131 se concentra na glândula tireoide, bombardeando esse órgão do tamanho da língua com partículas radioativas. O iodo-131 decai rapidamente, tendo meia-vida de oito dias. Mas a nuvem avermelhada de poeira radioativa levou apenas alguns dias para se deslocar de Nevada a Iowa. A família de minha mãe agravava o problema tomando às vezes leite fresco da vaca no quintal de seus primos, em vez de leite comprado em loja, que passa alguns dias na prateleira e dá tempo ao iodo-131 para decair. Com base em números fornecidos pelo governo dos Estados Unidos, é provável que a glândula tireoide de minha mãe tenha absorvido cinco vezes mais iodo-131 que a do americano típico na época e mil vezes mais do que eu jamais absorveria (bata na madeira). Alguns de seus pares no Oeste absorveram pelo menos quinze vezes a média, possivelmente mais.

Quais são então as consequências médicas de tudo isso? Geneticistas temiam um surto de bebês mutantes entre os que receberam os ventos de Nevada nos anos 1950, mas isso nunca aconteceu. Para que uma criança herde uma mutação, o DNA no óvulo da mãe e/ou no esperma do pai tem de estar alterado, mas o estrôncio-90 e o iodo-131 não se congregam perto das gônadas, felizmente. A real preocupação, novamente, é o câncer. Com base em taxas anteriores a 1950, os médicos calcularam que pessoas que cresceram nos anos 1950 nos Estados Unidos deveriam apresentar cerca de 400 mil casos de câncer de tireoide durante a vida. O iodo-131 radioativo será responsável por provavelmente 50 mil casos a mais. As taxas para outros cânceres também vão aumentar.

Não esqueçamos que pessoas fora dos Estados Unidos também sofreram, especialmente os pobres ilhéus de Bikini. As Forças Armadas americanas tinham expulsado todos os 167 nativos em 1946, com a promessa de que poderiam voltar dentro de alguns anos. Lamentavelmente, Gilda e mais tarde Helen contaminaram os peixes de que eles dependiam para se alimentar. (Biólogos recuperaram em 1946 um peixe que estava radioativo o bastante para tirar raios X de si mesmo: apenas o jogaram sobre um pedaço de papel fotográfico, e um contorno dele apareceu algumas horas depois.) Após a evacuação, os nativos subsistiram a duras penas num atol próximo que carecia de água potável e de zonas de pesca, ficando na penúria e inteiramente dependentes dos militares americanos para obter provisões. Embora alguns americanos tivessem comparado a remoção inicial à condução dos israelitas para o paraíso, um líder de Bikini chamado Judah observou, muito mais acertadamente, que a situação deles agora lembrava os israelitas vagando no deserto. Eram nômades nucleares.

Eles ainda poderiam voltar para Bikini alguns anos depois, se os Estados Unidos não tivessem começado a testar ali bombas maiores e piores chamadas Supers. Como muitos dos experimentos de Alfred Nobel, os Supers eram dispositivos de dois estágios. Primeiro vinha a explosão de uma fissão de plutônio. Os raios X produzidos por essa explosão excitavam uma provisão próxima de átomos de hidrogênio, que começam a se fundir em hélio. Essa mesma reação básica de fusão fornece energia ao Sol, liberando montes e mais montes de energia em pequeninas frações de segundo. Em 1º de março de 1954, as Forças Armadas dos Estados Unidos soltaram esse inferno celestial em Bikini no famigerado teste Castle Bravo.

O diretor científico de Bravo não foi outro senão Alvin Graves, o homem que espiava sobre o ombro de Louis Slotin no dia do segundo acidente com o núcleo do demônio. Graves mal se recuperara do suplício e suportara uma dolorosa convalescença: depois de sair do hospital, ele dormia dezesseis horas quase todos os dias, e sua contagem de esperma caiu a zero durante algum tempo. Apesar disso, tanto Graves quanto sua mulher (que calculara alegremente a absorção que ele teria suportado) apoiavam apaixonadamente as armas nucleares. Talvez tinham de fazê-lo, para justificar tudo que tinham sofrido.

Em 1954 Graves tivera dois filhos e, embora seus olhos estivessem toldados por cataratas, ele voou para Bikini a fim de dirigir o teste Bravo.[7] As coisas desandaram desde o início. Para começar, a bomba liberou muito mais energia que o esperado, o equivalente a 1,3 bilhão de quilos de TNT – 650 vezes a produção de Helen. Pior, apesar de um tempo instável naquela manhã, Graves ordenou que a detonação seguisse em frente, e um vento ganhou força exatamente no momento errado, levantando a nuvem de poeira radioativa e empurrando-a para cima de um grupo de ilhas a leste de Bikini.

As tribos nessas ilhas viram uma gigantesca bola de fogo vermelha explodir no horizonte às 6h45 da manhã – um nascer do sol na direção errada. Algumas horas depois uma cinza branca e salgada começou a cair. Dentro de um dia, ilhas a 240 quilômetros de distância haviam recebido rajadas dessa "neve de Bikini", e as crianças do lugar (que nunca tinham visto neve de verdade e não tinham ideia da estupidez que faziam) começaram a brincar com ela e a comê-la. Além disso, 23 pescadores de atum japoneses, num barco não tão afortunado chamado *Lucky Dragon*, penetraram na nevasca também. Alguns dias depois, pescadores e ilhéus se queixavam de dores de cabeça, náusea, fadiga e erupções na pele, e seu cabelo começara a cair. As crianças nos atóis mais próximos absorveram acima de cem vezes mais precipitação radioativa que os piores casos americanos – o equivalente a cerca de 10 mil raios X do tórax de uma só vez. Numa ilha, quinze entre dezenove crianças desenvolveram tumores na tireoide antes dos 21 anos. Duas perderam inteiramente a função da glândula e pararam de crescer; uma morreu de leucemia. Todo esse sofrimento por causa de um desgraçado vento leste.

A verdade sobre as condições meteorológicas perto de Bikini naquela manhã continua envolta numa nuvem em forma de cogumelo até hoje. Alguns insistem em que um fanático Graves ordenou que o teste prosseguisse mesmo sabendo que o vento empurraria a poeira radioativa para cima dos ilhéus. Outros dizem que uma equipe de meteorologistas militares errou em suas previsões. Outros, ainda, que a combinação de uma bomba maior que o esperado com ventos turbulentos tornou o trabalho de previsão quase impossível. Talvez fosse a combinação dessas três coisas. Ainda assim, suspeito que a terceira explicação está mais próxima da verdade. O conhecimento sobre o comportamento das frentes meteorológicas era muito limitado nos anos 1950 e contribuiu para a indiferença inicial em relação à precipitação radioativa. Como veremos no próximo capítulo, nossa atmosfera é um dos sistemas físicos mais complicados que existem, e mesmo em nossa era de supercomputadores e superbombas, previsões do tempo verdadeiramente precisas continuam vagas. Não deveria ser assim. Afinal, frentes meteorológicas não passam de bolsões de gases quentes ou frios fluindo pela superfície da Terra.

Interlúdio: Albert Einstein e a geladeira do povo

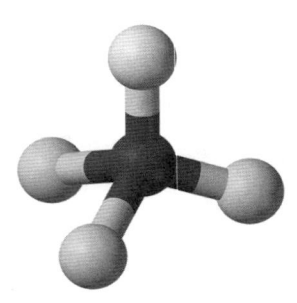

Diclorodifluorometano (CCl_2F_2) – atualmente
0,00054 parte por milhão no ar; você inala
7 trilhões de moléculas cada vez que respira.

MUITA GENTE SABE que o trabalho com armas nucleares permitiu o desenvolvimento dos primeiros computadores eletrônicos. Mas não é menos verdade que a humilde geladeira, de maneira indireta, permitiu o desenvolvimento da primeira bomba atômica.

Enquanto lia o jornal uma manhã, em 1926, Albert Einstein quase engasgou com o pão.[1] Uma família inteira em Berlim, incluindo várias crianças, tinha morrido sufocada algumas noites antes quando uma vedação na geladeira se rompeu e gás tóxico inundou o apartamento. Angustiado, o físico de 47 anos telefonou para um jovem amigo seu, o inventor e cientista Leó Szilárd. "Deve haver uma forma melhor", rogou Einstein.

Szilárd ("Sil-ard"), um homem atarracado de 28 anos, impressionara Einstein pela primeira vez seis anos antes, ao provar que ele estava errado sobre certo ponto científico (isso não acontecia com frequência). Szilárd também levava jeito para transformar ideias esotéricas em engenhocas úteis. Anos depois ele se tornou uma espécie de Thomas Alva

Edison da física de alta energia, esboçando o primeiro microscópio de elétrons e um acelerador de partículas; em parte ele e Einstein tinham se ligado devido ao amor por esses dispositivos mecânicos. (Embora teórico e um tanto distraído, Einstein vinha de uma família que gostava de mexer com máquinas – seu tio Jakob e seu pai, Hermann, tinham inventado novos tipos de lâmpada de arco voltaico e contadores de eletricidade – e ele tinha trabalhado na agência suíça de patentes por sete anos.) Assim, quando Einstein ligou para Szilárd naquela manhã, os dois concordaram em colaborar e construir uma geladeira melhor, mais segura.

Isso não era tão estranho quanto parece: no meio século anterior, a refrigeração tornara-se uma ciência séria. O estudo da termodinâmica e do calor levara ao conceito de zero absoluto – a mais fria temperatura possível –, e vários laboratórios no mundo todo apostavam corrida para chegar ao fundo do termômetro. Parte da melhor ciência girava em torno de tentativas de liquefazer certos gases: nitrogênio, oxigênio, hidrogênio, metano, monóxido de carbono e óxido nítrico. Durante todo o século XIX esse sexteto – os chamados gases permanentes – tinha resistido a todos os esforços para liquefazê-los (daí o nome). Essa obstinação tinha levado alguns cientistas a declarar que esses seis gases nunca seriam liquefeitos, que eles de algum modo se distinguiam claramente do resto da matéria. Outros diziam que isso era bobagem – que poderosos novos métodos de resfriamento iriam afinal condensá-los. Em particular, o último grupo depositava suas esperanças num engenhoso processo de resfriamento cíclico que envolvia a remoção de calor de substâncias em vários estágios.

O primeiro estágio envolvia encher uma câmara com um gás que podia ser facilmente liquefeito. Chame-o de *A*. Os cientistas primeiro comprimiam *A* com um êmbolo, depois resfriavam a câmara de compressão com um envoltório externo de água fria. Assim que *A* tinha resfriado, uma válvula se abria. Esta baixava a pressão sobre *A* e lhe permitia expandir-se para um volume maior. O ponto decisivo é que a expansão para um volume maior demanda energia e trabalho. (Da mesma forma que uma ninhada de cachorrinhos, se fechados num armário de vassouras, iria de repente despender muito mais energia se você abrisse a porta e os deixasse correr livremente pela casa.) E, nessa situação, a única energia que *A* pode utilizar para se expandir e se espalhar é sua própria reserva interna de energia térmica. Mas esvaziar sua própria reserva interna de energia térmica inevitavelmente resfriava *A* ainda mais, e por vezes o condensava num líquido por volta de −73°C.

Agora vinha a parte engenhosa. O estágio seguinte envolvia uma câmara de gás *B*, mais difícil de liquefazer. Os cientistas também comprimiam *B* com um êmbolo, para começar. Mas para o envoltório resfriador, dessa vez, em lugar de água fria, eles conduziam o líquido *A*. Isso abaixava a temperatura do gás *B* para −73°C. A abertura de uma válvula então fazia *B* se expandir, o que forçava *B* a esvaziar sua reserva interna de energia térmica. Sua temperatura mergulhava cerca de −118°C, com o que ele também se liquefazia.

O líquido *B* podia agora ser usado num outro envoltório de resfriamento para liquefazer um gás mais obstinado, *C*, e assim por diante, alfabeticamente. Esse processo que avançava sem input externo finalmente chegava a temperaturas tão baixas (cerca de −251°C) que nem os gases "permanentes" podiam resistir, e todos os seis finalmente se liquefaziam.[2] Especialmente belo era o oxigênio líquido, que tinha um brilho levemente azulado, como céu líquido.

A refrigeração de gases continuou uma mera curiosidade, contudo, até que a companhia Guinness Brewing investiu na tecnologia por volta de 1895. Antes disso, as cervejarias só produziam cerveja no inverno e a armazenavam (*Lager* significa "armazenagem" em alemão). Os refrigeradores permitiram à Guinness fabricar cerveja o ano inteiro, graças a Deus. Aplicando a tecnologia, o resto do mundo obteve refrigeradores comerciais, como o que você tem em casa agora. Todas as geladeiras modernas baseiam-se nos mesmos princípios gerais de resfriamento gasoso.

Se você desmontar os painéis internos de sua geladeira, verá uma série de tubos. Dentro dos tubos se encontra um líquido (chame-o de *Z*) com baixo ponto de ebulição. Quando as panelas e outras sobras de comida dentro da geladeira emitem calor, Z absorve o calor através das paredes da geladeira e se aquece até entrar em ebulição. O Z gasoso resultante flutua através de outros tubos, carregando o calor consigo.

Em seguida, Z entra numa câmara de compressão, que compacta o gás com um êmbolo. (O motor que aciona o compressor causa o característico zumbido das geladeiras.) O compressor então empurra o gás quente Z através de outros tubos atrás da geladeira, o que permite a Z expelir calor para o mundo exterior. Nesse ponto o gás conseguiu remover o calor de dentro da unidade e expeliu-o para trás. E depois que Z expele calor suficiente, ele se condensa de volta em líquido e passa por um dispositivo de expansão que reduz sua temperatura, resfria-o mais e completa o ciclo. Z líquido entra novamente nos tubos dentro dos painéis da geladeira, volta a ferver e recomeça a sugar calor.

Ora, um detalhe aqui pode soar suspeito. Você está fervendo um líquido (Z), portanto, tudo não deveria aquecer? Não. O *líquido* aquece, sim. Mas, num espaço fechado como o refrigerador, o líquido só pode aquecer roubando calor da sua panela: aquecer um necessariamente resfria o outro. E a fervura é de fato crucial. Você se lembra da antiga *bête noire* de Watt, o calor latente? Esse princípio diz que os líquidos, ao se converterem em gás, absorvem quantidades absurdas de energia. Nas máquinas de Watt isso era um problema, mas os refrigeradores o transformam em benefício: absorver calor e expeli-lo é exatamente o que os refrigeradores fazem, e para isso nada melhor que líquidos transformando-se em gases. (Esse mesmo processo explica por que o suor líquido, quando evapora, nos refresca num dia de verão.)

Nos anos 1920 os refrigeradores por compressão de gás tinham substituído as caixas de gelo em toda a Europa e nos Estados Unidos. Havia somente um problema. Todos esses gases usados como refrigerantes – amônia, clorometano e dióxido de enxofre – eram tóxicos e ocasionalmente matavam famílias inteiras. (O clorometano às vezes explodia, também, só por diversão.) Daí as palavras de Einstein: "Deve haver uma forma melhor." Ele sabia que o ponto fraco dos refrigeradores domésticos era o compressor, cujas vedações muitas vezes rachavam sob pressão. Assim, ele e Szilárd projetaram uma geladeira sem compressor, a chamada de geladeira de absorção.

No tipo mais simples de geladeira de absorção você começa com dois líquidos misturados numa câmara, o absorvente e o refrigerante (grave bem esses nomes). O decisivo para o projeto é que, em baixas temperaturas, essas substâncias se misturam facilmente. Mas se você elevar a temperatura – em geral aquecendo a câmara com uma pequena chama de metano – o refrigerante ferve e se gaseifica, deixando o absorvente para trás.

O gás refrigerante faz agora uma longa e tortuosa viagem. Primeiro ele flui para os tubos atrás da geladeira e expele o calor que absorveu da chama; esse passo simultaneamente resfria o refrigerante, deixando-o líquido de novo. Esse líquido flui por meio da gravidade para os painéis dentro da geladeira, onde absorve o calor de mais uma panela. A absorção desse calor faz o líquido voltar a ferver, e o gás resultante expele o calor latente, removendo-o do interior da unidade. (Em alguns projetos o gás então se dirige para outros tubos atrás da geladeira, a fim de jogar calor fora uma última vez.)

Enquanto isso, na câmara original, a chama de metano se apagou, permitindo ao absorvente ali se resfriar. Em seguida um envoltório de água fria resfria mais o absorvente. Este se resfria tanto que, quando o gás refrigerante finalmente segue seu caminho de volta para a câmara, o absorvente o condensa em líquido e o reabsorve. Você termina, portanto, onde começou, com uma mistura de dois líquidos separáveis com uma chama. Em geral, os refrigeradores por absorção e os refrigeradores regulares resfriam as coisas da mesma maneira, produzindo gases por fervura. Mas usam um processo diferente para reciclar o refrigerante.

No entanto, isso parece trapaça: uma chama esfriar minha cerveja? Mas essa é a mágica dos gases. Na realidade, a chama aqui está menos acrescentando calor que fazendo trabalho físico – separando o refrigerante do absorvente ao transformar o refrigerante em gás. E depois que você tem um gás livre no sistema, há um monte de opções. De fato, a arte da refrigeração consiste em manipular os gases para absorver energia térmica

Leó Szilárd (à direita), inventor da reação nuclear em cadeia, colaborou com Albert Einstein na invenção de vários tipos de refrigerador.

aqui, transportá-la até ali e expeli-la em algum outro lugar. Recordando Thomas Savery, você poderia chamar o refrigerador de Einstein-Szilárd de máquina para gelar água pelo calor.

A geladeira de Einstein-Szilárd na verdade usava três líquidos e gases, não dois, o que a tornava um bocadinho mais complicada que o esquema aqui esboçado. Mas o projeto deles tinha inúmeras vantagens em relação às geladeiras comuns. Sem motor, ela não fazia ruído e raramente quebrava. Também não usava nenhuma eletricidade (apenas metano) e evitava as vedações que com frequência se rompiam, quebravam e deixavam vazar o gás tóxico.

Recordando esse episódio, alguns historiadores supuseram que Einstein apenas ofereceu um conselho sobre as aplicações da patente ou usou sua celebridade para atrair os investidores, deixando o trabalho real para Szilárd. Na verdade, Einstein trabalhou arduamente no projeto, e a dupla acabou recebendo dúzias de patentes em seis países sobre diversos componentes dos refrigeradores. (Um advogado americano, ao revisar as patentes, teve de olhar duas vezes, como não é de surpreender, ao notar a assinatura de Einstein.) A dupla acabou vendendo várias patentes e recebendo um belo cheque de US$750 (cerca de US$10 mil hoje); depois eles abriram uma conta bancária conjunta, como marido e mulher. Szilárd acumulava mais US$3 mil por ano em honorários pelas consultorias que dava.

Como qualquer casal, contudo, às vezes eles entravam em conflito. Szilárd tinha um apetite de engenheiro pela complexidade e não parava de acrescentar novas válvulas e linhas resfriadoras à geladeira. Einstein, enquanto isso, aspirava à simplicidade e elegância – não menos em seus aparelhos domésticos que na física (ele teria detestado trabalhar com James Watt). A imposição de simplicidade acabou levando Einstein e Szilárd a inventar duas outras unidades resfriadoras, cada qual operando com base num diferente princípio físico. Em uma eles substituíram o êmbolo na geladeira comum por sódio derretido, que magnetos bombeavam para cima e para baixo a fim de comprimir os gases. Outro aparelho usava a pressão da água de uma torneira de cozinha para fornecer energia a uma pequena bomba de vácuo; em seguida a bomba resfriava coisas evaporando metanol. Einstein chamava este último aparelho de *Der Volks-Kühlschrank*, a "geladeira do povo".

No fim, infelizmente, nenhuma das três geladeiras de Einstein-Szilárd jamais chegou à casa de alguém. Como não é de surpreender, a bomba de sódio derretido provou-se não muito prática para uma cozinha comum (embora mais tarde tenha encontrado emprego em usinas de energia nuclear). O resfriador que usava a torneira falhou porque nos prédios de apartamentos alemães a água tinha péssima pressão, o que atrapalhava a bomba de vácuo. E geladeiras de absorção simplesmente consumiam combustível demais para competir com as de compressão; perto delas, o projeto de Einstein-Szilárd parecia uma máquina de Newcomen.

Mesmo a maior objeção às geladeiras convencionais, os gases letais, tornou-se irrelevante em 1930, com o surgimento de um gás refrigerante novo e não tóxico, o fréon (CF_2Cl_2). Em dez anos, praticamente todas as unidades domésticas tinham mudado para esse clorofluorcarbono, e a geladeira de Einstein-Szilárd foi transformada em relíquia histórica.[3] Evidentemente, o fréon tinha um problemático inconveniente. Quando as geladeiras antigas iam para o ferro-velho, o fréon vazava e subia para a estratosfera. Ali, a luz ultravioleta quebrava as ligações dos átomos de cloro na cadeia, criando radicais livres que mastigavam moléculas de ozônio com repugnante eficiência: cada radical de cloro pode destruir 100 mil de O_3 ao longo de sua vida. Essa destruição acabou abrindo um buraco na camada de ozônio que ainda existe e não se recuperará por décadas, se é que algum dia o fará. A humanidade poderia ter se poupado de muitos problemas no longo prazo investindo na abordagem de Einstein-Szilárd para resfriar água com fogo.

(Por um acaso, o químico que inventou o fréon, Thomas Midgley, também desenvolveu a primeira gasolina com chumbo em 1921. O objetivo era ajudar a conter a batida do motor, mas o chumbo na gasolina também poluía a atmosfera e danificava o cérebro das crianças em crescimento. Em menos de uma década, portanto, pode-se dizer que esse homem inventou os dois piores produtos industriais do século XX. Midgley, contudo, não viveu para ver o que tinha causado. Depois de contrair poliomielite em 1940 e perder o movimento das pernas, ele inventou um sistema de cordas e polias para se mover da cama para a cadeira de rodas. Ficou enredado nelas uma manhã em 1944 e se estrangulou.)

Terá então a geladeira de Einstein-Szilárd sido um desperdício do tempo e do talento desses homens? Não inteiramente. Einstein considerou o trabalho uma pausa revigorante em sua inútil busca de uma Teoria de Tudo. Com duas famílias para sustentar e a economia alemã esfacelando-se, ele apreciou o dinheiro extra. Szilárd precisava mais ainda do dinheiro, especialmente depois que fugiu da Alemanha nazista para Londres, em 1933 (ele era metade judeu). Passou os anos seguintes vivendo de seus ganhos com a geladeira e usou sua súbita liberdade para fazer longas caminhadas e refletir sobre qual poderia ser a próxima grande coisa na física. A resposta veio numa tarde de setembro de 1933, quando ele desceu de um meio-fio perto do Museu Britânico. Ouvira falar sobre alguns experimentos envolvendo a liberação de partículas subatômicas chamadas nêutrons. Começou a pensar sobre o que aconteceria se, digamos, um átomo de urânio se dividisse e liberasse múltiplos nêutrons. Outros átomos de urânio próximos poderiam absorvê-los, tornar-se instáveis e liberar nêutrons eles próprios quando se dividissem. Esses nêutrons secundários iriam desestabilizar mais átomos, que liberariam nêutrons terciários e assim por diante. Cada átomo que se dividisse iria também – de acordo com a famosa equação de seu parceiro de patente, $E = mc^2$ – liberar energia numa cascata cada vez maior...

Quando acabou de atravessar a rua, Szilárd tinha descoberto o princípio por trás da primeira reação nuclear em cadeia. E ao contrário de suas engenhosas geladeiras, essa invenção tornou-se excessivamente generalizada nas décadas turbulentas que se seguiriam – décadas que iriam acabar não apenas com a crença do público numa ciência benevolente, mas com a crença dos cientistas num Universo arrumado, organizado, previsível.

8. Guerras meteorológicas

Iodeto de prata (AgI) – atualmente zero parte por milhão no ar
(a menos que alguém esteja semeando nuvens acima de você).

O QUÍMICO IRVING LANGMUIR já recebera um Prêmio Nobel, mas nunca tinha gritado de prazer durante um experimento antes. Era 13 novembro de 1946. Ele estava numa torre de controle no aeroporto de Schenectady, Nova York, vendo um pequeno avião a hélice se elevar zumbindo no céu. Quatro mil e duzentos metros acima dele, seu assistente se debruçava na janela do avião, atirando bolinhas de gelo seco numa nuvem. Segundos depois, a nuvem "começou a se contorcer como numa tormenta", lembrou uma testemunha. Dentro de cinco minutos tinha desaparecido, transformada em chuva.

Veja bem, nada dessa chuva realmente chegou ao chão – evaporou antes disso. Ainda assim, Langmuir praticamente começou a correr em círculos lá embaixo. "Isso é história!", gritava ele. Antes mesmo que o avião pousasse, ele foi correndo telefonar para um repórter. A humanidade, gritou para o fone, tinha finalmente aprendido a controlar as condições atmosféricas.

Se qualquer outra pessoa tivesse falado aquilo, o repórter teria desligado. Mas, naquele tempo, Langmuir era tão famoso quanto Albert Einstein, suas opiniões eram igualmente respeitadas. E, embora Langmuir fosse químico, essa incursão na meteorologia não parecia imprudente para ninguém; de fato, outsiders costumavam fazer incursões na meteorologia a toda hora. Químicos pneumáticos estudavam o ar atentamente para compreender como gases semelhantes ao ar se comportavam. Astrônomos faziam assíduas anotações sobre o tempo para prever quando o céu ficaria claro para seus telescópios. O mesmo faziam os médicos, com base na teoria de que o ar ruim causava doença. Robert Hooke, John Dalton, James Watt, lorde Rayleigh – a lista de meteorologistas ocasionais não termina. Charles Darwin, durante a viagem do *Beagle*, tornou-se o primeiro cientista a estudar o fenômeno El Niño, e o capitão do *Beagle*, Robert FitzRoy, publicou a primeira previsão do tempo da história no *Times* de Londres em 1861.[1]

Ainda assim, Langmuir avançou muito mais que os predecessores em suas esperanças e ambições para a meteorologia: ele queria não só compreender as condições meteorológicas, mas controlá-las. Sem dúvida os cientistas que se dedicavam amadoristicamente à meteorologia sempre tiveram um traço de confiança irracional. Apesar de séculos de esperanças frustradas, eles nunca perdiam a fé de estarem *muito próximos* de compreender como funcionam os fenômenos atmosféricos. Espere apenas até conseguirmos nossos novos barômetros, nossas novas estações meteorológicas, nossos novos computadores – então iremos prever o tempo com perfeição. A meteorologia são os *Garotos em ponto de bala** da ciência, sempre apenas a um ano de distância da vitória.

Mesmo em meio a esses Pangloss, contudo, o otimismo de Langmuir sobressai. Ele chegou à meteorologia durante uma espécie de crise científica da meia-idade, e seu carisma e as credenciais resplandecentes convenceram centenas de colegas a participar de sua busca. O trabalho deles acabou malogrando, sendo pouco mais que uma versão moderna de uma dança da chuva primitiva. Mas, enquanto durou, eles armaram um baita show.

---

* *The Bad New Bears*: filme sobre um time de beisebol de jovens sem talento algum numa liga extremamente competitiva. (N.T.)

O PRIMEIRO DEFENSOR preeminente do controle das condições meteorológicas brotou da terra do "eu posso": a fronteira norte-americana. James Espy, apelidado "the Storm King" ("Rei da Tempestade"), meteorologista criado em Kentucky, notou nos anos 1830 que as fogueiras dos índios às vezes produziam chuva; em viagens à cidade, viu que a fumaça que saía em abundância das chaminés das fábricas parecia atrair nuvens de chuva também. Assim, com base na firme lei segundo a qual correlação sempre implica causa, Espy declarou que fumaça devia provocar chuva, e começou a promover um plano para regular a precipitação atmosférica através do leste dos Estados Unidos. A única coisa que o governo tinha a fazer era produzir um enorme incêndio florestal nos montes Apalaches todo domingo à tarde. Logo nossas condições meteorológicas seriam tão regulares quanto as marés.

Para ser justo, Espy foi o precursor de várias teorias não excêntricas também, sobretudo sobre a formação de nuvens. Segundo ele, as nuvens se formam quando bolsões de ar quente ascendem para a atmosfera superior mais fria e o vapor d'água dentro deles se condensa. Essa teoria não só estava correta em linhas gerais, como pressagiou uma das leis mais importantes da meteorologia moderna, a de que o vapor d'água impulsiona a maior parte das mudanças no tempo. Diferente da maioria dos gases na atmosfera, a concentração de vapor d'água pode variar por ordens de magnitude distintas dependendo de condições locais, de praticamente zero, nos desertos, para alguns pontos percentuais nas florestas pluviais. Além disso, ao contrário de outros importantes elementos constituintes do ar – oxigênio, nitrogênio, argônio, todos os quais permanecem gasosos até várias centenas de graus abaixo de zero –, a água muda facilmente entre líquido e vapor no âmbito de temperaturas normais, cotidianas, encontradas na Terra. Em consequência, a água constantemente se condensa e evapora em diferentes lugares. E por estar constantemente se condensando e evaporando, ela constantemente suga calor latente do ar à sua volta e expele calor latente para ele. Esse fluxo de calor causa mudanças na temperatura e na pressão, as quais, por sua vez, produzem zonas de ar distintas chamadas frentes. Essas frentes de alta e baixa pressão colidem e criam padrões meteorológicos, induzindo ventos ou irrompendo em tempestades. (O termo "frente" foi na realidade cunhado durante a Primeira Guerra Mundial, inspirado no entrechoque de exércitos.) Todo esse caos a partir de um pouquinho de água.

O estudo da água também atraiu Irving Langmuir para a pesquisa meteorológica. Em seu emprego regular, ele estudava química das superfícies nos General Electric Labs, no norte do estado de Nova York. Em contraste com a maioria dos laboratórios corporativos, na GE ele tinha carta branca para pesquisar tudo que lhe aprouvesse, e durante a Segunda Guerra Mundial começou a estudar o acúmulo de gelo sobre as asas dos aviões. Isso levou a uma série de pesquisas de campo no vizinho monte Washington, em New Hampshire. A montanha era famosa entre aficionados da meteorologia por causa de seus ventos: até os anos 1990 ela detinha o recorde mundial pela maior velocidade de vento já medida na Terra, 371 quilômetros por hora, em 1934. Mas Langmuir estava mais interessado na estranha umidade da montanha: ela frequentemente produzia neblinas de água "super-resfriada" que, apesar de registrar temperaturas muito abaixo de 0°C, se recusava a congelar. Essa indeterminação, à maneira do gato de Schrödinger – como podia a água não congelar abaixo de seu ponto de congelamento? –, intrigou Langmuir, e ele quis saber mais.

Para ajudar com o trabalho, ele contratou um assistente chamado Vincent Schaefer. Enquanto Langmuir tinha vários graus avançados de formação e havia estudado ciência em Paris e na Alemanha, Schaefer abandonara o ensino médio para trabalhar na GE e ajudar os pais a pagar as contas. Ele começou como maquinista e fabricante de maquetes, *à la* James Watt, mas achava o trabalho enfadonho e começou a explorar outras opções num curso por correspondência (a certa altura, pensou seriamente em se tornar "cirurgião de árvores"). O encontro com Langmuir despertou-lhe um interesse pelas ciências naturais, e não muito tempo depois ele inventou uma máquina para preservar impressões de flocos de neve. Impressionado, Langmuir recrutou Schaefer em 1946 para ajudá-lo a estudar a água super-resfriada.

Irving Langmuir e Bernard Vonnegut observam enquanto
Vincent Schaefer sopra num freezer para criar cristais de gelo,
passo precursor para fazer chuva artificial.

Schaefer começou seus experimentos requisitando um freezer descoberto de US$240 (US$3 mil atuais). Ele o forrou de veludo preto de modo a observar qualquer cristal de gelo se formando, depois soprava com força no ar frio para introduzir umidade, a qual ficava super-resfriada. Entretanto, semana após semana, por mais que ele variasse as condições no freezer, a água de sua respiração nunca se condensava em gelo.

Num sufocante dia de julho, quando o freezer lutava para manter a temperatura, Schaefer deu um pulo até o laboratório ao lado e pegou emprestado um bloco de gelo seco (CO_2 congelado) para enfiá-lo num canto. Isso mudou tudo. No instante em que ele colocou o cubo no freezer, milhões de cristais de gelo começaram a cintilar na neblina. Depois eles caíram lentamente sobre o veludo negro, brilhando como diamantes microscópicos. No princípio Schaefer achou que o gelo seco tinha induzido uma mudança química na neblina, mas experimentos posteriores excluíram essa hipótese. Em vez disso, a chave parecia ser a temperatura do gelo seco. Enquanto a menor temperatura no freezer GE era $-22°C$, o CO_2 congelado estava a $-73°C$ ou menos. Quando exposta a esse frio brutal, antinatural, até a água super-resfriada se rendia e formava gelo.

A descoberta fez Langmuir pensar. Os cientistas na época sabiam que as nuvens no céu são basicamente sacos frouxos de água super-resfriada. Eles sabiam também que a maior parte da chuva começa realmente a cair do céu na forma de cristais de gelo, que se derretem a caminho do chão. Langmuir raciocinou que, se salpicasse nuvens com gelo seco, talvez pudesse produzir a água super-resfriada e criar chuva artificialmente. Isso o levou a alugar um avião naquele novembro e fazer Schaefer subir com 2,7 quilos de bolinhas de gelo seco, só para ver o que acontecia. Vinte minutos mais tarde Langmuir estava berrando sobre fazer história.

Não sendo homem de ir com calma, ele marcou um inusitado segundo teste para 20 de dezembro – e logo descobriu que sua liberdade na GE tinha limites, afinal. Como antes, Schaefer semeou uma nuvem naquela tarde de sexta-feira a partir de um avião, e a nuvem mais uma vez começou a se contorcer. Mas nada aconteceu, por isso a equipe foi para casa. Naquela noite, porém, vinte centímetros de neve sepultaram o norte de Nova York. Carros derraparam para fora da estrada; rodovias ficaram bloqueadas por centenas de quilômetros; empresas perderam milhões em receita de vendas pré-natalinas. Langmuir não poderia ter ficado mais feliz. Era verdade, ele admitiu, que o Departamento de Meteorologia tinha previsto a tempestade; além disso, a nuvem que eles semearam parecia "madura" e podia ter nevado por si mesma. Contudo, ele tomou para si todo o mérito – a primeira tempestade intencional na história humana.

Os advogados da GE, por sua vez, tiveram uma síncope: a responsabilidade legal era assombrosa. Eles fizeram Langmuir emitir uma declaração negando que a semeadura da nuvem tinha causado a nevasca, depois o proibiram de fazer qualquer outro trabalho de campo em nome da GE.

Naturalmente a ordem desapontou Langmuir, mas ele não era homem de se amofinar. Sua equipe continuou trabalhando no laboratório, e – que se danassem os advogados – ele logo esboçou uma ideia tão revolucionária que o fez abandonar todos os seus outros projetos para persegui-la. Ela prometia não só aperfeiçoar a fabricação de chuva, mas dar a Langmuir o poder sobre-humano de controlar os furacões.

A ideia se baseava na teoria geral sobre a formação das nuvens de James Espy. Este dizia que as nuvens se formam quando bolsões de ar quente, menos densos, se elevam para o céu. Em algum momento o vapor d'água dentro delas se resfria e se condensa em gotículas de água líquida. Nós no solo vemos esses acúmulos de gotículas como nuvens, e por muitas razões os meteorologistas supunham que a chuva viria de modo automático, sempre que essas gotículas chegassem a cair. Ocorre que não é tão simples assim. A maior parte das gotículas que se formam dentro das nuvens *não* goteja automaticamente como chuva. Elas são pequenas demais. Como sabiam muito bem os primeiros balonistas, o ar fornece uma força de flutuação ascendente a qualquer coisa que esteja suspensa nele, incluindo gotículas de água. E quando as gotículas se formam em altitudes elevadas, elas são tão minúsculas, em sua maior parte – um décimo de milionésimo de um grama –, que a gravidade não consegue superar a força de flutuação e arrastá-las para baixo. A gravidade continua a perder a batalha, a menos que as gotículas fiquem 1 milhão de vezes maiores, chegando a um décimo de um grama. Claramente, portanto, para que caia chuva de verdade, 1 milhão de pequeninas gotículas têm de se aglomerar numa unidade maior. De outra maneira elas simplesmente ficam ali.

A questão óbvia, claro, é o que faz as minúsculas gotículas se aglomerarem. Intuitivamente, você pode pensar que elas simplesmente colidem de forma aleatória e se prendem umas às outras. Esse processo não é muito eficiente, porém, e gotas que se formam assim quase nunca ficam grandes o bastante para se precipitar. Uma maneira melhor envolve "sementes", superfícies sólidas a que as gotículas possam se prender. Por várias razões, depois que algumas gotículas se prendem à semente, muitas outras se seguem em rápida sucessão. Em consequência, as gotículas finalmente ficam pesadas o suficiente para cair das nuvens como precipitação. Se você quer transformar uma nuvem em chuva, as sementes são vitais.

Cristais de gelo dão as melhores sementes: grãos de gelo dentro das nuvens tendem a aspirar todas as outras gotículas de água nas vizinhanças. (Isso explica por que o gelo seco causou tamanho tumulto dentro das nuvens: ele converteu a água super-resfriada ali em cristais de gelo.) Partículas de fora, como a poeira, formam ótimas sementes também. Até bactérias transportadas pelo ar servem como sementes. Muitos flocos de neve de fato começam a existir como sepulcros de gelo para bactérias.

Ora, poeira e bactérias são ótimas sementes, dentro de suas limitações. Mas Langmuir compreendeu que substâncias químicas artificiais fariam um trabalho ainda melhor. Especificamente, ele queria uma substância química cuja estrutura molecular imitasse o gelo – algo cuja forma enganasse a água super-resfriada, induzindo-a a se prender nele. Assim, encarregou outro assistente da GE, Bernard Vonnegut, de encontrar a substância química. Durante as semanas seguintes Vonnegut passou muitas e muitas horas estimulantes na biblioteca folheando livros de cristalografia. Acabou encontrando três candidatos, incluindo iodeto de prata. Esta substância em nada se parece quimicamente com a água – é um pó amarelo pálido –, mas forma cristais hexagonais tal como o gelo. E testes naquele confiável freezer da GE mostraram que o iodeto de prata de fato enganava a água super-resfriada, causando uma verdadeira reação em cadeia de formação de gelo. Se funcionasse em nuvens reais, seria uma mão na roda e permitiria a Langmuir manipulá-las à vontade.

(Essa reação em cadeia com o gelo levou a um interessante parêntese. O irmão de Bernard Vonnegut trabalhava no Departamento de Publicidade da GE, e ouviu certo dia uma história sobre como o escritor de ficção científica H.G. Wells havia visitado o laboratório de Langmuir. Este aproveitou a oportunidade para propor a Wells um romance sobre um cientista que inventa uma forma especial de gelo que se cristaliza à temperatura ambiente, forçando todos os oceanos do mundo a se solidificarem numa reação em cadeia. Wells disse não, obrigado. Mas a ideia cativou o irmão de Bernard, então um garoto, e Kurt Vonnegut mais tarde desenvolveu-a no romance *Cama de gato*.)

Com a GE ainda preocupada com a responsabilidade legal, Langmuir teve de procurar outro parceiro para patrocinar os novos testes de campo. Ele finalmente encontrou o que buscava junto às Forças Armadas dos Estados Unidos, que se associaram a ele para o Projeto Cirrus em 1947. O Projeto Cirrus tinha vários objetivos, inclusive amenizar as secas. Acima de tudo, porém, seus patrocinadores queriam neutralizar furacões, as tempestades mais destrutivas da natureza. Essa busca mostraria Langmuir em seus melhores e piores aspectos.

O plano de neutralizar os furacões envolvia uma série de observações e inferências, cada passo baseado no anterior. As observações começaram com a estrutura dos furacões, que são basicamente tempestades de vento em torvelinho centradas em torno de um olho. Segundo o clichê, o olho é calmo, mas o limite entre o olho e o resto da tempestade – chamado "parede do olho" – é a parte mais destrutiva, com velocidades de vento que muitas vezes chegam a 240 quilômetros por hora. Isso é terrivelmente rápido, e você vai pensar que um vórtice tão violento se despedaçaria. Afinal, tudo que gira deve "sentir" uma força centrífuga puxando-o para fora, a mesma força que faz você voar para fora do carrossel se não se segurar com firmeza. Furacões não são exceção: essa força que puxa para fora ameaça destroçá-los. Há uma outra força a considerar, contudo, que se fundamenta nas diferenças de pressão. Veja, a parede do olho do furacão consiste em ar em alta pressão; o olho, em ar em baixa pressão. E como o ar sempre tenta fluir da alta para a baixa pressão, essa segunda força age *para dentro*, opondo-se à força centrífuga e mantendo o furacão compacto. Em outras palavras, apesar dos violentos ventos em seu interior, os furacões permanecem estáveis porque essas duas forças se equilibram.

Para o Projeto Cirrus, portanto, a tarefa era simples: perturbar esse equilíbrio. A maneira mais fácil de fazê-lo, como Langmuir propôs, era mudar a temperatura dos furacões e deixar a mágica da lei dos gases ideais

fazer o resto.[2] Seu plano era este: pilotos em robustos aviões iriam mergulhar na parede do olho e semeá-la com gelo seco ou iodeto de prata. Essas
substâncias químicas iriam funcionar como sementes e forçar qualquer
água super-resfriada ali a se transformar em cristais de gelo. Numa nuvem,
claro, essa transformação levaria à chuva. Mas Langmuir estava na realidade concentrado em outra coisa dentro dos furacões, um efeito colateral
da formação de gelo: a liberação de calor.

De fato, transformar água em gelo sempre libera calor. Mais uma vez
isso parece invertido – gelo é frio, não quente! –, mas faz sentido se você
decompuser o processo. Pense num gelo derretendo em sua mão. Por
que ele derrete? Porque absorve calor de seu ambiente. É por isso que ele
parece frio, porque está sugando calor de seus dedos. Agora considere o
processo inverso, água se congelando. Se o derretimento do gelo absorve
calor, então, pela simetria da física, água se congelando deve, forçosa-
mente, liberar calor. Não há como escapar. De fato, é por isso que o gelo
se forma: antes de se acomodarem como gelo, as moléculas de água têm
de se desacelerar, e elas só podem perder velocidade alijando o calor para
o ambiente.

Isso se relaciona com os furacões da seguinte maneira. À medida que
gelo se forma na parede do olho, o ar circundante absorve o calor que é
liberado. A absorção de calor deveria fazer esse ar se expandir de acordo
com as leis dos gases. Depois que ele se expande, a pressão deveria cair,
porque as moléculas de ar estão mais afastadas umas das outras. Isso, por
sua vez, deveria reduzir a *diferença* de pressão entre o olho e a parede do
olho. Em consequência, a força voltada para dentro que mantém o furacão
unido deveria diminuir. A força centrífuga para fora deveria então levar
a melhor e alargar o olho.

Estamos quase chegando. Alargar o olho não iria simplesmente fazer
o furacão desaparecer. As tempestades são grandes demais para isso. Mas
alargar o olho reduziria a velocidade do vento. É por esse motivo que a
velocidade de um objeto que rodopia depende de sua largura. Isso pode
parecer um pouco obscuro, mas todos nós já vimos esse fenômeno na
patinação artística. Sempre que Fulano (insira o nome de seu patinador

preferido aqui) gira com os braços junto ao corpo, ele gira rápido. Quando ele abre os braços, gira mais lentamente. O mesmo ocorre com os furacões: quando o olho se alarga, eles se desaceleram. E alargar o olho é decisivo, porque a força destrutiva de um furacão depende do quadrado da velocidade do vento. Assim, a redução da velocidade em 10% reduziria a destruição em quase 20%. Reduzir a velocidade do vento em um quarto reduziria os danos em mais de 40%.

Para resumir essa cadeia de deduções, Langmuir propôs que a semeadura de furacões iria criar gelo e liberar calor latente; isso, por sua vez, iria alargar o olho e reduzir o poder destrutivo da tempestade. A ideia precisava apenas ser testada – e foi aqui que o problema começou.

No dia 13 de outubro de 1947, um furacão brando chamado King atravessou Miami e começou a se dirigir para o nordeste, oceano Atlântico adentro. Como o King parecia estar se enfraquecendo, os funcionários do Cirrus decidiram semeá-lo no dia seguinte. Um B-17 partiu ao seu encontro e espalhou 81 quilos de bolinhas de gelo seco na parede do olho. Todos se sentaram e esperaram que o olho se ampliasse e o King entrasse em colapso. Em vez disso, a tempestade ficou mais forte, mais feroz. Para horror geral, em seguida ela girou – fazendo uma impossível volta de 135 graus – e começou a correr de volta em direção à costa. Algumas horas depois a tempestade agora desenfreada avançou violentamente sobre Savannah, na Geórgia, causando prejuízos de US$3 milhões (US$32 milhões atuais) e matando uma pessoa.

Os cientistas do Cirrus esperavam que ninguém tivesse notado, mas um meteorologista em Miami juntou as peças e começou a pôr a boca no mundo. Logo os jornais denunciavam o "ignóbil truque ianque" e pediam a cabeça de Langmuir. Mais uma vez ele estava em grande apuro. Por um lado, queria provar que realmente podia influenciar os furacões. Por outro, assumir a responsabilidade pela tempestade o sobrecarregaria de grandes problemas legais. Ele também precisaria admitir que não sabia que diabo estava fazendo, já que havia produzido a tempestade. Brincar de Deus se revelava muito cansativo.

Com o trabalho sobre o furacão de repente sob investigação, Langmuir transferiu o Projeto Cirrus para o deserto do Novo México, onde havia menos coisas para destruir e onde poderia se concentrar na simples fabricação de chuva. Ora, isso pode parecer uma fuga, mas Langmuir não tinha estômago para autopiedade nem tempo para inseguranças. Muito pelo contrário, os resultados que começaram a pingar no Novo México eram ainda mais fantásticos que sua pretensão de mudar o rumo dos furacões.

Num teste, Langmuir afirmou que apenas 56 gramas de iodeto de prata, valendo um mísero dólar, haviam arrancado 757 bilhões de litros de chuva de algumas nuvens. Quando lhe perguntaram como isso era possível – como tão pouco material podia produzir tanta chuva –, Langmuir afirmou que tinha gerado uma reação química em cadeia nas nuvens, e comparou seu trabalho com outro milagre do Novo México, o Projeto Manhattan. Droga, disse ele, suas reações em cadeia provavelmente eram mais poderosas. Os Estados Unidos tinham um novo Rei da Tempestade, ao que parecia, e à medida que os meses passavam ele começou a se atribuir o mérito por tempestades não apenas no Novo México, mas também em todo o país, além de algumas na Europa. Em seu diário, Langmuir qualificou este de o mais importante trabalho de sua carreira – e isso vindo de um homem que havia ganhado o Prêmio Nobel. Ele acabou se demitindo da GE para se dedicar a essa "meteorologia experimental" em tempo integral.

Enquanto isso, meteorologistas de verdade estavam examinando detidamente os resultados de Langmuir – e o que encontraram os deixou desconfiados. Em primeiro lugar, cada tempestade épica cujo mérito ele assumia podia ser plausivelmente atribuída a outra causa. A tempestade de 757 bilhões de litros no Novo México, por exemplo, havia coincidido com uma frente que avançava a partir do golfo do México. Ainda mais incriminador, os experimentos de Langmuir careciam de controles, e ele parecia escolher nuvens já maduras e que provavelmente se transformariam em chuva de qualquer maneira. Quando realizaram seus próprios testes independentes com controles adequados e semeando nuvens aleatórias, os meteorologistas não encontraram praticamente nenhuma chuva extra.

As mesmas críticas aplicaram-se à caça de furacões. Os furacões mudavam de tamanho e de direção por si mesmos o tempo todo, sempre ganhando e perdendo força. Por isso era impossível dizer se a semeadura realmente *causava* as mudanças que Langmuir atribuía a si mesmo ou se era tudo coincidência. De fato, o Projeto Cirrus escapou de ser processado pelo desastre de Savannah em grande parte porque um meteorologista com boa memória localizou relatórios sobre um furacão de 1906 que havia feito exatamente a mesma curva fechada no Atlântico.

O debate sobre a validade do Projeto Cirrus continuou durante a maior parte da década seguinte. Os meteorologistas continuaram a encontrar defeitos nos experimentos de Langmuir, mas quaisquer que fossem suas críticas, Langmuir sempre tinha uma desculpa, e seu Prêmio Nobel assegurava que invariavelmente obtivesse o benefício da dúvida com pessoas de fora da área. Ele também se defendia em conferências públicas sobre o controle das condições meteorológicas, e segundo todos os relatos era um orador cativante, uma mistura dinâmica de charme avuncular e autoridade científica. De fato, embora o Projeto Cirrus tenha se encerrado em 1952 e Langmuir falecido em 1957, ele conseguiu provocar entusiasmo suficiente pelo controle das condições meteorológicas para que o governo americano iniciasse um novo projeto em 1962 a fim de estender e ampliar o Projeto Cirrus. Chamaram-no de Projeto Stormfury.

O Stormfury dispunha de um orçamento de muitos milhões de dólares e vários aviões, e para combinar com esse novo nome arrasador, os cientistas do projeto desenvolveram novas abordagens para atacar as nuvens. Em vez de arremessar sementes com a mão, os pilotos agora enfiavam iodeto de prata em tubos de alumínio e os disparavam com metralhadoras Gatling. *Ra-ta-ta-ta-ta*. E em vez de confiar nos tiros disparados de um único veículo, dez aviões em formação podiam girar em torno de um furacão durante uma hora, injetando uma tempestade inteira de prata.

Pegando carona nesse trabalho, as Forças Armadas decidiram investir num projeto próprio de controle das condições meteorológicas – e, mais agourentamente, converter essa pesquisa em novas armas. A ideia da "guerra meteorológica" nasceu de fato de outro projeto militar, no Vietnã. Em 1966, as Forças Armadas haviam gastado milhões de dólares desmatando a Indochina com o intuito de melhorar a visibilidade para os bombardeios. Alguns generais preferiam Agente Laranja para isso, mas outros pensavam que os bons e velhos incêndios funcionavam melhor. Os incêndios nas luxuriantes florestas locais, entretanto, com frequência produziam grandes quantidades de fumaça. E como James Espy teria profetizado, a chuva muitas vezes se seguia aos incêndios um ou dois dias depois. Claro, estava-se no Vietnã – que é em parte floresta *pluvial* –, de modo que a chuva não era exatamente rara no local. Ninguém se deu ao trabalho de fazer qualquer tipo de análise estatística, tampouco para ver se existia uma correlação entre as coisas. Mas as chuvas torrenciais periódicas plantaram de fato uma ideia na mente de alguns oficiais. Todo ano, entre maio e setembro, chuvas de monção varrem o Vietnã, às vezes despejando cinquenta centímetros de água por mês. Esses aguaceiros transformavam a maior parte das estradas de terra em verdadeiros escorregadores – inclusive a Trilha Ho Chi Minh, uma rota de abastecimento vital para os vietcongues que serpenteava através de vários países. Os oficiais americanos imaginaram que, se conseguissem tornar as monções ainda piores, poderiam paralisar o inimigo durante vários meses todos os anos. Chamaram o plano de Projeto Popeye.

Quando lhe apresentaram o plano, o presidente Lyndon Johnson ficou exultante, e o Popeye teve início em 1967, com voos de semeadura sobre o norte do Vietnã e o Laos. O recém-eleito presidente Richard Nixon expandiu o programa em 1969, tornando-o verdadeiramente bipartidário.

Por razões que permanecem obscuras, a Força Aérea fazia os voos de semeadura com aviões originalmente projetados para transportar entulho. Ao todo, as equipes do Popeye fizeram 2.602 investidas e 47.409 disparos de iodeto de prata. E, para ser justo, os dançarinos da chuva militares tinham metas muito mais modestas que as de Irving Langmuir, que acreditara poder extinguir os furacões para sempre e fazer todo o deserto do Novo México florescer. Os militares queriam apenas estender o período de viagens difíceis das monções por algumas semanas e tornar as chuvas intensas ainda piores. Isso iria transformar estradas em lama, arrastar pontes e talvez até causar deslizamentos de terra estratégicos. Os oficiais também se congratulavam por conduzir uma forma mais humana de guerra, já que ensopar o inimigo de água decerto era melhor que despejar napalm. (O lema do Popeye era "Faça lama, não faça guerra".) Além disso, a semeadura de nuvens era dissimulada. A menos que os vietcongues colhessem amostras de água da chuva e a testassem para iodeto de prata, eles nunca saberiam.

Mas o muro de sigilo em volta do Popeye começou a desmoronar em 1971, quando o *Washington Post* obteve um documento sigiloso que o mencionava. Os Pentagon Papers, que vazaram no mesmo ano, também aludiam a ele, e o *New York Times* publicou um furo sobre a guerra meteorológica em julho de 1972. Dois dias depois a Força Aérea suspendeu toda a fabricação de chuva no Sudeste da Ásia. Apesar de repetidas investigações do Congresso e da imprensa nos anos seguintes, os funcionários do Pentágono se recusaram a dizer qualquer coisa a mais. (Como um gaiato observou, isso invertia o estado de coisas: alguém finalmente fazia algo em relação às condições meteorológicas, mas ninguém falava sobre isso.)

Um obstinado senador por Rhode Island chamado Claiborne Pell finalmente arrastou vários funcionários do Pentágono para uma audiência em 1974. Pell concordou que ensopar pessoas com chuva era mais humano que bombardeá-las. Mas a semeadura de nuvens era um instrumento tão tosco, afirmava ele, que qualquer cheia ou um deslizamento de terra atingiriam os civis tão duramente quanto os soldados. Pell então questionou os funcionários sobre uma série de inundações que tinham devastado o Vietnã do Norte em 1971. A semeadura de nuvens as agravara? Funcionários do Pentágono negaram, dizendo nunca ter gerado chuva suficiente para causar uma inundação. Mas isso apenas provocou outras questões, mais difíceis. Quanta chuva extra o Projeto Popeye havia produzido, então? Alguns centímetros por mês, no máximo, responderam os funcionários. Na verdade, eles duvidavam que os vietcongues nem sequer tivessem notado seus esforços, uma vez que é difícil perceber a diferença entre, digamos, cinquenta e 55 centímetros por mês. Então, por que, perguntou Pell, as Forças Armadas haviam gastado US$21,6 milhões (US$130 milhões hoje) se o programa não funcionava? Tínhamos de tentar alguma coisa, senhor, foi a resposta.

Provavelmente não por coincidência, o apoio do governo ao controle das condições meteorológicas terminou quando essas informações vieram à luz. (E estava mais que na hora: depois se soube que alguns conselheiros do Pentágono já pressionavam por uma expansão da guerra meteorológica para o domínio mais amplo e ainda mais demente da "guerra ambiental". As ideias incluíam fazer buracos na camada de ozônio sobre países hostis e desencadear terremotos à distância.) Tecnicamente, o alvoroço em relação ao Popeye não deveria ter afetado o Projeto Stormfury, que não tinha objetivos militares; os cientistas ali queriam apenas amenizar as secas e desarmar furacões, atividades muito mais nobres. Mas o Stormfury ficou manchado por associação e caiu em descrédito. O florescente movimento ambiental dos anos 1970 também fez com que a interferência em condições meteorológicas parecesse arrogante, quando não imoral: depois de bilhões de anos de prática, a Mãe Natureza provavelmente sabia o que estava fazendo melhor que nós.

Política à parte, o apoio para o controle das condições meteorológicas definhou também porque simplesmente não funcionou muito bem. Sem dúvida os cientistas acreditam que podem fazer coisas modestas, como limpar o nevoeiro em aeroportos ou beliscar certos tipos de nuvem para espremer um pouco mais de chuva. E, de ponto de vista científico, o trabalho não foi um desperdício: os meteorologistas aprenderam muitíssimo com os dados que colheram. Infelizmente, grande parte do que aprenderam solapava a lógica de seus experimentos. Com os furacões, por exemplo, os cientistas tinham contado com a interação do iodeto de prata com a água super-resfriada para liberar calor. Mas seus dados revelaram que os furacões na verdade contêm muito pouca água super-resfriada. Isso significava que (ao contrário do que acontecia com as nuvens) o iodeto de prata não tinha matéria-prima para dar início a reações químicas em cadeia. Era possível que o comportamento espetacular que observavam por vezes após semear furacões não passasse de coincidência.

Nas décadas transcorridas desde os projetos Popeye e Stormfury, os sonhos de controle das condições meteorológicas nunca desapareceram por completo. Em 1986, a União Soviética semeou o quanto pôde qualquer nuvem que passasse sobre Chernobyl para drená-la antes que chegasse a Moscou e bombardeasse a população urbana com chuvisco radioativo. De maneira semelhante, consta que o serviço chinês de meteorologia martelou cada nuvem em volta de Pequim no verão de 2008 a fim de assegurar céus limpos para as Olimpíadas. A maior parte dos meteorologistas, contudo, continua a ver com maus olhos esses projetos. Eles insistem em que não podemos fazer muito para deter furacões e outras tempestades violentas. Essa é uma dura realidade existencial que cabe aceitar, porque é equivalente a admitir quão vulneráveis somos, quão impotentes e indefesos. No fim, porém, não podemos lograr a natureza: a atmosfera é muito mais poderosa do que nossa mera compreensão.

Irving Langmuir falava sempre com grande eloquência sobre nosso dever de controlar as condições meteorológicas, e seu carisma conquistou milhares de adeptos para sua causa. Para mim, porém, a verdade mais profunda a emergir de várias décadas de pesquisas sobre controle de condições meteorológicas veio de um humilde piloto do Stormfury: "Foi decepcionante admitir que nós não conseguíamos realmente fazer aquilo", disse ele anos depois. "Mas as tempestades eram tão grandes e nós éramos tão pequenos."

À MEDIDA QUE AS ESPERANÇAS de controle das condições meteorológicas esmaeceram, os meteorologistas se consolaram com a ideia de que pelo menos sua capacidade de prever o tempo estava ficando muito boa. De fato, depois que os primeiros computadores e satélites meteorológicos apareceram em meados do século XX, eles tiveram mais razão que nunca para o otimismo. Todos os dias, sob todos os aspectos, a previsão do tempo estava ficando cada vez melhor. O que os meteorologistas não sabiam – nem podiam saber – era que os próprios computadores que os enchiam

An artist's impression of Richardson's Forecast Factory (© François Schuiten).

O centro de previsão do tempo de Lewis Fry Richardson, do tamanho de um estádio de futebol, usava "computadores" humanos para prever o tempo.

de tanta esperança logo iriam traí-los, provando que as previsões do tempo precisas são impossíveis.

Os meteorologistas adotaram os computadores no início do século XX, no tempo em que a palavra *computer* significava "um tolo com uma régua de cálculo que fazia cômputos o dia todo" – literalmente, alguém que computa. A ideia de usar calculistas na previsão do tempo teve origem com o matemático inglês Lewis Fry Richardson, que esboçou um grandioso projeto para um centro definitivo de previsão do tempo. Ele consistiria em um domo esférico com vários andares de altura, com calculistas sentados em fileiras lá dentro. A superfície interna do domo seria pintada com o mapa do globo, com o Ártico no alto e a Antártida embaixo, e todos os dias, o dia inteiro, os calculistas de Richardson iriam contemplar listas de números e calcular dados. Os cálculos incluíam sete equações que Richardson usava para modelar a atmosfera, e cada trabalhador se concentraria num aspecto estrito das condições meteorológicas numa parte específica do mundo – acompanhando, digamos, flutuações da umidade na Mongólia Interior sem parar. Finalmente, cada calculista enviaria esses números por meio de tubos pneumáticos para um controlador mestre, situado num pilar panóptico no centro, que os reuniria numa previsão onisciente para o globo.

Richardson estimava que precisaria de 64 mil calculistas para fornecer previsões em tempo real; imagine um estádio da National Football League lotado de pessoas somando números e murmurando. Mas para provar que a ideia funcionava, ao menos em teoria, Richardson realizou um cálculo-piloto em 1916. Ele fez esse trabalho nas condições menos auspiciosas possíveis, como motorista de ambulância na França durante a Primeira Guerra Mundial. Os 45 membros de sua unidade passavam a maior parte das manhãs, noites e tardes retirando soldados despedaçados da lama e transportando-os para hospitais onde, provavelmente, morreriam de qualquer maneira; ao todo, eles transportaram 75 mil pacientes durante a guerra. Richardson fazia cálculos associados ao tempo como forma de permanecer são. Ele espalhava seus papéis numa escrivaninha de placas de feno e trabalhava até sua mente ficar entorpecida. Outros motoristas o chamavam de Professor.

O cálculo-piloto de Richardson concentrou-se num dia seis anos antes, 20 de maio de 1910. Esse foi o chamado Dia do Balão na Europa, quando centenas de meteorologistas soltaram balões e pipas para colher dados meteorológicos em todo o continente. Seus esforços deram a Richardson informações precisas, hora a hora, sobre o estado das condições meteorológicas durante todo esse dia, permitindo-lhe confrontar seus cálculos teóricos com a realidade. (O dia 20 de maio também coincidiu com o retorno do cometa Halley – ou seja, um glorioso e descontraído dia de ciência e camaradagem internacional que parecia estar a várias existências de distância das trincheiras da França.) Mesmo restringir-se a um único dia provou-se esmagador, porém, de modo que Richardson estreitou ainda mais seu foco a uma variável em suas sete equações – a pressão do ar entre as quatro e as dez horas da manhã sobre uma pequena parte da Baviera. O trabalho ainda demandou semanas, se não meses, e ele quase teve de começar tudo de novo quando perdeu seu caderno durante a Batalha de Champagne (alguém o encontrou mais tarde debaixo de uma pilha de carvão). E o que toda essa labuta valeu ao Professor? Basicamente nada. Além de estar com seis anos de atraso, sua "previsão" não era sequer aproximada. Segundo seus números, os barômetros naquela manhã deviam ter registrado uma enorme queda na pressão. Na realidade, eles mal tinham tremulado. Para seu crédito, Richardson publicou um completo relato de seu fracasso em 1922.

Por mais inúteis que pudessem parecer os esforços de Richardson, a geração seguinte de meteorologistas esqueceu rápido a moral de sua história e seguiu em frente com suas próprias estratégias de previsão. Eles ficaram especialmente empolgados quando os computadores digitais – verdadeiros aparelhos eletrônicos – apareceram em cena nos anos 1940. De fato, uma autoridade do porte de John von Neumann, arquiteto dos primeiros computadores eletrônicos, declarou que o Eniac e outros dispositivos semelhantes eram ideais para a previsão do tempo. Chegou a nossa hora!

Um dos primeiros a adotá-los foi Edward Lorenz. Lorenz se formara em matemática em 1938, mas pegou a mania do tempo depois de um período fazendo previsões para o Exército durante a Segunda Guerra Mundial. Continuou fiel a ela depois disso, e no início dos anos 1960 tinha arranjado um emprego no Departamento de Meteorologia do Massachusetts Institute of Technology (MIT). Ali, estudou modelos físicos da atmosfera, incluindo os chamados experimentos da bacia de lavar louça. Estes envolviam revolver água num prato raso com um lápis; depois de algum tempo, o fluido irrompia em redemoinhos e turbilhões, fenômeno conhecido como turbulência.[3] Surpreendentemente, os experimentos forneceram de fato algumas revelações sobre o movimento turbulento de frentes meteorológicas. Ainda assim, o arranjo era bastante tosco, e Lorenz esperava que os computadores fornecessem resultados mais sofisticados.

Todo mundo sabe quanto os velhos computadores eram gigantescos e lentos. Os eletrodomésticos de cozinha hoje têm mais memória que os *mainframes* que pousaram Neil Armstrong na Lua. O que você não ouve com frequência é quanto os primeiros computadores eram ruidosos e pouco confiáveis. Lorenz trabalhava com algo chamado Royal McBee LGP-30, que zumbia como uma locomotiva e quebrava pelo menos uma vez por semana. Sua enorme estrutura de metal ocupava a maior parte do escritório – era como enfiar um grande guarda-roupa lá dentro – e os tubos de vácuo emitiam absurdas quantidades de calor. A previsão local era sempre quente e abafada quando o McBee estava funcionando.

Lorenz queria estudar padrões meteorológicos globais no McBee, de maneira similar ao que Lewis Fry Richardson havia proposto, embora com doze equações, em vez de sete. Mas enquanto Richardson tinha se aferrado sempre a dados meteorológicos reais, Lorenz deixou a imaginação vagar. Ele basicamente inventou um mundinho próprio onde podia alterar temperatura, pressão e velocidade do vento à vontade, como um semideus. Depois punha tudo em movimento e observava como o tempo evoluía dia a dia ao longo de meses ou anos virtuais. Para você ou para mim, os resultados dessas simulações teriam sido inescrutáveis. Estamos acostumados a mapas meteorológicos na televisão, com manchas em vermelho ou azul e ondulações de nuvens. Lorenz não obtinha nada senão tabelas impressas de números. Mas ele podia traduzir esses números mentalmente em chuva ou sol quando os revisava – como um músico lendo garatujas e pontos no papel e ouvindo uma sinfonia.

Uma manhã de inverno, em 1961, Lorenz revisitou uma simulação que realizara pouco tempo antes. Ela havia mostrado um comportamento interessante, e ele queria estender a série por mais tempo dessa vez, para ver o que emergiria. Em vez de reconduzir a sequência inteira, porém, e se arriscar a fundir o McBee, ele tomou um atalho e começou no meio. Escolheu uma linha de números do documento impresso que tinha – a fileira que começava com 0,506 parecia boa –, digitou os números e saiu para tomar um café enquanto o McBee zumbia.

Lorenz voltou uma hora depois e sentou-se para estudar o resultado meteorológico. Este imediatamente lhe pareceu estranho. Como ele estava repetindo parte da série anterior, esperava ver números idênticos linha por linha, no início. Em vez disso, quando comparou a primeira e a segunda série, viu os números divergirem. Isso aconteceu lentamente a princípio, mas ficou cada vez mais pronunciado a cada passo, até ele não poder mais ignorar. Era como um daqueles dias esquizoides de março quando faz 24°C e sol ao meio-dia e cai neve com chuva às duas da tarde – as séries pareciam diferentes assim.

Lorenz resmungou. Mesmo input, mesmas equações, resultados diferentes. Isso só podia significar uma coisa: um curto. E como um pai mal-humorado no Natal, que tem de verificar um cordão inteiro de luzinhas da árvore de Natal por causa de uma única lâmpada com defeito, Lorenz e um técnico teriam agora de gastar horas examinando cada relé e interruptor no McBee.

Antes de arruinar sua tarde, porém, Lorenz decidiu pensar por um momento. Logo se deu conta de uma coisa. Para poupar memória, os computadores antigos com frequência truncavam os números. O McBee trabalhava com seis casas decimais em sua memória interna; mas quando imprimia esses números, arredondava-as para três. Assim, enquanto Lorenz introduzira 0,506 para iniciar a nova série, o verdadeiro valor nesse ponto tinha sido 0,506127. Poderia isso explicar a divergência?

Ele duvidou. A diferença equivalia a uma parte em 5 mil, apenas 0,02%. Como poderia uma fração tão minúscula, um erro por arredondamento, ter posto toda a simulação abaixo? Mas, ao revisar os números novamente, Lorenz começou a duvidar de sua dúvida. Parecia que esse minúsculo desvio no início realmente tinha acabado com os resultados finais.

De acordo com o pensamento tradicional, isso não fazia nenhum sentido. Em qualquer sistema bem-comportado, inputs praticamente idênticos teriam levado a outputs praticamente idênticos. Isto é, imagine soltar uma maçã e vê-la cair na terra. Se você a apanhar, pegar um canivete e raspar 0,02% de seu peso, não espera que a maçã comece de repente a pairar da próxima vez que a soltar. É praticamente a mesma maçã, portanto deveria se comportar da mesma maneira. Contudo, no universo de Lorenz, o 0,000127 que ele tinha raspado mudava tudo. De alguma maneira, quando foi passado pela peneira de suas doze equações, essa única parte de 5 mil tinha inchado em magnitude e virado o tempo completamente. A interação de todas aquelas equações tornava as coisas caóticas.

Embora intrigado, Lorenz lembrou a si mesmo que aquilo ainda era apenas uma simulação; podia não ter nada a ver com o tempo real. No entanto, quanto mais ele pensava sobre essa falha, mais profunda ela parecia. Os meteorologistas naquela época estavam sempre alardeando como o McBee do próximo ano, ou o satélite meteorológico do próximo ano, tornaria possível a previsão exata. Mas talvez isso fosse fantasia. Calcular mais dados talvez não ajudasse. Talvez houvesse simplesmente variáveis demais para considerar. Talvez turbulência e imprevisibilidade fossem traços intrínsecos da atmosfera.

A princípio Lorenz minimizou essas suspeitas, apenas fazendo piadas para os colegas, dizendo-lhes que agora ao menos eles tinham uma desculpa para errar a previsão do tempo no noticiário das seis da tarde.

Lá no fundo, porém, ele sentia um frisson de entusiasmo, e decidiu perseguir essa linha de pensamento. Ela levou a lugares estranhos: que inferno, depois de alguns meses ele não sabia ao certo se estava fazendo matemática ou ciência. Não estava provando teoremas como faria um matemático; apenas acompanhava tendências em tabelas de dados. Mas esses não eram dados reais, tampouco, de experimentos científicos reais, apenas simulações no McBee. E por ser um trabalho tão estranho, Lorenz teve dificuldade de publicá-lo. Precisou às vezes recorrer a subterfúgios, como alinhavar parágrafos vazios sobre previsão do tempo em seus artigos, quando a única coisa que realmente o interessava era a matemática subjacente. Mesmo assim ele muitas vezes se contentava em publicar em órgãos obscuros, como revistas de meteorologia suecas, não exatamente onde professores do MIT esperam publicar.

Pouco a pouco, contudo, à medida que um número cada vez maior de modelos de previsão fracassou nos anos 1960, Edward Lorenz encontrou seu público. Ele estava no comitê consultivo do Projeto Stormfury, e seu crescente ceticismo em relação à previsão do tempo – que dirá controle dele – quase certamente ajudou a exterminar esse projeto. Nos anos 1970 uma reviravolta afinal ocorreu, e as ideias de Lorenz sobre a natureza do tempo tornaram-se a corrente dominante. Ele fez também um enorme favor a si mesmo ao destilar seus achados numa das metáforas mais cativantes do século. Ela apareceu pela primeira vez no título de um artigo que Lorenz escreveu em 1972: "Previsibilidade: será que o bater das asas de uma borboleta no Brasil provoca um tornado no Texas?" Hoje chamamos a tendência de pequenas e irrelevantes diferenças explodirem em complexidade e se tornarem de fato muito importantes de "efeito borboleta".

Outros cientistas e matemáticos expandiram o trabalho de Lorenz nos anos 1980, e hoje nós o reconhecemos como um pioneiro da chamada teoria do caos, campo que vai muito além da meteorologia. Você pode usar teoria do caos para traçar as formas de montanhas e deltas de rios; para explicar por que o esgoto que flui através de canos de repente se torna turbulento; para analisar as altas e baixas em zigue-zague dos preços das mercadorias; até para prever quando os dinossauros construídos por engenharia genética em seu parque temático vão se rebelar. Estas parecem coisas totalmente díspares na superfície, mas todas elas compartilham similaridades subjacentes, incluindo a tendência a passar de bem a mal-comportadas numa pulsação (sendo a pulsação mais um fenômeno por vezes caótico). Por seu incrível alcance, alguns historiadores apontaram a teoria do caos como um dos três verdadeiros grandes avanços científicos do século passado, ao lado da relatividade e da mecânica quântica. Se esse julgamento se sustentar, nossos descendentes poderão algum dia falar, ao mesmo tempo, de um funcionário do Departamento de Patentes chamado Einstein e de um meteorologista chamado Lorenz.

Seja qual for seu lugar na história, a teoria do caos expôs a inutilidade de tentar prever o tempo de alguma maneira sequer remotamente precisa. Ora, isso não é implicância com os meteorologistas. Novos satélites sofisticados e supercomputadores podem (em geral) determinar a previsão do tempo com alguns dias de antecedência – uma janela decisiva não só para planejar piqueniques, mas para nos advertir sobre tempestades fatais. (É graças aos meteorologistas que a probabilidade de morrer num furacão hoje é 1% do que era em 1900.) Mas previsões do tempo para toda uma semana ficam duvidosas, e previsões no estilo do *Poor Richard's*,* que examinam meses no futuro, são pouco melhores que vodu. Podemos prever eclipses décadas de antemão, mas quando se trata de condições meteorológicas há simplesmente bolsões de ar demais colidindo com protuberâncias demais na superfície da Terra para acompanharmos todos eles – borboletas demais batendo suas asas e provocando tornados.

Pela primeira vez neste livro, portanto, nossas confiáveis velhas leis dos gases nos deixam na mão. Elas forneceram uma boa e sólida estrutura para tudo, desde fazer voar balões de ar quente a refrigerar a geladeira. E fazem um trabalho decente ao explicar muitas características básicas das condições meteorológicas, como o papel do vapor d'água. Em última análise, porém, a corrida dos gases através de um planeta giratório fica tão enlouquecida que

---

* Famoso almanaque publicado por Benjamin Franklin a partir de 1732. (N.T.)

belas, claras e simples relações volume-temperatura-pressão não podem se manter. Quando menos esperamos, o que deveria ter sido uma agradável brisa de verão rosna com turbulência, e aquelas fofas nuvens brancas lá em cima assumem um aspecto sinistro. O caos sempre vence.

Lorenz decerto não foi o primeiro a reconhecer como o tempo é complicado; Lewis Fry Richardson poderia lhe ter dito isso. Mas Lorenz nos fez enfrentar o fato de que talvez nunca sejamos capazes de levantar nosso véu de ignorância – que, por mais que fitemos o olho do furacão, talvez nunca compreendamos sua alma. No longo prazo, isso pode ser ainda mais difícil de aceitar que nossa incapacidade de acabar com as tempestades. Três séculos atrás nós nos batizamos de *Homo sapiens*, o macaco sábio. Exultamos em nossa capacidade de pensar, de saber, e o tempo parece estar bem ao nosso alcance – são apenas bolsões de ar quente e ar frio, afinal. Mas faríamos melhor lembrando a etimologia: *gás* deriva de *chaos*, e na mitologia antiga o caos era algo que nem os imortais conseguiam domar.

Interlúdio: Estrondos de Roswell

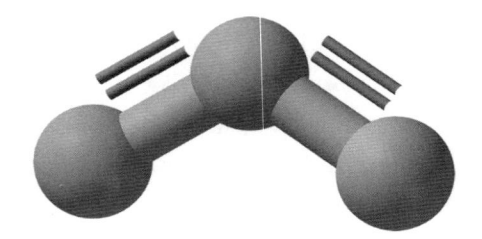

Ozônio (O_3) – atualmente 0,1 parte por milhão perto do
solo, onde você inala 1 quatrilhão de moléculas
cada vez que respira; mais de uma parte por milhão na
estratosfera (onde você não deveria respirar o ar!).

Além de usar computadores, os meteorologistas do século passado tira-ram proveito da nova tecnologia dos balões para explorar o funcionamento da atmosfera, especialmente suas camadas superiores. E assim como ocor-reu com os computadores, os projetos com balões levaram a várias desco-bertas importantes sobre o funcionamento do ar – bem como, num caso memorável, a uma quantidade não desprezível de constrangimento para os cientistas em terra.

Tudo começou numa manhã em junho de 1947, quando um capataz de fazenda chamado Mac Brazel topou com uma trilha de restos de metal e plástico após uma tempestade. Ora, Brazel não tinha nenhuma intenção de provocar meio século de histeria e teorias da conspiração; queria apenas limpar a maldita fazenda. Assim, em vez de deixar os pedaços lá e correr o risco de que suas ovelhas os mastigassem, ele os recolheu, jogou-os num barracão e tentou se esquecer deles.

Aconteceu, porém, que quanto mais ele pensava sobre aquilo, mais os pedaços o incomodavam. A fazenda era próxima a bases militares no

Novo México, e os cientistas ali estavam sempre lançando mísseis e balões meteorológicos que caíam nas terras das pessoas. De fato, ele encontrara balões meteorológicos caídos duas vezes antes. Mas agora era diferente. A colisão na aterrissagem tinha escavado profundos sulcos na terra, o que parecia impossível para um leve balão. E os fragmentos de plástico e metal não pareciam materiais de balão. O mais perturbador de tudo era que os destroços incluíam algumas curtas vigas de madeira em que se viam rabiscos roxos, como uma escrita – mas em nenhuma língua terrena que ele conhecesse.

Alguns dos pedaços que Mac Brazel
(não fotografado) encontrou na fazenda.

Alguns dias depois, Brazel mostrou os pedaços para seus vizinhos. Eles, por sua vez, lhe contaram alguns rumores que tinham ouvido ultimamente sobre objetos voadores não identificados perto de suas terras. Aquilo deixou Brazel muito assustado, então ele visitou o xerife local em Roswell, a 120 quilômetros de distância, no dia 7 de julho. O xerife ligou para uma base militar da Força Aérea.

Quando chegaram ao barracão, os agentes da Força Aérea examinaram os fragmentos e tentaram reconstruir a coisa; logo se deram por vencidos, perplexos. Tentaram também cortar os pedaços de metal com a faca de Brazel e queimá-los com fósforos, e fracassaram. Finalmente examinaram as garatujas roxas, às quais começaram a se referir como hieróglifos. Decidiram então confiscar a mixórdia toda.

Nessa altura, graças a Brazel, a fábrica de boatos local já funcionava há vários dias. Mas em vez de se manter calada, a Força Aérea emitiu um comunicado espetacularmente tolo afirmando que "rumores relativos ao 'disco voador' se tornaram realidade ontem". Uma reportagem de jornal fez afirmações semelhantes. É verdade que expressões como "disco voador" e "objeto voador não identificado" tinham significados mais neutros naquela época, mas não levou muito tempo para que a imaginação das pessoas lhes conferisse sentidos realmente muito específicos.

Ainda assim toda a conversa teria provavelmente amainado se funcionários mais graduados da Força Aérea não entrassem em cena de repente exigindo o desmentido do comunicado; um deles chegou a ir a jornais e estações de rádio locais confiscar cópias em papel. Isso levou até céticos a pensar seriamente em conspiração. Do que a Força Aérea estava com medo? O que estavam escondendo? As pessoas ficaram mais desconfiadas ainda quando a Força Aérea insistiu em que os pedaços tinham vindo de um balão meteorológico – mentira deslavada. E, de fato, agora podemos dizer com certeza que a Força Aérea mentiu sobre isso: não foi um balão meteorológico que Mac Brazel encontrou. Mas aquilo sobre o que os militares estavam mentindo provavelmente não é o que você esperava – a menos que você seja um entusiasta da espionagem com algum conhecimento bastante esotérico sobre a atmosfera.

Todo o fiasco de Roswell começou com um terráqueo chamado Maurice Ewing, geofísico na Universidade Columbia que trabalhava para as Forças Armadas. Como todos os outros americanos de sangue quente da época, Ewing temia a perspectiva de a União Soviética construir uma bomba atômica. Mas naquele tempo, antes dos satélites e dos detectores de precipitação radioativa, não tínhamos a menor ideia do que os soviéticos andavam aprontando. Assim, Ewing começou a pensar sobre outras maneiras de espionar os vermelhos. Finalmente descobriu um modo de escutar explosões atômicas à distância suspendendo microfones numa região de nossa atmosfera chamada canal de som, localizada numa altura de aproximadamente 14,5 quilômetros no céu.

Para compreender a ideia de Ewing, você precisa saber três coisas sobre o som. Primeiro, ele se move mais depressa em ar quente que em ar frio. Isso ocorre porque o som depende do choque de moléculas umas com as outras. É muito burlesco, na verdade. Quando alguém fala, as moléculas de ar que deixam a boca colidem com moléculas de ar próximas. Estas adernam sobre uma segunda camada de moléculas, que topam com uma terceira, e assim por diante, até que o ruído tope com seu ouvido.[1] O ponto decisivo aqui é que moléculas de ar em altas temperaturas movem-se mais depressa que moléculas de ar em baixas temperaturas. E como o som é essencialmente uma corrida de revezamento de moléculas de ar, as moléculas que se movem mais rapidamente no ar quente podem transmitir som mais depressa: em ar a –17°C o som viaja a 1.155 quilômetros por hora; a 22°C ele salta para 1.242.

A segunda coisa a saber é que sons nem sempre seguem linhas retas; eles se curvam em certas circunstâncias. Especificamente, se houver camadas de ar quente e frio em volta, os sons sempre se curvam para a camada mais lenta – para o ar mais frio. Essa curvatura é conhecida como refração.

Para vizualizar a refração, imagine um trompetista parado na *end zone** de um estádio de futebol em forma de cúpula. Imagine também que os

---

* Área de dez jardas no final de cada lado do campo e o objetivo de cada time no futebol americano. (N.T.)

aparelhos de ar-condicionado do estádio se esforçam para manter o lugar fresco; há uma bela camada de ar frio perto do teto, mas o campo embaixo está banhado em ar quente. Por causa da curvatura refrativa, qualquer som do trompete vai se curvar para cima em direção ao ar mais fresco. Isso significa que alguém parado na *end zone* oposta vai ter dificuldade de ouvir alguma coisa, já que o som desliza sobre sua cabeça. Inversamente, imagine um jogo em outra estação do ano. Agora os aquecedores do estádio é que se esforçam, deixando a cúpula com uma camada de ar quente no alto e ar frio embaixo. Nesse caso as notas do trompete podem começar a subir – mas logo retornarão em direção ao chão, o que as torna facilmente audíveis. Mais uma vez, o som sempre se curva em direção ao ar mais frio.

A terceira coisa sobre o som envolve o perfil de temperatura da nossa atmosfera. Todos nós sabemos que o ar fica mais frio à medida que subimos, o que explica por que topos de montanha perto do equador podem ser cobertos de neve. A cerca de 13.700 metros, a temperatura do ar cai a −51°C, o que desacelera a velocidade do som para 1.080 quilômetros por hora. E, como é de se esperar, ruídos ao ar livre tendem a se curvar para cima em direção ao ar mais frio. Isso explica por que os primeiros balonistas podiam ouvir cachorros latindo e galos cantando com tanta nitidez. A atmosfera estava na realidade canalizando o ruído para cima em direção a eles.

Mas o ar só esfria à medida que subimos até certo ponto – sendo esse ponto por volta de 18.200 metros, quando o ozônio começa a aparecer. O ozônio absorve luz ultravioleta, que de outro modo iria embaralhar nosso DNA; a vida nunca poderia ter exsudado do oceano em direção à terra sem ele. E ao absorver luz ultravioleta, o ozônio se aquece. Todo o ozônio na atmosfera, se recolhido e comprimido, formaria uma casca de apenas 31 milímetros de espessura. Mas ela absorve luz ultravioleta tão bem que mesmo essa quantidade irrisória de gás pode aquecer o ar a cerca de 45 mil metros à amena temperatura de 0°C. No geral, portanto, nosso ar forma uma espécie de sanduíche de temperaturas: há duas camadas de ar quente (uma perto do chão, uma por volta de 45 mil metros), com uma fatia de ar frio no meio.

E aqui está a recompensa: esse perfil de temperatura envia o som numa corrida desenfreada. Considere um caçador no chão que dá um tiro de espingarda. O som vai se elevar, curvando-se em direção ao ar superior mais frio. Acontece, porém, que os sons não param simplesmente quando chegam a essa camada. Eles têm ímpeto, continuam a avançar. Assim, depois de passar pela camada fria a 13.700 metros, o som irá inevitavelmente correr para o ar aquecido pelo ozônio acima dela. E como o som sempre se afasta do ar quente em direção ao ar frio, o ruído do tiro de espingarda vai na realidade fazer um suave U nesse ponto e começar a cair como uma flecha. Em outras palavras, o ozônio inverte a direção do som, como se ele quicasse numa parede.

A famigerada manchete do "disco voador" no *Roswell Daily Record*, em 6 de julho de 1946.

O que acontece em seguida é ainda mais estranho. Depois que começa a cair, o som ainda tem uma boa quantidade de momento linear. Assim ele avança com determinação através dessa camada fria a 13.700 metros e ruma para o chão. Mas o que acontece quando ele se aproxima do solo? Ele encontra uma camada de ar quente. E como o som sempre (repita comigo) se afasta do ar quente e se aproxima do ar frio, a maior parte da energia sonora vai virar as costas de novo e começar a subir. Mas isso, claro, o envia numa rota de nova colisão com aquela camada superior de ar aquecido pelo ozônio. Com o que ele dá uma terceira meia-volta e começa a ir a pique. E continua caindo – até que encontra o ar quente perto do chão e é devolvido em direção ao céu novamente. Em outras palavras, o som fica preso num circuito fechado. Continua subindo e descendo, subindo e descendo, oscilando em torno daquela camada fria de ar. É por isso que essa camada fria é chamada de canal de som, porque os sons são impelidos em direção a ela e têm dificuldade para escapar.

Há algumas advertências em relação ao canal de som que merecem atenção. Primeiro, somente ruídos muito intensos têm energia suficiente para se elevar tanto e ser sugados para ele. Não é como se as doces pala-vrinhas que você sussurrou ontem à noite estivessem ainda ricocheteando pela estratosfera, graças a Deus. Não só isso, os ruídos mais intensos,[2] de-pois de sua primeira virada em U no céu, às vezes têm energia e ímpeto suficiente para atravessar a camada de ar quente perto do chão e atingir a orelha dos ouvintes lá embaixo. Já vimos isso no monte Santa Helena. Lembre-se de que pessoas perto da erupção não ouviram nada, ao passo que pessoas distantes ficaram atordoadas com o barulho. Isso ocorreu porque o estrondo inicialmente espiralou para cima em direção ao ar mais frio, deslizando sobre a cabeça dos que estavam mais próximos e criando uma "sombra sonora" de 95 quilômetros de largura. Mas o estrondo caiu a pique quando bateu nos bolsões de ar mais quentes acima, permitindo que pessoas mais afastadas o ouvissem. Algo semelhante aconteceu com a bomba nuclear em Hiroshima. Sobreviventes próximos do epicentro falaram do *pika*, o clarão, ao passo que os mais afastados recordaram o *pika-don*, o clarão-estrondo.

Maurice Ewing elaborou a física do canal de som pela primeira vez em 1944.[3] Aquilo pareceu pouco mais que uma novidade, porém, até que ele compreendeu mais uma coisa. Ele entendia o que acontecia com ruídos que se originavam acima ou abaixo do canal – eram canalizados para ele. Mas o que dizer de ruídos que tivessem origem *dentro* do canal? Como eles se comportariam?

Considere outro tiro de espingarda, mas dessa vez a 13.700 metros, no ponto mais baixo da temperatura. Como todos os sons, onde quer que se originem, o ruído dessa explosão vai inicialmente começar a se espalhar em todas as direções. Ao se espalhar assim, os sons em geral se dissipam, enfraquecem. Mas algo incomum acontece nessa altura específica. Não importa em que direção as ondas de som avancem, para cima ou para baixo, elas encontram ar mais quente e são empurradas de volta para o centro. Em consequência, sons que começam dentro do canal de som não se espalham muito – o que significa que não enfraquecem. Eles são, portanto, audíveis a distâncias muito maiores que o normal. São efetiva-mente magnificados.

Em 1947 Ewing descobriu que essa efetiva magnificação dos sons oferecia uma maneira engenhosa de espionar os soviéticos. Ora, os soviéticos não iriam explodir armas nucleares a 14,5 quilômetros de altura – isso é tremendamente alto. Mas Ewing sabia que as nuvens em forma de cogumelo muitas vezes alcançam essa altura. Essas nuvens são bolsões de gás quente que colidem com outras moléculas de ar em volta. Colidir com moléculas de ar em volta é basicamente a definição de som, e Ewing esperava que as nuvens soviéticas provocassem um alvoroço suficiente a 14,5 quilômetros de altura para que ele o ouvisse a meio mundo de distância. A única coisa que a Força Aérea tinha de fazer era lançar balões com microfones até o canal de som para escutar. A Força Aérea batizou o plano de Projeto Mogul.

No começo Ewing estava muito otimista em relação ao Projeto Mogul, mas quando começou a realizar testes no Alamogordo Army Air Field, no Novo México, no início de 1947, encontrou vários problemas. Um deles era manter os balões numa altitude constante, pois a luz solar aquecia o envelope. Isso por sua vez aquecia o ar no interior e fazia o balão subir para fora do canal de som. A equipe de Ewing evitou isso usando balões transparentes, os quais permitiam que a luz solar fluísse através deles. (Ewing encomendou-os à mesma companhia que fez os primeiros balões gigantes para a Parada do Dia de Ação de Graças da Macy's. Quando seus assistentes viram os balões transparentes, pensaram imediatamente em outra coisa: imensos preservativos.)

Outro problema era rastrear os balões, pois eles vagavam a esmo com o vento. Ewing propôs rastreá-los com radar, mas o equipamento em Alamogordo tinha dificuldade em localizar esses pequeninos alvos em altitudes muito elevadas. Assim, os cientistas decidiram soltar não um, mas trinta balões de uma vez; prenderam-nos uns aos outros numa coluna de 65 andares de altura, mais de duas vezes o comprimento da Estátua da Liberdade. Eles também acrescentaram refletores de radar, superfícies de metal que ajudavam a redirecionar as ondas de radar de volta para o chão. Cada refletor parecia uma espécie de pipa feita de metal, e o Projeto Mogul de fato contratou uma companhia de brinquedos para fabricá-los. Como os cientistas não se importavam com a estética, a companhia de brinquedos

Reencenação do experimento dos balões do Projeto Mogul.

montou os refletores com cola e fita adesiva. E como a fita estava em falta pela persistente escassez de tempo de guerra, a companhia recorreu a um estoque de fitas malucas recém-lançadas que tinha à mão: cobertas com sinuosos hieróglifos roxos.

Como você provavelmente adivinhou, essas colunas desajeitadas de metal, plástico e borracha foram responsáveis por muitos dos "objetos voadores não identificados" que invadiram o céu de Roswell em 1947. Lá em cima, as colunas se moviam de maneiras misteriosas, com diferentes partes serpenteando para trás e para a frente em diferentes momentos, dependendo do vento. Os refletores de radar cintilavam sinistramente ao luar também, e quando as colunas vinham abaixo, o metal escavava a terra e produzia muito mais destroços que qualquer outro balão meteorológico.

Essa tendência a espalhar escombros por aí tornou-se uma dor de cabeça para Maurice Ewing. Por absurdo que pareça, o Projeto Mogul recebeu a mesma classificação ultrassupersecreta do Projeto Manhattan. Nem o pessoal no Roswell Army Air Field, a 145 quilômetros de distância, tinha conhecimento dele, o que significava que a equipe de Ewing tinha de sair correndo para recobrar os pedaços de cada um dos 110 voos que lançaram. Na maior parte do tempo eles encontravam os balões caídos com bastante facilidade; quando perdiam um, realmente ouviam notícias sobre óvnis veiculadas pelo rádio como pistas. Mas algumas colunas de balões escapavam – inclusive aquela que fez um pouso de emergência na fazenda de Mac Brazel.

Dado todo o rebuliço que se seguiu, Brazel disse anos depois que lamentava não ter mantido seu barracão trancado e a boca fechada. Mas seja lá por que razão, pessoas no mundo todo exploraram a sua história, e os destroços que ele tinha encontrado na terra adquiriram de alguma forma poderes sobrenaturais. A reação dos militares apenas alimentou as desconfianças das pessoas, e os boatos de Roswell logo se disseminaram, transformando-se no fenômeno que conhecemos hoje.

Nesse meio-tempo, o Projeto Mogul continuou em sigilo por mais alguns anos, e relatos afirmam que balões do Mogul de fato detectaram o Joe-I, o primeiro teste soviético de arma nuclear, em agosto de 1949. Mas o mesmo foi feito por outros métodos mais baratos e confiáveis, como enviar aviões para esquadrinhar o céu em busca de poeira radioativa. Após anos de resultados marginais, a Força Aérea finalmente extinguiu o Mogul em 1950.

Naquela altura, com o Mogul na lata de lixo da história, as Forças Armadas poderiam ter revelado a verdade. Mas, paranoicos até o fim, os oficiais continuaram a sonegar informação e a insistir na tola história do balão meteorológico. Aparentemente, a ameaça da União Soviética era tão iminente em sua imaginação que eles preferiam deixar os rumores sobre uma invasão alienígena se multiplicarem a alertar os soviéticos para uma tentativa frustrada de espioná-los. Quando a Força Aérea reconheceu o Projeto Mogul, nos anos 1990, era tarde demais: os boatos de Roswell haviam assumido uma verdade própria.

De maneira confusa, porém, a história provou que os que espalhavam boatos conspiratórios estavam certos. A Força Aérea de fato mentira durante todos aqueles anos, e de fato esquadrinhava desesperadamente o céu acima de Roswell em 1947 – mas em busca de fatídicos estrondos de gás, e não de naves espaciais alienígenas. E pensar que toda essa história enrolada começou com uma peculiaridade acústica de nossa atmosfera, a qual dependia, por sua vez, da grande capacidade de absorver energia do ozônio. Ao proteger o DNA de criaturas não afeitas ao mar, pode-se dizer que o ozônio fez mais que qualquer outro gás para acelerar a evolução da vida na Terra. E ao permitir o Projeto Mogul, o ozônio também convenceu mais gente que nunca do assunto de nosso próximo capítulo, a existência de vida em outros planetas.

9. Bancando os extraterrestres

Ao longo de todo este livro vimos exemplos de quão vasto é o nosso oceano de ar e quão profundamente ele moldou – e continua a moldar – a vida humana. Agora é hora de expandir os horizontes mais uma vez e explorar a atmosfera de outros planetas. Porque, por mais rico e recompensador que seja seu estudo, a atmosfera da Terra é apenas um exemplo. Então, que outros tipos de ar existem na infinidade do espaço? Que ares respiram as formas de vida alienígenas? E o que aconteceria se os seres humanos tentassem respirar esses ares também?

Evidentemente, ao falar sobre essas outras atmosferas, descobriremos coisas novas sobre o nosso ar também – inclusive quão precioso e até frágil ele é. O capítulo 8 terminou ressaltando que os homens só podem manipular as condições meteorológicas num grau limitado. Mas não pretendi sugerir que nossa atmosfera é tão esmagadoramente grande e que nós seres humanos somos tão esmagadoramente diminutos que não afetamos nosso ar de maneira alguma. Ao contrário. Talvez nunca possamos projetar as condições meteorológicas de acordo com nossos caprichos, mas isso não significa que não estejamos mudando o clima de outras formas, e mais significativas.

É uma pena que a teoria da conspiração tenha sequestrado o debate desde Roswell, porque o estudo da vida extraterrestre tem realmente um pedigree ilustre. Johannes Kepler jurava ter encontrado prova de civilizações avançadas na Lua; o mesmo vale para William Herschel e o Sol. Immanuel Kant e Christiaan Huygens escreveram extensamente sobre extraterrestres, assim como Carl Gauss e Benjamin Franklin. Alguns pensadores até sugeriram maneiras de enviar sinais para alienígenas de mentalidade semelhante à nossa: cultivar gigantescos triângulos retângulos de trigo na Sibéria, ou encher enormes canais no Saara com óleo e atear-lhes fogo.

Provavelmente o mais conhecido proponente da vida extraterrestre tenha sido Percival Lowell, rico embaixador e escritor americano que ficou obcecado pela astronomia já na idade madura. Lowell foi inspirado pelo trabalho de um astrônomo italiano que afirmou nos anos 1870 ter encontrado uma grade de *canali* entrecruzando-se na superfície de Marte, alguns com quase cinco quilômetros de comprimento. Ao ler sobre esses *canali*, Lowell pensou imediatamente no canal de Suez, então o mais maravilhoso projeto de engenharia da história. Ele convenceu-se de que os canais marcianos eram ainda mais grandiosos, e construiu seu próprio observatório no Arizona para estudá-los, gastando US$20 mil (US$500 mil hoje) apenas com o telescópio. Lowell talvez tivesse feito melhor gastando US$20 com um professor de italiano, que lhe teria dito que *canale* não significava *canal* ("rio artificial"), mas o termo neutro *channel*. De qualquer modo, Lowell começou a estudar seriamente o "sistema de distribuição de águas" marciano; ele também afirmou ter encontrado evidências de aumento e redução da "vegetação" em cada primavera e outono de Marte. No início, a maioria dos astrônomos apoiou Lowell, até que ele começou a publicar livros cheios de especulações desvairadas sobre tecnologias marcianas. A gota d'água foi quando ele afirmou ver sinais de civilização em Vênus, uma impossibilidade, pela constante cobertura de nuvens do planeta. Telescópios mais acurados finalmente revelaram que os "canais" eram ilusões de óptica – como uma fileira de pontos pretos que se confundem com uma linha à distância. O biólogo Alfred Russel Wallace também ressaltou que, do ponto de vista da engenharia, as afirmações de Lowell não faziam nenhum sentido. Canais que transportassem água por milhares de quilômetros iriam perder cada gota por evaporação. Além disso, Wallace observou que esses canais nunca se viravam nem estreitavam, nunca se desviavam em torno de traços naturais da paisagem, como seria de esperar. Se eram realmente canais, concluiu Wallace, eram "a obra de... malucos, e não de seres inteligentes".

Lição não aprendida, os astrônomos continuaram a deixar a imaginação vagar durante o século seguinte. Nos anos 1970, a Nasa lançou duas sondas *Viking* para procurar vida em Marte, e, antes da decolagem, Carl Sagan reuniu um grupo de repórteres em torno de um aterrissador *Viking* em miniatura e começou a desfilar cobras, camaleões e tartarugas na frente das câmeras, para mostrar a todos o que esperava encontrar no planeta vermelho. "Não há razão para excluir de Marte organismos que variem, em tamanho, de formigas a ursos-polares", declarou. Nenhum urso-polar cor de ferrugem jamais apareceu.

Aqui está o que sabemos sobre as atuais perspectivas de vida em nosso sistema solar. Podemos de saída excluir alguns lugares. Com todo o devido respeito a William Herschel, sua teoria sobre criaturas vivas no Sol era estúpida. O Sol é muito mais quente até que o fogo, quente o bastante para que os átomos lá se desintegrem em plasma. Nem pensar em construir biomoléculas complexas como DNA nessas circunstâncias, muito menos organismos inteiros. Quanto ao outro objeto que domina nosso céu, a Lua parece fria demais e especialmente seca para a vida. Talvez seja um preconceito biológico de nossa parte, mas um líquido como água parece essencial para qualquer coisa que reconheceríamos como vivente, tanto para fornecer um meio para reações químicas como para devorar radicais livres que de outra maneira triturariam moléculas orgânicas. A Lua tampouco tem ar para se respirar.

Marte e Vênus outrora pareciam uma grande promessa como residências para a vida, mas ambos tropeçaram por diferentes razões. Apesar da polêmica dos canais, os cientistas acreditam agora que Marte teve de fato água corrente em algum momento, só que não recentemente. O planeta também perdeu a maior parte de sua atmosfera alguns bilhões de anos atrás. Como no caso da Terra, essa atmosfera era o resultado de erupções vulcânicas, e, também como no caso da Terra, essas primeiras atmosferas provavelmente foram lançadas no espaço depois de choques de asteroides. Ao contrário da Terra, porém, Marte era muito pequeno para conservar calor interno suficiente. Em consequência, o interior se resfriou e solidificou, e os vulcões secaram. Por isso Marte perdeu a capacidade de reabastecer sua atmosfera depois que ela se esgotou. A solidificação de seu núcleo também matou o campo magnético de Marte. Isso é muito importante, porque um campo magnético age essencialmente como um campo de força em torno do planeta e deflete o vento solar, um fluxo de partículas originário do Sol que tende a remover gases preciosos. Tudo que Marte tem hoje como atmosfera é um sopro de dióxido de carbono, com uma pressão do ar duzentas vezes menor que a da Terra.

(A propósito, é mentira dizer que sua cabeça explodiria se você tirasse o capacete espacial num ambiente de baixa pressão como o de Marte, ou no espaço exterior de maneira geral. Seu crânio é forte o bastante para suportar isso. Mas você não duraria muito. Dada a pressão minúscula, toda a água em sua boca e em seus olhos ferveria e se dissiparia em segundos. Seu corpo também pararia de funcionar quando o frio intenso transformasse seu cérebro num bloco de gelo. Bem-vindo ao espaço, onde você pode ferver e congelar simultaneamente.)

Vênus, por sua vez, começou como uma segunda Terra, praticamente idêntica, exceto por uma órbita mais próxima do Sol. Essa única diferença, contudo, feriu nosso gêmeo. Em certo sentido, Vênus tem o problema oposto ao de Marte – ar demais. Seus antigos vulcões provavelmente liberavam vapor d'água e dióxido de carbono mais ou menos na mesma taxa que na Terra primitiva. Mas como Vênus está mais próxima do Sol, a temperatura ali nunca diminuiu o suficiente para que o vapor se condensasse em lagos e oceanos. Ele continuou gasoso. E sem água permanente, o CO_2 nunca teve chance de se dissolver e formar minerais sólidos; ele também continuou suspenso no ar. Em geral, há aproximadamente o mesmo número de átomos de carbono em Vênus e na Terra, mas em Vênus há 200 mil vezes mais gás carbônico. Isso dá a esse planeta uma pressão do ar comparável à pressão oitocentos metros abaixo da superfície no oceano. Pior, o dióxido de carbono capta calor (ele é um gás estufa), e a superfície de Vênus hoje torra a inacreditáveis 460C°, quente o bastante para derreter chumbo. Não mande as pessoas para o inferno, mande-as para Vênus.[1]

A maioria dos astrônomos atualmente concorda que, se é possível haver vida em algum outro lugar no sistema solar, esse lugar são os satélites de Júpiter e Saturno. Pela distância que os separa do Sol, nenhum desses satélites recebe muita luz ou calor, mas eles sentem de fato fortes forças de maré ao orbitar seus planetas-mãe. A ação das marés converte energia gravitacional em atrito, e esse atrito provavelmente fornece calor suficiente para produzir vulcões e água líquida, pelo menos sob a superfície dos planetas. A Nasa considera Europa, lua de Júpiter, uma candidata tão promissora para a vida que, depois que a sonda *Galileo* terminou de circular Júpiter em 2003, os cientistas preferiram espatifá-la no planeta a correr o risco de deixá-la cair em Europa e talvez contaminá-la com micróbios que viajavam de carona daqui da Terra.

Quanto à questão da existência de vida além de nosso sistema solar, os cientistas têm mudado de ideia há décadas. Alguns consideram-na impossível, ao passo que outros estão convencidos de que ela está lá. (Como Arthur C. Clarke disse uma vez: "Há duas possibilidades: estamos sozinhos no Universo ou não estamos. Ambas são igualmente aterrorizantes.") Por várias razões, a opinião científica nas últimas décadas oscilou decididamente para a última possibilidade, de que o Universo deve fervilhar de vida.

Em primeiro lugar, agora temos provas sólidas de que existem planetas em torno de outras estrelas. Esse trabalho não começou de fato até os anos 1990, mas os astrônomos já localizaram 3.200 desses chamados exoplanetas, ou planetas extrassolares. Em geral eles os detectam procurando mudanças periódicas na luz que as estrelas produzem. (Especialmente mudanças de Doppler, alterações sutis na cor da luz enquanto a estrela é puxada de um lado para outro pelo planeta circulante.) Se a estrela e o planeta se alinharem da maneira certa, os cientistas podem também procurar mudanças periódicas no brilho quando o exoplaneta desliza pela frente da estrela e bloqueia um pouquinho de luz – um eclipse parcial. É difícil compreender o grau de precisão envolvido nesse trabalho: é como estar postado no Maine procurando uma pulga numa lâmpada em San Diego. No entanto os cientistas desenvolveram superpoderes para fazer isso. Ainda não há sinal de vida – o que seria como localizar células individuais, ou mesmo moléculas, nessa pulga. Mas na maioria dos casos os cientistas podem determinar o tamanho do planeta, a massa e a distância orbital, primeiros passos importantes.

A vida extraterrestre também parece mais plausível hoje porque sabemos que vários elementos básicos potenciais para a vida – água, metano, amônia, gases compostos de carbono – são todos comuns no espaço. Astrônomos detectaram bases de DNA e aminoácidos simples lá fora também. Igualmente importante, sabemos agora que a vida na Terra pode prosperar em lugares muito inóspitos – fendas vulcânicas submarinas, o mar Morto, a uma profundidade de oitocentos metros abaixo do gelo da Antártida. A bactéria *Deinococcus radiodurans* pode sobreviver até em depósitos de lixo nuclear, em níveis de radiação 3 mil vezes acima do capaz de derrubar um ser humano. (Como? Reparando seu DNA muito, muito depressa. A *D. radiodurans* não evoluiu para viver em lixo nuclear, claro, pois não existem depósitos de lixo nuclear na natureza. Ela evoluiu para viver em lugares extremamente secos, e o dano ao DNA causado pela radioatividade por acaso se assemelha ao da extrema desidratação. Assim, se você quer saber que espécies sobreviveriam a um holocausto nuclear, olhe para o deserto.) No geral, o trabalho sobre biomoléculas sugere que a matéria-prima para a vida é abundante, e o trabalho sobre ambientes extremos sugere que a vida pode se estabelecer praticamente em qualquer lugar.

Ainda assim, toda essa conversa sobre vida em planetas distantes continua a ser uma especulação – somos como escolásticos medievais debatendo o sexo dos anjos – até que encontremos alguma prova real dela. E a melhor prova, além de pousar em exoplanetas, virá do estudo de gases em suas atmosferas.

Para colher essa prova, os astrônomos precisam primeiro encontrar um alvo adequado – um planeta rochoso não próximo demais de seu sol nem distante demais. Eles esperariam então que o planeta passasse em frente a esse sol. A maior parte da luz solar ainda o atravessaria durante essa passagem, pois as estrelas são vastamente maiores que os planetas.

Luz estelar filtrando-se através da atmosfera de um
exoplaneta distante, na representação de um artista.

Uma pequena porcentagem iria também ficar bloqueada pelo corpo do
planeta. (A Terra bloquearia 0,008% da luz do nosso sol, por exemplo.) O
que realmente interessa aos astrônomos, porém, é a porcentagem ainda
menor de luz (talvez 0,00005%) que não seria bloqueada pelo corpo do
planeta nem deixaria de incidir sobre ele completamente. Em vez disso,
essa luz será filtrada através da coroa de gás da atmosfera planetária.

Luz e gases interagem de forma especial. Quando ficam excitados,
os gases frequentemente emitem luz – já vimos isso com as lâmpadas de
sódio e as luzes neon. Mas essa luz encerra mais do que os olhos veem.
Embora pareça, a luz emitida por essas lâmpadas não é de uma cor uniforme. Na realidade, é uma mistura de várias cores diferentes.

Você pode ver essas cores individuais – elas aparecem como finas linhas ou faixas – se decompuser essa luz com um prisma. Gás hidrogênio,
por exemplo, emite uma faixa vermelho vivo, uma tranquilizante faixa
verde-mar e alguns roxos tênues. O hélio, por sua vez, emite uma deslumbrante linha amarela, entre outras. (Essa vibrante faixa amarela, de fato,
foi o que permitiu aos astrônomos descobrir hélio no Sol em 1868, déca-

das antes que William Ramsay o descobrisse na Terra.)[2] Todos os outros
elementos na tabela periódica emitem suas próprias faixas características
de cor. Os cientistas chamam a matriz única de cada elemento de seu
espectro de emissão.

Há também algo chamado espectro de absorção. Este é essencialmente
o oposto de um espectro de emissão: enquanto um espectro de emissão
envolve gases quentes emitindo cores específicas de luz, um espectro de
absorção envolve gases frios *bloqueando* certas cores. Imagine um arco-íris,
do tipo que você vê quando decompõe luz branca pura com o prisma.
Agora imagine alguém chegando com um pouco de tinta e um pincel fino,
e pintando de preto uma linha aqui, uma linha ali. Essa é a aparência de
um espectro de absorção.

Quando os astrônomos olham para a luz estelar que passa através
da coroa de um planeta distante, é no espectro de absorção que estão
interessados. Isso porque cada diferente componente gasoso, como cloro,
vapor d'água ou amônia, absorve diferentes faixas de luz estelar. As faixas de cor ausentes funcionam, portanto, como uma "impressão digital"
para aquele gás. Estudando os padrões das cores ausentes, os astrônomos
podem inferir que gases existem na atmosfera do exoplaneta. Apesar dos
assustadores desafios técnicos, telescópios no espaço já detectaram vapor
d'água em planetas a vários anos-luz de distância – aproximadamente
32,19 trilhões de quilômetros. Telescópios futuros deverão ser capazes de
identificar dióxido de carbono, sulfeto de hidrogênio, amônia, metano e
outros gases comuns. (Levantamentos feitos na Terra sugerem que formas
de vida aqui podem produzir mais de seiscentos gases diferentes ao todo.)

Evidentemente, quando se procura vida extraterrestre, alguns gases
são mais úteis que outros. Água e dióxido de carbono sugerem a presença
de vulcões, mas pouco mais. Argônio significa apenas que uma grande
quantidade de potássio-40 esteve jogada por ali e decaiu. Hidrogênio ou
hélio indicam provavelmente um planeta-bebê, jovem demais para a vida.
Quanto a sinais positivos de vida, os astrobiólogos pensavam outrora que
o oxigênio seria um sinal revelador perfeito, já que organismos vivos produzem a maior parte do O_2 na Terra. O ozônio parecia um forte sinal,

também, uma vez que a criação de O_3 requer O_2 como matéria-prima. Desde então compreendemos, porém, que diferentes planetas com diferentes geologias produziriam oxigênio através de meios não biológicos (luz ultravioleta intensa pode separar vapor d'água em H_2 e O_2, por exemplo). De maneira semelhante, muitos astrobiólogos no passado propuseram a busca de metano, uma proeminente excreção orgânica microbial na Terra. Mas agora os modelos sugerem que espumas submarinas de magma reagiriam com água do mar produzindo metano como subproduto. Droga, até Plutão adquire um esparso véu de metano (e nitrogênio) quando se aproxima do Sol, e as probabilidades de que exista vida ali são nulas.

Em última análise, nenhum gás pode funcionar como um letreiro de neon anunciando "Tem vida aqui!". Dito isso, *combinações* de certos gases seriam um forte indício. Quando se misturam na atmosfera, metano e oxigênio tendem a se atacar, e sua concentração diminui ao mesmo tempo. Num planeta sem vida, portanto, você encontraria apreciáveis quantidades de um ou de outro, mas não de ambos. Em contraposição, se há de fato abundância de ambos, alguma coisa deve estar renovando seus estoques, e é difícil pensar no que essa "alguma coisa" seria, exceto vida. Encontrar um forte espectro de metano-oxigênio seria, portanto, semelhante a encontrar um fóssil, um fóssil feito de gases.

Vamos levar isso um passo adiante. Porque, embora gases como o oxigênio possam nos ajudar a detectar "plantas", "animais" e micróbios extraterrestres, queremos encontrar mesmo é vida inteligente. O chamado movimento Seti (de Search for Extraterrestrial Intelligence) concentrou-se sobretudo na detecção de ondas eletromagnéticas provenientes de planetas distantes – radioamadores extraterrestres. Mas essa abordagem tem algumas deficiências, na medida em que capta apenas civilizações que transmitem coisas para o espaço. Em outras palavras, ela teria deixado escapar tudo sobre a humanidade antes de cerca de 1905, e também deixaria escapar completamente qualquer planeta cujos habitantes se concentrassem em tecnologias semelhantes ao telégrafo. Mais ainda, se as tendências atuais se mantiverem e as transmissões radiofônicas continuarem a diminuir em importância, a própria Terra poderia vir a ser em grande parte silenciosa no que diz respeito a transmissões radiofônicas dentro de um ou dois séculos, tornando-nos invisíveis a partir de longe. Civilizações em outros planetas poderiam seguir um padrão semelhante, deixando uma janela extremamente estreita para a nossa escuta.

Uma forma melhor de buscar inteligência extraterrestre, portanto, seria procurar poluição alienígena. Para usar a Terra como exemplo, os astrônomos extraterrestres iriam certamente chilrear (ou gorjear, ou grunhir, ou seja lá o que fazem quando ficam agitados) diante da presença de clorofluorcarbono (CFC) em nosso ar, uma vez que nenhum processo natural pode produzir esses gases. Astrônomos poderiam também inferir algumas coisas sobre o bem-estar de uma civilização distante com base em sua poluição. Alguns poluentes se decompõem após cerca de dez anos, ao passo que outros requerem centenas de milhares. Assim, se víssemos uma mistura de poluentes de vida breve e longa numa atmosfera distante, concluiríamos que havia indústria ativa ali. Se víssemos apenas os poluentes de vida mais longa, a conclusão seria mais desalentadora: os homenzinhos verdes locais tinham se aniquilado, talvez destruindo o meio ambiente de seu planeta. Procurar poluição extraterrestre pode parecer um exagero, mas quando o Telescópio Espacial James Webb for lançado, dentro de alguns anos, ele terá capacidade para detectar, em planetas a vários anos-luz de distância, concentrações de CFC apenas dez vezes maiores que as da Terra. A nova geração fará ainda melhor.

Ou talvez não sejam os CFCs que irão nos alertar – talvez detectemos um sopro de outro gás exótico. Talvez esse gás não seja um poluente, tampouco, mas algo que podemos usar aqui em benefício próprio. Gire uma tabela periódica e ponha o dedo em alguns elementos aleatórios. Talvez o gás que eles formam juntos vá revolucionar a medicina, os transportes ou a metalurgia de um modo que ainda não podemos compreender, tal como outros gases fizeram no passado. E pensar que o primeiro indício de sua existência não viria de algum laboratório de P&D na Terra, mas no halo de luz de um planeta a milhões de milhões de quilômetros de distância.

A CAÇA DE VIDA em outros planetas suscita toda espécie de questão espiritual presunçosa sobre os seres humanos e nosso lugar no cosmo.[3] (De maneira mais premente: a descoberta de vida inteligente em outro lugar iria nos tornar automaticamente menos especiais?) Infelizmente, níveis cada vez maiores de gases estufa aqui na Terra estão também tornando a habitabilidade dos planetas distantes uma preocupação desconfortavelmente prática: talvez precisemos deles como refúgio algum dia.

Tal como no caso da radioatividade, é importante saber que os gases estufa por si mesmos não são maléficos. Pense neles como o colesterol. Seu corpo precisa de um pouco de colesterol para embainhar as células cerebrais e produzir certas vitaminas e hormônios; é somente quando os níveis de colesterol se elevam demais que o problema começa. O mesmo ocorre com os gases estufa.

Esses gases ganharam seu nome porque captam a luz solar que chega, embora não diretamente. A maior parte da luz solar que chega à Terra bate no chão primeiro e o aquece. O solo libera parte desse calor de volta em direção ao espaço na forma de luz infravermelha. (A luz infravermelha tem um comprimento de onda maior que a luz visível; para nossos propósitos, ela é basicamente o mesmo que calor.) Gases como dióxido de carbono e metano podem absorver calor infravermelho, e o fazem. E, quanto mais dessas moléculas de muitos átomos houver, mais calor elas absorvem. É por isso que os cientistas as distinguem como gases estufa: elas são a única fração do ar que pode captar calor dessa maneira.

Os cientistas definem o efeito estufa como a diferença entre a temperatura real de um planeta e a temperatura que ele teria sem esses gases. Em Marte, a cobertura esparsa de CO_2 eleva sua temperatura em menos de $-10°$. Em Vênus, gases estufa acrescentam gigantescos $482°C$.[4] A Terra situa-se entre esses dois extremos. Sem gases estufa, nossa temperatura média global seriam gélidos $-18°C$, abaixo do ponto de congelamento da água. Com gases estufa, a temperatura média permanece em agradáveis $16°C$. Astrônomos falam com frequência sobre como a Terra orbita a uma distância perfeita do Sol – uma "distância ideal" em que a água nem congela nem ferve. Contrariando esse clichê, é na realidade a combinação da

Fronteiras

distância com gases estufa que nos dá H_2O líquida. Com base na distância orbital apenas, seríamos gelados como Hoth.*

De longe, o gás estufa mais importante na Terra, acredite ou não, é o vapor d'água, que, sozinho, eleva em 4°C a temperatura do planeta. O dióxido de carbono e outros gases-traço são responsáveis pelos onze restantes. Então, se a água realmente faz mais, por que o CO_2 se tornou tamanho bicho-papão? Sobretudo porque os níveis de dióxido de carbono estão se elevando muito depressa. Os cientistas podem examinar o ar de séculos anteriores desenterrando pequenas bolhas presas sob lençóis de gelo no Ártico. A partir desse trabalho, eles sabem que durante a maior parte da história da humanidade o ar continha 280 moléculas de dióxido de carbono para cada milhão de partículas em geral. Depois a Revolução Industrial começou, e passamos a queimar escandalosas quantidades de hidrocarbonetos, que liberam CO_2 como subproduto. Para dar uma ideia de escala, num ensaio que escreveu para os netos em 1882, o magnata do aço Henry Bessemer gabou-se de que só a Grã-Bretanha queimava o equivalente a 55 pirâmides de Gizé de carvão por ano. Em outras palavras, disse ele, esse carvão poderia "construir um muro em torno de Londres de 322 quilômetros de comprimento, 161 quilômetros de altura e treze metros de espessura – uma massa não somente igual a todo o conteúdo cúbico da Grande Muralha da China, mas suficiente para acrescentar mais 557 quilômetros à sua extensão". E lembre-se, isso foi décadas *antes* dos automóveis, da navegação moderna e da indústria do petróleo. Os níveis de dióxido de carbono alcançaram 312 partes por milhão em 1950 e desde então subiram rapidamente para mais de quatrocentas.

As pessoas que desdenham a mudança climática muitas vezes ressaltam, corretamente, que as concentrações de CO_2 vêm flutuando há milhões de anos, muito antes que os seres humanos existissem, por vezes chegando a níveis máximos uma dúzia de vezes mais elevados que os atuais. É também verdade que a Terra tem mecanismos naturais para remover o dióxido de carbono em excesso – um estupendo circuito de feedback negativo por

---

* Planeta do universo ficcional de *Guerra nas estrelas*. (N.T.)

meio do qual a água do oceano absorve o excesso de CO_2, converte-o em minerais e o armazena no subsolo. Mas quando vistas de uma perspectiva mais ampla, essas verdades se deterioram em meias verdades. As concentrações de CO_2 variaram no passado, sim – mas nunca deram saltos tão rapidamente quanto nos dois últimos séculos. E embora processos geológicos possam sequestrar CO_2 sob a terra, esse trabalho demanda milhões de anos. Nesse ínterim, os homens despejaram aproximadamente 1.133 trilhões de quilos de CO_2 extra no ar apenas nos últimos cinquenta anos. (Isso é mais de 725 mil quilos por segundo. Pense sobre como os gases pesam pouco, e você terá uma ideia de quão assombrosamente grandes são esses números.) Mares abertos e florestas vão devorar algo próximo à metade desse CO_2, mas a natureza simplesmente não consegue remediar isso com rapidez suficiente para se manter em boas condições.

As coisas parecem ainda mais desalentadoras quando consideramos outros gases estufa. Molécula por molécula, o metano absorve 25 vezes mais calor que o dióxido de carbono. Uma das principais fontes de metano na Terra atualmente é o gado doméstico: cada vaca arrota uma média de 570 litros de metano por dia e peida mais trinta litros; no mundo inteiro, isso se eleva a 79 bilhões de quilos de CH_4 por ano – uma parte dos quais se degrada em razão de processos naturais, mas grande parte, não. Outros gases causam ainda mais dano. O óxido nitroso (gás hilariante) absorve calor de maneira trezentas vezes mais eficaz que o dióxido de carbono. Piores ainda são os CFCs, que não somente matam ozônio, mas captam calor vários milhares de vezes melhor que dióxido de carbono. Coletivamente, os CFCs são responsáveis por um quarto do aquecimento global induzido pelo homem, apesar de terem a concentração de apenas algumas partes por bilhão no ar.

E os CFCs ainda não são o pior problema. O pior problema é um circuito de feedback positivo envolvendo a água. Feedback positivo – como o apito que você ouve quando dois microfones entram em contato – envolve um ciclo autoperpetuador que espirala de maneira descontrolada. Nesse caso, o excesso de calor dos gases estufa faz a água do oceano evaporar num ritmo mais rápido que o normal. A água, lembre-se, é um dos melhores (isto é, piores) gases estufa que há por aí, de modo que o aumento do vapor d'água capta mais calor. Isso faz as temperaturas se elevarem alguns graus, o que causa mais evaporação, captando ainda mais calor, o que leva a mais evaporação – e assim por diante.[5] Não demora, e teremos Vênus aí fora. A perspectiva de um circuito de feedback descontrolado mostra por que deveríamos nos preocupar com coisas como um pequeno aumento nas concentrações de CFCs. Algumas partes por bilhão talvez pareçam muito pouco para fazer alguma diferença, mas se a teoria do caos nos ensina alguma coisa, é que mudanças pequeninas podem levar a enormes consequências.

A vida prosseguirá depois da mudança climática, claro – apenas não há nenhuma garantia de que a vida *humana* irá sobreviver. Assim, supondo que não queiramos nos extinguir, o que devemos fazer? Duvido que algum dia iremos parar de poluir voluntariamente e retornar a estilos de vida mais simples; gostamos de carne, de telefones celulares e de transporte rápido um pouco demais. Multas ou impostos, por outro lado, provavelmente iriam frear o consumo. Alguns economistas propõem o estabelecimento de um sistema de comércio de emissões no qual aqueles que adotam tecnologias mais limpas, como energia solar, ganham "créditos de carbono" para trocar por dinheiro. Em apoio a essa ideia, eles observam que o sistema de comércio de emissões ajudou a frear a chuva ácida nos anos 1980, eliminando em grande parte esse problema. Ainda assim, é mais difícil regular os gases estufa que a chuva ácida. A contenção da chuva ácida envolveu a monitoração de apenas alguns gases (principalmente dióxido de enxofre e alguns óxidos nítricos). Como gases estufa, estamos falando de algumas dezenas de espécies, incluindo o onipresente CO_2, o que aumenta a complexidade. E, num sentido mais amplo, mesmo que contenhamos a liberação de gases estufa, provavelmente teremos dificuldade para controlar o dano que já está ocorrendo. Por causa do circuito de feedback positivo com evaporação e vapor d'água, o aquecimento global adquiriu um ímpeto ameaçador. Não podemos simplesmente aquecer o planeta um pouco e apertar "pausa".

Para mim, a engenharia climática – a tomada de medidas deliberadas para esfriar nossa atmosfera – é a única solução realista. Para ser claro, em qualquer tipo de estrutura objetiva, a engenharia climática também parece desesperada e insana. De fato, não podemos pôr a ideia à prova em nada menos que uma escala planetária, e há um risco razoável de estragarmos tudo e agravarmos o problema. Porém, por mais que eu acredite na lei das consequências involuntárias, acredito ainda mais fortemente na invariabilidade da natureza humana ao longo do tempo. E uma vez que a preguiça e a miopia dominaram nosso comportamento no passado, não vejo por que não o farão no futuro também. Não quero soar pessimista em relação aos seres humanos – alguns dos meus melhores amigos são gente. Mas temos nossos defeitos, e a tentativa de lidar com a mudança climática expõe os piores deles. Em contraposição, a invenção de uma solução tecnológica para o problema, embora não seja fácil, tira partido do que os seres humanos fazem bem – congregar-se em torno de uma causa quando a situação fica desesperadora e então começar a construir coisas.

Uma abordagem da engenharia climática envolve captar dióxido de carbono gasoso e transformá-lo em carbono sólido. Por exemplo, quando as formigas entocam-se no solo e constroem ninhos, elas produzem cálcio bruto como subproduto. Ocorre que o cálcio reage com o CO_2 na água da chuva para produzir calcário, sólido que não irá flutuar no ar e captar calor. Assim, talvez devêssemos abrir uma gigantesca fábrica de formigas na Sibéria e deixá-las pôr mãos à obra. Como alternativa, poderíamos explorar criaturas aquáticas que fazem parte do fitoplâncton. Muitas regiões no oceano são desprovidas de ferro, um nutriente essencial, por isso o despejo de ferro em pó nesses mares produziria enormes "florações". Fitoplânctons constroem esqueletos com carbono, que eles colhem do CO_2 no ar. Quando eles morrem e afundam, esse carbono fica depositado no fundo do oceano. Ora, formigas e fitoplânctons parecem pequenos demais para fazer frente à mudança climática, mas nós seres humanos tendemos a subestimar quantas dessas criaturas existem e quanto trabalho podem fazer. Como criaturas vivas, elas também se reproduzem por si mesmas, eliminando a necessidade de seres humanos para mantê-las.

Outra abordagem da engenharia climática envolve bloquear a luz solar antes que ela chegue ao solo e seja convertida em calor. Para esse fim alguns cientistas sugeriram o lançamento de espelhos gigantescos em órbita ou o borrifamento de água do mar nas nuvens para torná-las mais brancas, fofas e reflexivas. A ideia mais comentada envolve o borrifamento de megatons de dióxido de enxofre na estratosfera, uma vez que SO_2 também reflete luz de volta para o espaço. (É como um gás antiestufa.) Embora ele tenha contribuído no passado para a chuva ácida, esse dióxido de enxofre não seria removido do céu muito facilmente, porque nós o estaríamos borrifando acima das altitudes em que as nuvens de chuva se formam. Outra grande vantagem do dióxido de enxofre é que, em contraste com outras abordagens, a natureza já conduziu alguns experimentos toscos para nós: os vulcões frequentemente liberam esse gás, e grandes erupções como o do Tambora e a do Krakatoa de fato esfriaram o planeta por vários anos. A desvantagem é que, mais uma vez, estaríamos desencadeando outros problemas não previstos. No mínimo, o SO_2 iria embaciar o azul brilhante de nossos céus e obscurecer nossa visão das estrelas à noite; pores do sol, por sua vez, pareceriam sensacionalmente vermelhos.

Sempre será possível combinar várias táticas diferentes, claro – imensas fazendas de formigas, supernavios-tanques borrifando os mares com ferro, canhões disparando projéteis cheios de dióxido de enxofre do alto do monte Kilimanjaro. Lamentavelmente, depois que começarmos a nos apoiar nessas tecnologias, nunca poderemos afrouxar; estaremos remediando indefinidamente. Mais uma vez, porém, dado o fracasso dos seres humanos ao longo de toda a história para moderar o consumo antes que tudo venha abaixo, encontrar uma forma de sair da embrulhada através da engenharia parece a opção mais pragmática. E embora provavelmente custe muito – centenas de bilhões de dólares por ano –, esse trabalho parece barato se comparado à perspectiva de extinção de toda a nossa maldita espécie.

MAS SUPONHAMOS QUE a engenharia climática fracasse e que a Terra (bastante literalmente) vá para o inferno. Nesse ponto, nossa única opção seria recomeçar tudo em outro planeta.

Se não tivermos muita coisa em matéria de naves espaciais intergalácticas, devemos permanecer nas proximidades. Isso significaria dar a Marte ou à Lua uma remodelação ambiental, um processo chamado terraformação.[6] Alguns aspectos da terraformação envolveriam simplesmente ajustar o que já está lá. O solo marciano, por exemplo, é muito mais parecido com o da Terra do que sugere sua cor vermelha: ele está repleto de nutrientes, e é possível que produtos agrícolas alimentícios, que preferem solo alcalino, prosperassem no local (contanto que tivessem ar e não congelassem, claro). A Lua, no entanto, precisa de mais ajuda para que seu solo se torne adequado. E ambos os corpos ainda demandariam água e ar. Por sorte, poderíamos suprir essas duas necessidades importando matérias-primas na forma de cometas. Cientistas já pousaram sondas em cometas, e se um desses aterrissadores levasse uma bomba atômica, a explosão daria uma cotovelada nele, desviando-o de sua rota e redirecionando-o para o planeta-alvo. Antes que o cometa caísse estrondosamente, iríamos então reduzi-lo a escombros com outra cotovelada, após o que seu gelo, seus gases e minerais nutrientes pingariam inofensivamente sobre a superfície (pelo menos em teoria).

Segundo algumas estimativas, apenas uma centena de cometas do tamanho do Halley transformaria a Lua inteiramente, fertilizando sua paisagem e enchendo seus "mares", como o da Tranquilidade, de água de verdade. (Marte, sendo maior, exigiria mais cometas.) Tendo água, conseguir uma atmosfera respirável é simples: apenas importaríamos algumas algas fabricadoras de oxigênio e as deixaríamos trabalhar. (Alguns estudos indicam que esse processo demandaria dezenas de milhares de anos; outros estimam muito menos tempo. De qualquer maneira, depois que atingíssemos certa pressão mínima, as plantas poderiam ser importadas para acelerar as coisas.) Como vantagem, poderíamos engarrafar nossos CFCs mais poderosos e despachá-los para Marte ou para a Lua também, onde eles fariam realmente algum bem aquecendo aqueles corpos frios.

À medida que a atmosfera de Marte ficasse mais densa, seu céu – atualmente de um amarelo-rosado cremoso, pela presença de poeira – começaria a ficar gradativamente mais azul com a progressiva dispersão da luz solar pelos gases. Algo semelhante aconteceria com o céu hoje negro da Lua. E a própria Lua pareceria diferente vista daqui da Terra. Alguns cálculos sugerem que uma Lua transformada iria fulgurar com um brilho cinco vezes maior em nosso céu, com temperaturas tão amenas quanto as da Flórida. Dado esse clima, e o fato de que sua menor gravidade pressionaria menos as articulações humanas, você poderia imaginar a Lua se tornando um local muito apreciado pelos aposentados.

Considerando quanto trabalho seria necessário para transformar um planeta inteiro, contudo, a Lua ou Marte talvez não sejam a melhor opção no longo prazo. E num prazo realmente longo, transplantarmo-nos dentro do sistema solar não é uma opção, porque o Sol acabará por destruir tudo à nossa volta. Quando o Sol piscou para a vida, 4,5 bilhões de anos atrás, ele era 30% mais pálido que agora. Ele vem se tornando mais brilhante e mais quente desde então, e em 2 bilhões de anos provavelmente ficará quente o suficiente para ferver todos os oceanos na Terra. Mesmo que alguma espécie de barata sobrevivesse a esse ataque, nada sobreviverá à morte definitiva do Sol daqui a aproximadamente 5 bilhões de anos, quando lhe faltar hidrogênio como combustível para queimar. Várias coisas acontecerão nesse ponto, mas o resultado é que a temperatura do núcleo aumentará significativamente; em consequência, criaturas nessa vizinhança do cosmo irão aprender de novo, pela última vez, a lição de que os gases se expandem à medida que se aquecem. Pois o Sol vai se expandir rapidamente para mais de 150 vezes seu diâmetro atual, metamorfoseando-se numa estrela gigante vermelha que, dependendo dos cálculos que você considerar, vai engolir a Terra inteira e vaporizá-la, ou se aproximar de maneira furtiva apenas o suficiente para nos dar um beijo abrasadoramente quente e reduzir nosso amado lar a cinzas. De um modo ou de outro, Robert Frost acertou: nosso mundo acabará em fogo.

Antes desse ponto, obviamente, teríamos de colonizar um exoplaneta para sobreviver. Antes de mais nada, deveríamos descobrir quais exoplanetas têm ar que possamos respirar, algo possível de se saber com telescópios e espectros de absorção. Em seguida teríamos de construir uma espaçonave gigantesca para transportar pessoas para nossa nova casa. Felizmente, grande parte da matéria-prima de que precisaríamos para as naves já existe no espaço, na forma de asteroides metálicos que poderíamos minerar. Minerar rochas espaciais provavelmente parece absurdo, mas várias companhias mineradoras espaciais – algumas delas apoiadas por bilionários do Google e da Microsoft – já existem e estão à procura de candidatos entre as dezenas de milhares de asteroides próximos da Terra. Sondas simples funcionariam como mulas, arrastando os asteroides de volta em direção à Terra e estacionando-os em pontos gravitacionalmente estáveis no espaço onde teríamos acesso a eles.

Essas companhias mineradoras espaciais planejam auferir seus lucros iniciais com metais preciosos. Um asteroide com apenas algumas centenas de metros de diâmetro – um vigésimo desse tamanho matou os dinossauros – liberaria mais platina do que já se minerou na Terra em toda a sua história. Mais tarde, todo o ferro restante no asteroide faria excelentes espaçonaves também, naves que construiríamos no espaço, tão grandes quanto quiséssemos, já que não teríamos de nos preocupar com a questão de erguê-las da superfície da Terra.

Mas o verdadeiro prêmio nesses asteroides talvez não seja platina ou ferro, mas o gelo grudado às suas superfícies. Para termos uma perspectiva, parece haver mais água doce em Ceres, o maior objeto no cinturão de asteroides, que em todos os lagos e rios da Terra combinados; a maioria dos asteroides é menor, mas ainda há muita água ali facilmente disponível. Seres humanos viajando no espaço precisariam dessa água para beber, e a divisão da H_2O poderia também produzir hidrogênio e oxigênio para serem queimados como combustível. Ao contrário dos carros, que se movem por meio de atrito, as espaçonaves se movem empurrando pequenas bafonadas de gás para fora de suas traseiras e obtendo um impulso – impulso que elas nunca perdem para a resistência do ar no vácuo do espaço. (E se pequeninas partículas de gás não parecem poderosas o suficiente para a tarefa de mover uma espaçonave, bem, posso dizer que você não prestou atenção à leitura deste livro...) O melhor de tudo, essas naves poderiam recolher mais gelo de outros asteroides ou cometas ao longo do caminho, usando-os como postos de gasolina interestelares.

A divisão de moléculas de água daria também aos exonautas dentro da nave oxigênio extra para respirar. A maior parte de seu oxigênio, contudo, viria provavelmente de uma tecnologia muito mais antiga de geração de gás: as plantas, que eles cultivariam dentro de suas cabines. Os exonautas teriam também de completar a atmosfera interna das cabines com nitrogênio, tanto para manter a pressão do ar em níveis semelhantes aos da Terra (imagine seus ouvidos tapados por décadas de uma só vez) quanto para mitigar os riscos de incêndios, que ardem descontroladamente em oxigênio puro. Quanto a onde obter esse nitrogênio, a tripulação iria provavelmente apenas colher um pouco de ar da Terra antes da partida. Ao fazê-lo, eles iriam inevitavelmente aspirar um pouco de argônio, amônia e outros gases-traço que compõem nossa atmosfera, todos os quais nos acompanhariam até o nosso novo lar. O que parece adequado também, dada a grande medida em que esses gases moldaram nossa espécie.

Quanto ao planeta para o qual deveríamos nos pôr a caminho, há um sem-número de opções, uma vez que existem no nosso Universo aproximadamente 300 sextilhões de estrelas. (Em outras palavras, você precisaria de várias inspirações profundas para inalar tantas moléculas de ar, e o número de moléculas de ar que você inala em cada inspiração já é colossal.) Estatisticamente, o planeta habitável mais próximo está a doze anos-luz de nós – uma distância que, se o tempo de vida aumentar, um ser humano poderia teoricamente cobrir durante sua existência. Ao longo da viagem, as pessoas na nave precisariam se exercitar constantemente para manter suas densidades ósseas e massas musculares elevadas. (Arranjar para que partes da nave girassem como uma lenta centrífuga, criando gravidade artificial, ajudaria.) Além dessa tarefa, elas ocupariam seus dias jogando, assistindo a filmes holográficos, tendo bebês, discutindo e fazendo todas as outras coisas que os seres humanos fazem. Qualquer astrônomo a bordo iria se divertir observando as formas das constelações se modificarem (pelo menos um pouco) à medida que nossa posição em relação às estrelas mudasse. Volta e meia, também, a espaçonave colidiria com um bolsão aleatório de gás espacial – a matéria-prima de futuros sistemas solares.

Finalmente, o planeta que seria nosso novo lar iria surgir – apenas um pixel a princípio, depois uma manchinha. Nesse ponto, os cientistas a bordo iriam verificar novamente se o planeta tem o perfil atmosférico que supunham. Há suficiente oxigênio e ozônio? Sulfeto de hidrogênio ou cloro demais? E se houver grandes quantidades de óxido nitroso, gás hilariante – iríamos dar um passo ao ar livre e nos transformar em idiotas tagarelas? Teríamos também de inspecionar atentamente quaisquer satélites do planeta. Planetas e seus satélites podem ter atmosferas distintas, com gases diferentes em cada um. De longe, todos esses gases poderiam se misturar num único espectro de absorção, porque não teríamos capacidade para desenredar corpos tão pequenos. Mas, de perto, iríamos descobrir que, enquanto alguns desses gases vitais pertencem ao planeta, outros pertencem realmente a seu satélite, o que não é de muita ajuda.

Tudo dando certo, iríamos começar a distinguir as cores do planeta à medida que nos aproximássemos pouco a pouco. Alguns tons pareceriam familiares – oceanos tão azuis quanto os da Terra, desertos igualmente castanho-amarelados. Por outro lado, dependendo do output máximo de nosso novo sol, quaisquer florestas de "plantas" poderiam parecer vermelhas ou amarelas em vez de verdes. Finalmente iríamos entrar em órbita em torno desse planeta e ver os contornos de continentes desconhecidos lá embaixo. Teríamos de ser pacientes nesse ponto: qualquer planeta digno de ser chamado de lar apresentaria uma atmosfera densa o bastante para reduzir nosso desajeitado condomínio espacial a cinzas se tentássemos pousar. Mas algumas almas corajosas embarcariam num módulo de aterrissagem e desceriam. Horas depois, dariam seus triunfantes primeiros passos no novo planeta.

Ainda assim, para a sobrevivência de nossa espécie no longo prazo, o que vem em seguida é muito mais importante. Dependendo da pressão do ar ambiente, o grupo de desembarque notaria algumas coisas estranhas sobre esse planeta. Se a atmosfera fosse muito mais densa que a da Terra, quaisquer organismos assemelhados a plantas seriam mais baixos e mais firmemente ancorados no chão, para evitar que fossem arrancados por ventos mais fortes. Topos de montanhas seriam mais quentes e mais fáceis de colonizar nesse caso, uma vez que haveria mais ar lá em cima. E criaturas voadoras poderiam ser substancialmente maiores, já que gerar sustentação seria mais fácil. De fato, o grupo de desembarque provavelmente passaria alguns momentos tensos esquadrinhando o céu à procura de predadores quando descesse da nave. Finalmente, contudo, chegaria o momento pelo qual eles teriam viajado trilhões de quilômetros: um membro do grupo acenaria para seus camaradas e começaria a tirar o capacete.

Esse primeiro sorvo de ar poderia certamente resultar em morte. Alguns gases-traço – algo com que nem sabíamos que deveríamos nos preocupar – queimariam seus pulmões ou paralisariam seus neurônios. De maneira muito mais provável, esse ar estranho lhe queimaria um pouco a garganta, mais ou menos como a primeira respiração de um recém-nascido. As coisas talvez tivessem um cheiro esquisito, também, de umidade ou podridão. Mas provavelmente não haveria nenhuma razão para entrar em pânico ou arquejar. O tripulante apenas riria com um pouco de alívio e faria algumas inspirações profundas para limpar os pulmões.

Quando ele fizesse isso, algo surpreendente aconteceria. Todo o nitrogênio e outros gases em seus pulmões – e que ele trouxera de casa – afluiriam e escapariam. Depois de toda essa distância, esse pouquinho de ar de seu planeta-mãe iria irromper e consagrar o ar de sua nova casa. A atmosfera da Terra e esse novo planeta estariam agora entrelaçados para sempre. A mesma coisa aconteceria quando os outros exonautas tirassem seus capacetes e limpassem os pulmões, acrescentando suas próprias moléculas nascidas na Terra à mistura. E como sempre carregamos nos pulmões uma ou duas moléculas que Júlio César expirou em seus momentos finais, várias moléculas de César iriam agora subir piruetando e transportar sua história para o novo planeta.

Não há nenhuma razão para nos limitarmos a César, tampouco. À medida que um número cada vez maior de pessoas começasse a descer da nave-mãe e a esvaziar os pulmões, moléculas que Harry Truman expirou no monte Santa Helena; moléculas que testemunharam as explosões de bombas atômicas em Hiroshima e Bikini; moléculas que se misturaram com o óxido nitroso nos pulmões de Humphry Davy e que giravam em volta do monte Everest enquanto James Clerk Maxwell se perguntava o que tornava o céu azul – todas elas iriam ingressar nesse novo planeta também. Assim como algumas moléculas de sua própria vida, o ar que percorria seus pulmões durante seu primeiro choro na sala de parto, seu primeiro beijo, seu último suspiro daqui a muitos e muitos anos.

Quando falamos de fim, dizemos *do pó ao pó, das cinzas às cinzas,* mas isso não está inteiramente certo – há mais coisa envolvida. Cada molécula em nosso corpo começou a existir como gás, e, muito depois de nossa morte, quando o grande Sol intumescido engolir tudo à nossa volta, todos esses átomos voltarão ao estado gasoso. Algumas moléculas afortunadas poderiam até ter uma segunda chance em algum outro lugar. Um pequenino pedaço de você – moléculas que dançaram dentro de seu corpo, talvez até que formaram seu corpo – viveriam num mundo distante. A ideia de alguma parte de mim perdurando depois que eu morrer soa muito parecida com as histórias sobre o céu que eu ouvia quando era criança – com a diferença de que aqui é realmente verdade, isso vai mesmo acontecer. Falamos neste livro todo sobre os milhões e bilhões e sextilhões de histórias girando à nossa volta, fluindo para dentro e para fora de nossos pulmões a cada segundo. Você pode captar toda a história do mundo num único suspiro. A viagem para outro planeta irá inevitavelmente, em alguma pequena medida, manter essas histórias vivas um pouco mais. Do pó ao pó, dos gases aos gases.

Notas e miscelânea

1. O ar primitivo da Terra (p.23-49)

1. Esta nota é uma pequena curiosidade. Onde está armazenada a maior parte da energia química em seu corpo? A maioria das pessoas diz que é em gordura ou músculo, mas ela está na realidade dentro de moléculas de água. Especificamente, dentro das ligações O–H que mantêm H_2O unida: teriam sido necessárias mais 550 mil calorias para quebrar todas as ligações O–H em Harry Truman e decompô-lo completamente em átomos individuais. (E, mais uma vez, pessoas mais velhas têm menos água que pessoas jovens. Para alguém da minha idade isso chegaria a 670 mil calorias.) Em relação aos outros números referentes a calorias aqui, isso é apenas uma estimativa: alguém que parta de pressupostos diferentes proporá números diferentes. Mas isso dá uma ideia aproximada de quanta energia as moléculas de água contêm.

Interlúdio: O lago explosivo (p.50-5)

1. Os geólogos conhecem alguns outros lugares onde nuvens de dióxido de carbono se avolumam de tempos em tempos. Há a Garganta da Morte no Yellowstone National Park, que matou muitas aves e roedores, até alguns ursos-pardos. Há a Grotta del Cane (Gruta dos Cães), na Itália, um apreciado destino turístico no século XIX. O pesado gás CO_2 na gruta abraça o piso, e os visitantes naquela época se divertiam deixando cães de baixa estatura andarem por ali até morrer. Finalmente, e de maneira mais pungente, há o lago Monoun, em Camarões. Ele se situa a apenas 96,5 quilômetros do lago Nyos, e 37 pessoas morreram ali em circunstâncias sinistramente similares em agosto de 1984, sufocando durante a noite depois que uma nuvem de gás envolveu a região. Um geólogo que visitou Monoun depois, ainda no mesmo ano, tentou colher amostras do fundo do lago e notou que as tampas das garrafas estouravam porque a água era efervescente. Ele enviou um relatório sobre o perigo desses lagos em crateras para algumas revistas científicas, mas elas rejeitaram a ideia como improvável.

A explosão de gás mais mortífera da história aconteceu na Islândia, em 1783, quando uma fissura vulcânica vomitou gás venenoso durante oito meses, soltando ao todo 7 milhões de toneladas de ácido clorídrico, 15 milhões de toneladas de ácido fluorídrico e 122 milhões de toneladas de dióxido de enxofre. As pessoas do lugar chamaram o evento de *Moduhardindin*, ou "Adversidades da névoa", em alusão aos vapores estranhos e venenosos que emergiram: "Ar amargo como alga marinha e

A Grotta del Cane, na Itália, onde antigamente as pessoas se divertiam
fazendo com que cães pequenos caminhassem até morrer.

fedendo a podre", lembrou uma testemunha. As névoas mataram 80% das ovelhas
na Islândia, além de metade do gado e dos cavalos. Dez mil pessoas também morreram – um quinto da população –, sobretudo de fome. Quando as névoas flutuaram
sobre a Inglaterra, e se misturaram com vapor d'água e formaram ácido sulfúrico,
matando mais 20 mil pessoas. As névoas também arrasaram os cultivos através de
enormes faixas da Europa, induzindo prolongadas crises de escassez de alimentos
que ajudaram a provocar a Revolução Francesa seis anos depois.

2. O diabo no ar (p.56-81)

1. Só para ser claro: o nitrogênio que começou a se acumular no ar bilhões de anos
atrás veio sobretudo de vulcões (seja diretamente, seja pela decomposição de amônia vulcânica). E grande parte desse N_2 ainda está por aí hoje. Mas certas bactérias
absorvem e metabolizam nitrogênio, convertendo-o em produtos biologicamente
úteis. Depois outras bactérias invertem esse processo e liberam nitrogênio de volta
no ar como N_2. Assim, embora grande parte do nitrogênio que você está respirando
agora mesmo venha diretamente de vulcões, parcela dele pode ter reencarnado
algumas vezes em coisas vivas ao longo do caminho.

2. Em razão de várias peculiaridades meteorológicas, nunca chove nas ilhas Chincha.
(Você já ouviu falar daquelas pessoas criadas na Flórida ou na Califórnia que nunca

viram neve? As pessoas que vivem nas proximidades das Chincha – em especial no deserto do Atacama, na costa do Chile – podem passar uma existência sem ver chuva.) Essa falta de umidade torna o guano ali extrapotente, pois a água da chuva tende a drenar nutrientes preciosos quando escorre através de depósitos de guano em direção ao solo.

Os montes de guano nas ilhas Chincha, no Peru.
Os seres humanos no meio dão uma ideia de escala.

Nos anos 1850 as Chincha estavam exportando milhões de toneladas de guano por ano, e os trabalhadores locais sofriam em consequência de algumas das piores condições de trabalho que seres humanos jamais suportaram. A maior parte dos trabalhadores era sequestrada da China, da Polinésia ou da Nova Guiné; mas, após alguns dias nas ilhas, não era mais possível distinguir sua origem étnica, porque eles estavam completamente cobertos de poeira branca de guano. A total falta de umidade deixava lábios, línguas e narizes rachados; alguns careciam até de lágrimas para lavar os vapores de amônia dos olhos. Eles passavam vinte horas por dia golpeando o cocô petrificado das aves com picaretas e recolhendo-o com pás, e quando suas mãos ficavam rachadas demais para segurar qualquer ferramenta os patrões amarravam seus antebraços a carrinhos de mão e os mandavam carregar o guano até os penhascos na borda das ilhas. Ali, eles despejavam o guano por canaletas até barcaças que esperavam uma centena de metros abaixo. Após alguns meses, muitos trabalhadores se jogavam nessas canaletas, preferindo o suicídio a enfrentar mais um dia de labuta.

3. Várias pessoas também usaram a Lei das Ilhas de Guano para reivindicar a posse de ilhas que não existiam – miragens que marinheiros tinham enxergado, ilhas espúrias Disto ou Daquilo em velhos mapas. Curiosamente, Leicester, irmão de Ernest Hemingway, a invocou em 1964 ao fundar a Republic of New Atlantis – uma nação soberana que consistia em nada além de uma balsa de bambu de 2,5 por nove metros ancorada na Jamaica. Leicester estava tentando estabelecer direitos territoriais sobre o oceano circundante para proteger hábitats marinhos, e emitiu várias séries de selos a fim de levantar dinheiro para seu projeto.

4. Aqui está um fato bizarro: vários gases banidos atualmente em guerras internacionais podem ser usados por forças policiais nos Estados Unidos para reprimir tumultos ou outras formas de distúrbio. Certamente não estamos falando de gás mostarda ou fosgênio, mas sobretudo dos tipos mais asquerosos de gás lacrimogêneo. Ainda assim, o governo dos Estados Unidos aparentemente acredita que é desumano e cruel usar esses gases contra combatentes estrangeiros numa guerra, mas aceitável voltá-los contra seu próprio povo.

5. Antes de deixarmos Fritz Haber, eu gostaria de examinar mais uma faceta de sua história – por que seu trabalho sobre a guerra química pareceu, e ainda parece, bárbaro. Vivemos hoje uma era de AK-47 e mísseis balísticos intercontinentais, armas capazes de matar muito mais gente muito mais depressa. No entanto, ataques com gás ainda nos parecem singularmente aterradores. Por quê?

Primeiro: ao contrário, digamos, da maioria dos cientistas envolvidos no Projeto Manhattan, Haber não expressou nenhuma dor, nenhum sofrimento, nenhum remorso público por seu papel na guerra de gases. Mais ainda, os marimbondos que Haber atiçou durante sua vida continuaram a picar após sua morte. Como mencionado, mais tarde ele disfarçou sua pesquisa sobre armas químicas sob o manto de trabalho com "inseticidas". Um desses inseticidas, o Zyklon A, foi mais tarde alterado para Zyklon B, o gás venenoso preferido para matar judeus – incluindo alguns dos parentes de Haber – em Auschwitz, Dachau e outros campos nazistas.

Outra razão por que ataques com gás provocam tanto terror é que eles ameaçam nossa biologia básica de uma maneira que metralhadoras e ogivas nucleares não fazem. Creio que uma rápida digressão ajudará a esclarecer esse ponto. Em meu livro anterior, sobre neurociência, debati o caso de uma mulher chamada S.M. que, por causa de lesão cerebral, parecia incapaz de sentir medo. Cientistas a levaram a lojas de animais de estimação exóticos para manusear cobras e tarântulas, e ela não pestanejou. Levaram-na a casas mal-assombradas e lhe mostraram filmes de terror, e ela deu de ombros. Ela inclusive chegou perto de morrer várias vezes – um assaltante lhe encostou uma faca no pescoço num parque –, e permaneceu todo o tempo imperturbável. Nada de coração aos pulos, nenhum sobressalto de pânico, nada. Os cientistas finalmente concluíram que ela não sentia medo de nada.

Ocorre que isso não era inteiramente verdade. Só para ver o que aconteceria, um dia os médicos de S.M. encheram um tanque com ar enriquecido com dióxido de carbono e pediram a S.M. para inalá-lo através de uma máscara. Ora, quando somos mantidos debaixo d'água, não é a falta de oxigênio que nos apavora, é a acumulação de CO_2. Mas dada a sua falta de medo em todos os outros contextos, os médicos de S.M. suspeitaram que ela permaneceria calma. Para surpresa de todos, ela começou a gritar depois de aspirar o ar algumas vezes, e agarrou a máscara, tentando arrancá-la do rosto. Essa única coisa, um gás, conseguia amedrontá-la. Os cientistas concluíram deste trabalho e de outros relacionados que os seres humanos têm um segundo sistema de medo, independente, emboscado dentro do cérebro, o qual monitora atentamente nosso abastecimento de ar.

É por isso, acho eu, que o trabalho de Haber nos horroriza. Quando não podemos respirar, ficamos enlouquecidos, começamos a nos debater. É um medo biológico, totalmente instintivo, e perturbar nosso abastecimento de ar ativará conexões no cérebro que balas e outras armas modernas simplesmente não conseguem fazer. É similar à maneira como cobras e tubarões nos aterrorizam muito mais que os carros, ainda que tenhamos uma probabilidade muito maior de morrer num acidente de automóvel. O ar venenoso pertence ao panteão dos medos primais.

Por tudo, Haber me parece um dos personagens mais fascinantes na história da ciência. Ninguém mais encarna tão perfeitamente a natureza faustiana da ciência, a simultânea promessa e o perigo. Um colega de Haber disse sobre ele certa vez: "Ele queria tanto ser seu melhor amigo quanto Deus." Fracassou em ambas as coisas, e a decepção que sentimos em relação a Haber é ainda mais aguda pelo seu estado de graça anterior.

Interlúdio: Soldando uma arma perigosa (p.82-7)

1. Sem dúvida ferrugem e combustão não são idênticas: a ferrugem em geral requer água, ao passo que a água tende a apagar as chamas. E tanto a ferrugem quanto a combustão podem produzir vários tipos diferentes de óxidos de ferro, dependendo das circunstâncias. Mas os dois processos têm muito em comum quimicamente: ambos envolvem átomos de oxigênio atacando ferro e formando novos compostos.

3. A maldição e a bênção do oxigênio (p.88-115)

1. O amadorismo de Priestley transparece de outras maneiras também, além de seu tosco equipamento. Por exemplo, até em seus artigos científicos ele confessa com

frequência como ficava surpreso com os resultados de seus experimentos. Temos a impressão de que ele andava por aí com a boca semiaberta a metade do tempo, murmurando e sacudindo a cabeça em sinal de assombro. Gosto dessas admissões porque elas captam exatamente o que atrai a maioria das pessoas para a ciência – a alegria de descobrir coisas sobre o mundo natural. E não posso deixar de pensar que estudantes aprenderiam muito mais sobre ciência com o estilo de Priestley de registrar sinceramente o que sentia a cada passo do que com o estilo puro, quase de sangue-frio, que domina o discurso científico atualmente.

2. Três anos depois de seu trabalho com a Marinha francesa, Lavoisier ingressou na Régie des Poudres, que fabricava pólvora para as Forças Armadas. Antes disso a Régie era um típico departamento governamental, tomado pelo desperdício e a preguiça, mas Lavoisier pôs seus novos comandados na linha, e logo a França se tornou autossuficiente em pólvora pela primeira vez. Ela até começou a exportar pólvora para a América do Norte. Provavelmente os Estados Unidos não teriam conquistado sua independência sem essa ajuda, já que a Grã-Bretanha tinha se distanciado das colônias.

3. Quando alguém morre, bactérias começam a decompor o corpo. E embora tanto as bactérias aeróbicas quanto as anaeróbicas contribuam, são as anaeróbicas que produzem os gases malcheirosos que associamos a carne podre. Estes incluem as apropriadamente denominadas moléculas putrescina, $NH_2(CH_2)_4NH_2$, e cadaverina $NH_2(CH_2)_5NH_2$.

4. É fácil ver como as estruturas situadas acima do solo, como frutos, flores e caules, podem "inalar" oxigênio. E as partes verdes das plantas podem simplesmente usar o oxigênio que já estão produzindo por meio da fotossíntese. Mas como fazer as raízes das plantas "respirarem"? Felizmente, o ar pode penetrar na terra com facilidade: o solo é bastante poroso, sobretudo porque as minhocas constantemente o ingerem e o decompõem. (Charles Darwin foi o primeiro a descobrir esse fato sobre as minhocas numa série de experimentos.) Isso também explica por que a maioria das plantas não pode sobreviver em água parada – suas raízes morrem de fome em razão da escassez de oxigênio. Em outras palavras, as plantas morrem debaixo d'água em grande parte pela mesma razão que os seres humanos.

4. O milagroso gás do prazer (p.125-51)

1. Não posso resistir a divulgar essa quadrinha sobre o suposto arrependimento de Davy por ter descoberto um destes elementos: "Sir Humphry Davy/ detestava molho./ Ele vivia com ódio/ de ter descoberto o sódio." Adiante falaremos também de gases de refrigeração, a inspiração para outra ótima quadrinha sobre o pioneiro das baixas temperaturas, James Dewar: "O professor Dewar/ É melhor que vocês, rapazes./ As nádegas de vocês/ São incapazes de condensar gases."

2. Uma vila na Irlanda tinha taxas tão elevadas de dependêcia que, segundo se conta, era possível sentir seu cheiro a oitocentos metros de distância. Além de inalar éter, as pessoas ali frequentemente o tomavam com leite. Alguns incendiavam a boca quando fumavam tabaco depois de bebê-lo.

3. Dados nossos pulmões e sistema nervoso semelhantes, não fiquei surpreso ao saber que anestesia funciona em outros animais. Mas fiquei perplexo ao aprender que ela atua em certas plantas também. Você pode anestesiar dioneias, por exemplo, e elas não vão fechar os lóbulos quando os insetos pousarem nelas. Esse fato provocou toda sorte de discussões entre botânicos sobre a possibilidade de as plantas terem algum tipo de consciência ou inteligência em câmera lenta.

4. O maior rival de Morton nesse caso foi Charles Thomas Jackson, um médico maníaco da Nova Inglaterra que pode ou não ter sido o primeiro a sugerir o éter como anestésico quando trabalhava com Morton. Jackson teve de fato uma grande vantagem teórica nessa disputa: seu cunhado, Ralph Waldo Emerson, que defendeu as reivindicações de Jackson em público durante décadas. (A propósito, uma das irmãs de Jackson apresentou Emerson a Henry David Thoreau.) Jackson também se enredou numa disputa com Samuel Morse sobre a origem do telégrafo. Parece que Jackson tinha muitas ideias revolucionárias, mas faltavam-lhe a energia ou a coragem para fazer mais que alardeá-las.

Charles Thomas Jackson, inventor brilhante, mas displicente.

Interlúdio: Le Pétomane (p.152-8)

1. Para um debate completo sobre por que não falamos pelas nádegas (ao menos não o tempo todo), veja o delicioso livro de Robert Provine sobre funções fisiológicas, *Curious Behavior*.

5. Caos controlado (p.159-85)

1. Curiosamente, a física quântica nos diz que talvez o bom Ari estivesse certo, afinal, já que até os vácuos não são totalmente vazios: partículas subatômicas surgem e desaparecem o tempo todo dentro deles. Os vácuos têm também uma densidade de energia intrínseca, o que significa (de acordo com $E = mc^2$) que eles contêm massa.

De fato, essa densidade de energia poderia ser a misteriosa "energia escura" que os cosmólogos julgam levar à expansão do Universo.

Dispositivo para abrir automaticamente as portas dos templos com energia a vapor, inventado por Heron de Alexandria no século I.

2. Os gregos antigos inventaram várias máquinas hidráulicas para marcar a hora e moer grãos, entre outras tarefas. Heron de Alexandria, no século I d.C., chegou a construir robôs movidos a vapor que cantavam e dançavam. (Sério.) Sacerdotes usavam os dispositivos de Heron nos templos também, para fechar portas e mover objetos de um lado para outro em altares sem que ninguém os tocasse. Essa presti-digitação não era somente divertida, ela assombrava os homens do povo, que supu-nham que os sacerdotes invocavam deuses e outros espíritos à vontade. A diferença entre Heron e Watt é que Heron parece ter se limitado a construir brinquedos, ao passo que Watt construiu máquinas a vapor para fazer trabalho físico. Não há nada de errado com os brinquedos, claro – muitas tecnologias começam assim. Mas ninguém desenvolveu o trabalho de Heron, tampouco.

3. Como bombas de vácuo na Terra não podem levantar água além de dez metros, os canudinhos de refrigerante também fracassam além dessa altura: se você tentar sugar suco do alto de um prédio de quatro andares, nunca vai obter uma gota.

Mas e em Vênus? A pressão do ar ambiente em Vênus é noventa vezes maior que na Terra, o que significa que o ar ali pode empurrar com noventa vezes mais força. E as coisas são até melhores que isso. Como Vênus é ligeiramente menor que a Terra, líquidos viajando canudo acima sentiriam um puxão menor da gravidade (cerca de 10% menor). Portanto, você poderia sugar água através de um canudo a mais de mil metros em Vênus. No entanto, um canudo sugaria água somente por dezessete centímetros em Marte, uma vez que a pressão do ar ali é muito baixa (0,6% da pressão do ar na Terra). Na Lua, que não tem praticamente nenhuma atmosfera, o canudo poderia elevar a água por 16,5 trilionésimos de centímetros.

4. A nitroglicerina explode milhares de vezes mais depressa até que um airbag. A maioria dos airbags produz gás enviando um pulso de eletricidade através de substâncias químicas como azida de sódio (NaN_3), que se decompõe em sódio metálico e gás N_2. Em temperatura e pressão normais, apenas cem gramas de NaN_3 podem produzir cinquenta litros de gás dentro de 0,04 segundo. Parece impressionante, mas cem gramas de nitroglicerina nessas mesmas condições produzem setenta litros em dez milésimos do tempo.

Interlúdio: Prepararando-se para enfrentar a tragédia (p.186-95)

1. Por falar na peça escocesa, antes de se tornar um poeta desajeitado, McGonagall tentara ganhar a vida como ator desajeitado. (De fato, ele nunca escrevera um poema na vida até os 52 anos.) Infelizmente, não era mais competente nas artes cênicas que nas poéticas. Ficou conhecido sobretudo por uma oportunidade que teve no palco como Macbeth. Sabendo que desastre ele seria, o administrador do teatro o fez pagar pela honra de representar o papel, e ele não decepcionou. Quando chegou o momento de Macduff matá-lo e encerrar a tragédia, McGonagall se recusou a cair. Na verdade, virou-se contra o outro ator empunhando a espada e quase lhe decepou a orelha. Macduff finalmente teve de se atracar com ele e arrastá-lo para fora do palco.

2. A propósito, o monóxido de carbono mata pessoas porque se liga com ferro ainda mais rapidamente que o oxigênio. Dentro de seus glóbulos vermelhos há uma molécula chamada hemoglobina. A hemoglobina contém vários átomos de ferro no núcleo, e esses átomos de ferro recrutam e entregam oxigênio para as células. Mas se houver monóxido de carbono em seu sangue (por tê-lo respirado), o CO empurra esse oxigênio de lado e se prende à hemoglobina. Em consequência, os glóbulos vermelhos não podem mais entregar oxigênio. Para piorar as coisas, é realmente difícil decompor monóxido de carbono: o CO tem a ligação mais forte na natureza, uma ligação tripla, ainda mais forte que a tripla de N_2.

6. Rumo ao céu (p.196-222)

1. Algumas fontes dizem que uma sequência de eventos diferente inspirou o balão de ar quente. Montgolfier estaria refletindo sobre um recorte de jornal acerca do prolongado cerco francês de Gibraltar, uma fortaleza impenetrável por terra ou mar. No meio de seu devaneio, ele supostamente levantou os olhos e viu alguns pedaços de papel e cinza flutuando sobre o fogo daquela noite. Eles quase pareciam voar, e imediatamente ele imaginou uma maneira de atacar a fortaleza pelo ar.

2. Se você alguma vez deixou cair uma lata de refrigerante gasoso ou cerveja, alguém talvez o tenha aconselhado a bater no topo ou dos lados para evitar que a bebida esguichasse. Aqui está por quê. Com o movimento brusco da queda, bolhas de dióxido de carbono se juntam na superfície interna do metal. Bater na lata faz essas bolhas se soltarem e subirem dentro do recipiente, juntando-se perto do topo. Assim, quando você abre a lata logo depois, as bolhas – por não estarem mais submersas no líquido – não vão arrastar nenhum líquido com elas quando escaparem. A bebida talvez pareça mais sem graça, mas você terá a mão seca e o chão limpo.

3. A palavra *argon* aparece no Novo Testamento original, que foi escrito em grego. Na parábola dos trabalhadores da vinha (Mateus 20:3), Jesus diz: "Por volta das nove horas da manhã, ao sair, viu na praça do mercado outros que estavam parados, sem ocupação [*argon*]."

A propósito, os outros sete elementos químicos mencionados na Bíblia são ouro, prata, chumbo, ferro, cobre, estanho e enxofre.

4. A descoberta do hélio no Sol por um astrônomo francês inválido chamado Jules Janssen é uma história inspiradora. Janssen também teve uma ligação com a história dos balões, porque muito corajosamente – sob o risco de ser fuzilado como espião se não conseguisse – fugiu do cerco de Paris imposto pelo Exército alemão em 1870 num frágil balão, para observar um eclipse na África. Infelizmente, a saga completa não caberá numa nota, mas escrevi alguma coisa em meu website. Ver http://samkean. com/extras/clb-notes.html.

Há notas adicionais sobre outros tópicos no mesmo texto. E se assim desejar, você pode me enviar uma mensagem também – gosto de ter notícias de leitores: http://samkean.com/samkean.php#contact.

5. Estou falseando um pouco ao afirmar que Ramsay contribuiu para a descoberta de todos os gases nobres, pois essa coluna da tabela periódica inclui agora o elemento 118 (oganessônio), que só foi descoberto em 2006. Por outro lado, 118 é um elemento tão pesado que provavelmente tem uma estrutura de elétrons distorcida, e por isso talvez não se comporte como um gás nobre. Ninguém sabe.

6. Mendeleiev aprendeu sua lição um pouco bem demais, de fato, e começou a ver gases nobres onde eles não existiam. Nesse período, a física enfrentava uma crise em relação às ondas de luz. Até onde os cientistas sabiam então, todas as ondas precisavam de um meio onde se propagar: ondas de maré precisavam de água, ondas sonoras precisavam de ar, a ola precisava de torcedores de futebol bêbados, e assim por diante. Por analogia, ondas de luz supostamente precisavam de um meio chamado éter luminífero. O problema é que ninguém jamais vira esse éter. Ninguém o detectara em experimentos, tampouco, apesar de décadas de procura. Assim, num acesso de entusiasmo, Mendeleiev apelou para a tabela periódica a fim de auxiliar a física. Ele propôs que o éter era um gás nobre muito diminuto, muito fino, chamado newtônio, que permeava toda a matéria. E por diminuto ele basicamente queria dizer infinitesimal: Mendeleiev estimava a massa do newtônio em 10 bilionésimos de um átomo de hidrogênio. Um animado debate se seguiu até 1905, quando a teoria da relatividade de Einstein derrubou a necessidade de um éter luminífero. Mas durante alguns anos os gases nobres pareciam explicar a natureza da própria luz.

7. Certo, não *inteiramente* sozinhos. Veja, Rayleigh acabou deixando escapar algo que teria – deveria ter – matado sua teoria. O problema tinha origem numa propriedade das ondas chamada interferência. Imagine dois raios de luz prestes a colidir. Se por acaso eles estiverem exatamente dessincronizados – isto é, se um tiver cristas exatamente onde o outro tem vales, e vice-versa –, quando se encontrarem eles vão se cancelar mutuamente. Isto é, eles se destruirão um ao outro e não deixarão nada para trás. E ocorre que numa atmosfera em que o ar está uniformemente distribuído qualquer luz azul que seja dispersada quase decerto encontraria a morte na viagem até o solo. Em consequência, toda essa luz azul deveria ser obliterada antes de chegar aos nossos olhos.

O que salva a explicação de Rayleigh é que nossa atmosfera, apesar de praticamente uniforme, não o é de todo: há flutuações absurdamente pequenas em densidade, e estas são suficientes para salvar a explicação. Caso você esteja se perguntando quem mostrou isso e resgatou Rayleigh, foi um sujeito chamado Albert Einstein.

7. Os efeitos secundários da precipitação radioativa (p.231-57)

1. Eles tiveram uma razão em escolher cabras. Durante a Primeira Guerra Mundial, psicólogos interessados em trauma de guerra precisavam de um modelo animal para estudar. Assim, um ex-aluno de Ivan Pavlov abriu um laboratório na Universidade Cornell onde basicamente passou vários anos apavorando animais de terreiro, para deixá-los traumatizados (Repórteres apelidaram-no de "Fazenda do arrepio"). Coelhos provaram-se estúpidos demais para o experimento, pois raramente desenvolviam um complexo relacionado a ruídos intensos. Porcos e cães provaram-se inteligentes demais – seu comportamento era muito complexo, suas reações muito variadas. As cabras mostraram-se ideais. E os psicólogos aprenderam algo importante sobre traumas de guerra. Não são as explosões em si que perturbam as pessoas, nem os ferimentos que elas causam. Mais exatamente, é a *antecipação* delas – o estresse de pensar sobre elas, hora após hora, noite após noite – que destroça as pessoas e lhes destrói o ânimo.

De qualquer maneira, os experimentos com as cabras psicóticas em Bikini fracassaram. Como filmes revelaram mais tarde, as cabras mal piscaram quando a bomba foi detonada. Antes elas estavam comendo feno, e assim continuaram depois, imperturbadas. (A propósito, o filme captou também uma rata parindo no momento da explosão; cientistas apelidaram seus três filhotes de Alfa, Beta e Gama.)

2. Não acredite no que estou dizendo. O próprio Richard Feynman declarou: "Toda a ciência parou durante a guerra, com exceção daquele pouquinho que era feito em Los Alamos. E aquilo não era muito ciência. Era sobretudo engenharia." Portanto, uma questão interessante é saber por que os físicos do Projeto Manhattan ainda recebem todo o mérito, ao passo que os químicos e engenheiros continuam anônimos. Acho que alguns fatores entram em jogo. Um: tivemos grandes personalidades entre os físicos: o bobo da corte Feynman, o "Prometeu americano" Robert Oppenheimer, o sábio estrangeiro Enrico Fermi, o espião soviético Karl Fuchs etc. Afora Glenn Seaborg, faltaram grandes nomes entre os químicos, e Seaborg não era exatamente a personificação do carisma. Além disso, os físicos podem ser bastante chauvinistas em relação a seu domínio, e foi um físico quem preparou o primeiro relatório oficial sobre a bomba. Ele minimizou o papel dos químicos e, assim, estabeleceu uma narrativa que os futuros historiadores adotaram. Por último, os físicos tinham publicado a maior parte do trabalho sobre fissão nuclear antes da guerra; ele era portanto de conhecimento público, e as pessoas podiam citá-lo livremente em novas histórias. Enquanto isso, os detalhes químicos para o refinamento do urânio e do plutônio continuaram secretos e confidenciais.

3. Aqui está um exemplo dos anos 1930. Numa palestra pública sobre as maravilhas da radioatividade, o futuro Prêmio Nobel Ernest Lawrence levou um frasco de sódio radioativo como objeto de cena. Lamentavelmente, ele era tão radioativo que

sobrecarregou o contador Geiger à mão. Assim, Lawrence preparou um pouco de água salgada com o sódio e chamou seu colega Robert Oppenheimer para subir ao palco. Um brinde e um minuto depois Oppie envolveu o detector de radiação com a mão. Ele chilreou como um esquilo, e todos os presentes caíram na gargalhada.

Típico abrigo contra precipitação radioativa dos anos 1950.

4. Além de testar quão bem os edifícios resistiam a explosões atômicas, o governo também testou quão bem as pessoas resistiam quando confinadas em abrigos antirradiação durante semanas seguidas. Algumas pessoas tratavam o confinamento como pândega – um casal passou a lua de mel ali –, mas a maioria emergia num estado deplorável. Uma família começou a beber em excesso; até o filho de três anos tomava um gole para ficar quieto. Outra família usava o poço de ventilação embutido na estrutura como recompensa. Como você pode imaginar, ir ao banheiro num espaço confinado criava um grande fedor, mas sempre que as crianças se comportavam por algumas horas, os pais lhes permitiam mover a manivela que expelia os gases asquerosos para o mundo exterior. No geral, embora a princípio as pessoas considerassem os abrigos antirradiação uma aventura, no quarto dia elas caíam em depressão.

5. Nem toda cultura pop zombava das armas nucleares. O primeiro livro ilustrado por Maurice Sendak, autor de *Onde vivem os monstros*, intitulava-se *Atomics for the*

Millions e era de modo geral favorável. Não que Sendak realmente compreendesse a coisa. Ele participou do projeto somente porque tinha faltado a todas as aulas de ciências no ensino médio e precisava de pelo menos uma nota para passar. Assim, seu professor, que escrevera o livro, pagou-lhe US$100 e lhe deu uma enormidade de pontos extras para desenhar alguns átomos antropomórficos submetidos a fissão. Sendak mais tarde se qualificou como "o garoto mais pateta que ele jamais teve em sua classe. ... Ele precisou explicar cada figura".

6. Determinar os efeitos biológicos de partículas radioativas é uma coisa complicada. Diferentes elementos liberam diferentes partículas em velocidades diferentes, e algumas dessas partículas causam mais dano que outras. (Mais ainda, algumas partículas são relativamente inofensivas fora do corpo, mas irão devastar o tecido se engolidas ou inaladas.) Para tornar as coisas ainda mais complexas, diferentes tecidos do corpo absorvem diferentes partículas radioativas em diferentes velocidades, e nem tudo que você absorve causa o mesmo dano biológico. Fiz certamente uma supersimplificação neste capítulo ao reduzir tudo a "raios X do tórax". Mas a alternativa, usando vinte unidades diferentes com notas de rodapé para explicar cada uma, era bem pior. Minha abordagem é imperfeita, reconheço isso, mas fornece alguma base para comparação.

7. Ao todo, entre 1946 e 1958, os Estados Unidos explodiram 67 bombas nucleares em Bikini e no atol próximo de Enewetak, com um rendimento coletivo de 7.200 bombas de Hiroshima. Isso equivale a 1,6 Hiroshima por dia durante doze anos. Inacreditavelmente, mesmo depois desse bombardeio, as Forças Armadas americanas continuaram prometendo aos nativos de Bikini que eles voltariam para casa muito em breve. Os militares chamaram seu programa de reassentamento de Projeto Hardy – Retorno dos Nativos (gemido). Eles nunca o implementaram.

A propósito, Bravo não foi a maior bomba atômica já detonada. Essa honra pertence à Bomba Czar, da União Soviética, que desencadeou a energia de 3 mil Hiroshimas na remota ilha siberiana de Novaya Zemlya em 30 de outubro de 1961. Diferentemente das elegantes armas nucleares modernas, esta pesava 27 mil quilos e quebrou janelas até novecentos quilômetros de distância.

Interlúdio: Albert Einstein e a geladeira do povo (p.258-66)

1. Como eu sei que você está curioso, Einstein comia ovos fritos ou mexidos quase todas as manhãs, acompanhados por torradas ou pãezinhos. Quanto a seus outros hábitos culinários, consta que comia tanto mel que seus empregados o compravam aos baldes. Outros favoritos na mesa de Einstein eram sopa chinesa de ovo, salmão, maionese, frios, aspargos, carne de porco com castanhas portuguesas e merengue de morango. Ele gostava de carne bem passada. "Não sou um tigre", disse uma vez à cozinheira.

2. Embora liquefazer esses gases fosse uma grande façanha, algumas pessoas exageraram um pouco ao celebrá-lo. Depois que o cientista suíço Raoul Pictet liquefez ar, a manchete de um jornal no Brooklyn declarou: "Pictet, o maior dos sábios, chama o líquido de elixir da vida, e declara que ele extinguirá a pobreza na Terra."

Muito curiosamente, os seis "gases permanentes" foram todos liquefeitos antes do hélio, o gás mais obstinado da natureza, só liquefeito em 1908. (O hélio, que ferve a $-272°C$, não foi incluído entre os seis canônicos porque não tinha sido descoberto no início do século XIX.) Mesmo hoje, não é fácil manter hélio resfriado. Uma falha no Large Hadron Collider no Cern, em 2008, permitiu que seis toneladas de hélio líquido fervessem, e foi necessário um ano para que tudo voltasse a funcionar, a um custo de dezenas de milhões de dólares.

3. Arquive isso em efeitos colaterais. Os Estados Unidos proibiram a produção de gases clorofluorcabono (CFCs) dentro de suas fronteiras em 31 de dezembro de 1995. Mas o governo permitiu que negócios que dependiam de CFCs – como lojas de automóveis, que os usavam para reabastecer unidades de ar-condicionado – continuassem usando CFCs reciclados ou os trouxessem do exterior. Em outras palavras, a demanda permaneceu constante, enquanto a oferta diminuiu bastante. Como qualquer professor de economia teria previsto, os preços subiram vertiginosamente. As pessoas começaram até a contrabandear CFCs para os Estados Unidos a fim de ganhar dinheiro fácil. Segundo consta, a produção desses gases custa pouco mais de US\$1 por quilo na China, na Índia e na Rússia, mas custaria US\$40 por quilo ou mais no mercado negro. No final dos anos 1990, 10 mil toneladas de CFCs eram contrabandeadas para os Estados Unidos a cada ano, sobretudo através da Flórida e do Texas. Em Miami, os CFCs eram o segundo contrabando mais lucrativo no mercado negro, logo depois da cocaína.

8. Guerras meteorológicas (p.267-91)

1. Os patrocinadores do *Beagle* não escolheram Charles Darwin como naturalista por valorizarem sua sagacidade com plantas e animais; de fato, o que valorizavam era o status de Darwin como cavalheiro culto, alguém que proporcionaria boa conversa ao capitão FitzRoy durante a viagem. Isso não era apenas para o conforto de FitzRoy, tampouco; o capitão anterior do *Beagle* tinha ficado desesperado por não ter ninguém com quem conversar e se matara.

Em anos posteriores, à medida que galgou os postos da Marinha britânica, FitzRoy redobrou seus esforços para prever o tempo, e chegou a fazer inimigos entre

Robert FitzRoy.

homens de negócios britânicos ao proibir que pequenos barcos pesqueiros fossem para o mar em dias com previsão de tempestade. (Os pescadores, claro, aclamaram-no como herói.) Infelizmente, contudo, embora Darwin tenha impedido que os cães negros da depressão acossassem FitzRoy durante a viagem que fizeram juntos, o comandante não conseguiu mantê-los à distância para sempre, e acabou se matando em 1865. Darwin provavelmente contribuiu em alguma medida para a morte do companheiro. FitzRoy era profundamente religioso, e sempre se sentiu culpado pelo fato de alguém sob seu comando, em seu navio, ter desatado o flagelo do evolucionismo sobre o mundo.

2. O trovão é outro exemplo de como as leis dos gases influenciam as condições meteorológicas. Clarões de relâmpago causam um pico na temperatura do ar circundante. Esse pico força o ar a se expandir em volume, o que por sua vez cria uma explosão de ruído. Relâmpagos alcançam temperaturas tão elevadas, de fato – 30.538°C, cinco vezes mais quente que a superfície do Sol –, que o ar próximo se torna um plasma, o mesmo supergás que emerge durante as explosões nucleares.

3. A turbulência tem a reputação de ser um dos tópicos mais complicados na ciência. Em 2000, o Clay Mathematics Institute ofereceu o prêmio de US$1 milhão para quem fizesse algum progresso na solução das equações que governam a turbulência (as equações de Navier-Stokes). Até agora ninguém reivindicou o prêmio, e não se espera que alguém o faça tão cedo. Em seu leito de morte, em 1976, o físico quântico Werner Heisenberg teria supostamente anunciado que, quando encontrasse Deus, iria Lhe fazer duas perguntas: por que a relatividade governa a estrutura de grande escala do Universo? E por que fluidos como ar e água se tornam turbulentos quando fluem? "Eu realmente acho", Heisenberg sussurrou, "que Ele pode ter uma resposta para a primeira pergunta."

Interlúdio: Estrondos de Roswell (p.292-302)

1. Para ser claro, as moléculas de ar que deixam a boca de quem fala não voam pela sala e se chocam com seu tímpano. O som não é vento. Em vez disso, cada colisão apenas passa adiante a *energia* que essas moléculas iniciais tinham. (Claro que, como no caso do último suspiro de César, algumas das moléculas da boca de quem fala acabarão chegando até você, à medida que se difundem pelo ar. Mas só muito depois que o som tiver se dissipado.)

2. Quando o Krakatoa se enfureceu em 1883, o ruído da explosão destruiu os tímpanos de vários marinheiros a bem mais de 160 quilômetros dali, e ondas de pressão criadas pela erupção continuaram a circundar a Terra durante cinco dias. O ruído

não era mais audível, é evidente, mas cidades tão distantes quanto Toronto e Londres continuaram registrando flutuações em seus barômetros a cada 34 horas (34 horas é o tempo que o som leva para circundar o globo).

3. Ewing também descobriu um canal de som no oceano. A água do oceano fica mais fria à medida que afundamos, e o som avança mais lentamente em fluidos mais frios. Mas a velocidade do som na água depende também de outros fatores, como densidade e salinidade, que aumentam com a profundidade. Os cálculos ficam complicados, mas o resultado final é que o som viaja mais depressa nas camadas mais altas e mais baixas do oceano, e mais devagar numa profundidade de cerca de novecentos metros. Em consequência, ondas de som no oceano tendem a se curvar para essa profundidade, como se atraídas para ela por um ímã.

Ewing pensou que o canal de som no oceano poderia ajudar a resgatar pilotos perdidos no mar. Em todo voo através de um oceano, um piloto levaria consigo uma esfera de metal do tamanho de uma bola de pingue-pongue para um caso de emergência. Quando jogada no oceano, a esfera afundaria, e teria densidade suficiente para resistir ao amassamento até uma profundidade de novecentos metros. Nesse ponto, contudo, imploudiria com um despedaçamento ruidoso, num barulho quase tão alto quanto a explosão de uma bombinha. Isso talvez não pareça muito, porém, mais uma vez, o canal de som efetivamente magnifica os ruídos, e boias especiais de som (com microfones balançando novecentos metros abaixo das ondas) ainda poderiam ouvi-lo. Triangulando o sinal entre várias boias, equipes de resgate determinariam as coordenadas do piloto.

A propósito, muitos biólogos acreditam que baleias jubarte tiram proveito do canal de som para cantar para suas irmãs a milhares de quilômetros de distância.

9. Bancando os extraterrestres (p.303-25)

1. Por falar em inferno, veja só isso. Segundo o Apocalipse 21:8, o inferno tem um lago de enxofre derretido (isto é, líquido). O enxofre permanece líquido apenas até 444°C, o que significa que o inferno é teoricamente mais frio que Vênus.

A coisa fica melhor. A Bíblia também diz (Isaías 30:26) que a Lua no céu brilha tanto quanto o Sol. E, dependendo da tradução, o próprio Sol parece brilhar "sete vezes como a luz de sete dias". Em outras palavras, o céu tem o equivalente a cinquenta sóis: uma lua-sol mais 49 sóis-sóis. Como a temperatura ambiente de um planeta se eleva rapidamente com o aumento de luz solar (ela aumenta de acordo com a quarta potência), a temperatura no céu nesta interpretação aproxima-se provavelmente de 538°C – o que torna o céu mais quente que o inferno!

Não me cabe o mérito por essa pérola. Você pode ler uma discussão mais completa em "When hell freezes over", de Ron DeLorenzo, em *Journal of Chemical Education*, vol.76, 1999, p.503.

2. Você não pensou que escaparia deste livro sem mais uma discussão sobre gás intestinal, não é? Segundo a internet, Jules Janssen – um dos astrônomos que descobriram hélio no Sol em 1868 – supostamente usou o cachorro da família para experiências sobre o hélio, forçando-o a respirá-lo e até administrando-lhe alguns enemas de hélio (deixo como exercício para o leitor determinar se isso produziria peidos barulhentos). Mas, considerando-se que Ramsay só isolou esse gás na Terra em 1895, e apenas em quantidades diminutas, a história parece improvável.

A propósito, os médicos do programa espacial Apollo dedicaram grande esforço a monitorar a flatulência dos astronautas. Fizeram-no em parte por curiosidade, já que não sabiam como a gravidade zero afetaria a digestão, e em parte por medo, já que não sabiam se bolsões internos de gás poderiam rasgar buracos no abdome dos astronautas no ambiente de baixa pressão do espaço. Revelou-se que não precisavam se preocupar. Pessoas que vivem sob pressão do ar mais baixa – incluindo regiões montanhosas da Terra – soltam flatos com mais facilidade. (Alpinistas falam às vezes de encontros com "Rocky Mountain barking spiders".)* Mas seus flatos estão longe de ter violência suficiente para lhes causar danos.

3. Uma questão presunçosa envolve a crença religiosa: iria a descoberta de inteligência extraterrestre solapar a fé das pessoas em Deus e/ou na vida após a morte? Depende do credo que tenham. Das maiores religiões do mundo, o hinduísmo e o budismo parecem estar na melhor forma teológica em relação aos extraterrestres, já que ambos apoiam ativamente a ideia de vida em outros planetas. De maneira semelhante, o Corão sugere que há seres inteligentes em outros lugares, embora não fique claro se eles teriam de seguir o islã. O judaísmo parece tratar os alienígenas como mais ou menos irrelevantes.

A religião que provavelmente cairia na maior confusão (com exceção de algumas seitas amistosas em relação aos extraterrestres, como o mormonismo) seria o cristianismo. Embora alguns eruditos católicos apoiem a ideia de extraterrestres, a maioria das denominações não o faz, em especial os ramos evangélicos e fundamentalistas. A ideia de fato introduz alguns problemas teológicos bastante espinhosos sobre o pecado original e se todo ser inteligente no Universo merece salvação e uma viagem para o céu. Talvez outros seres inteligentes possam ir para o céu automaticamente – mas isso torna as coisas um pouco injustas aqui na Terra, onde as pessoas têm de se esforçar para abrir seu caminho.

4. Talvez você tenha notado algo engraçado em relação aos números aqui. Antes dei a temperatura de Vênus como 460°C. Assim, se você subtrair os 482°C extras que Vênus adquire de gases estufa, isso dá –40°C. Eu afirmei também que a temperatura

---

* As *barking spiders*, aranhas malucas, seriam criaturas imaginárias culpadas pela flatulência. Aparecem no livro *Café da manhã dos campeões* (1973), de Kurt Vonnegut. (N.T.)

na Terra, sem gases estufa, estaria em torno de −18°C. Mas como isso é possível, se Vênus se situa uma média de 41,8 milhões de quilômetros mais perto do Sol? A resposta é que Vênus está coberta de fofas nuvens brancas de ácido sulfúrico que refletem a luz solar de volta para o espaço e reduzem a temperatura do planeta. A Terra não possui nuvens de ácido sulfúrico, e por isso continuaria mais quente. No entanto, a ideia geral se mantém: a Terra obtém dúzias de graus extras de gases estufa, Vênus obtém centenas.

5. Algumas advertências: o circuito de feedback de evaporação, ao produzir mais vapor d'água, irá também criar mais nuvens, e nuvens tendem a refletir a luz solar de volta para o espaço e a refrescar ligeiramente o planeta. Por outro lado, o ar quente também aquece os oceanos, e mesmo a água do oceano um pouco mais quente pode acelerar o derretimento de certas formações de gelo que contêm metano, o qual aquece o planeta quando escapa. Assim, o efeito global é complexo. De fato, são complicações e efeitos secundários como este que tornam nosso planeta tão terrivelmente difícil de modelar. A alteração de uma variável quase sempre afeta uma dúzia de outras coisas.

6. Você vai pensar que poderíamos colonizar Marte ou a Lua erigindo uma grande cúpula geodésica e vivendo dentro dela. Bem, no início dos anos 1990, oito cientistas se fecharam dentro de uma biosfera no Arizona para testar essa ideia. Não deu certo. Eles conseguiram estender a experiência por alguns anos, mas durante esse período o oxigênio dentro da cúpula caiu de concentrações normais na Terra (21%) para apenas 17%, o ponto em que os seres humanos respiram com esforço. De alguma maneira, 27 quilos de oxigênio desapareceram, provavelmente no bucho das bactérias no solo. Os níveis de dióxido de carbono também flutuaram, pois estruturas de concreto dentro da cúpula tendiam a absorver CO_2. A lição geral foi que é muito difícil manter gases mesmo dentro de recipientes herméticos. Importar cometas talvez fosse a solução mais fácil!

Referências bibliográficas

Gerais

Allaby, Michael. *Atmosphere: A Scientific History of Air, Weather, and Climate*. Nova York, Facts on File, 2009.

Almqvist, Ebbe. *History of Industrial Gases*. Nova York, Kluwer Academic/Plenum Publishers, 2003.

Canfield, Donald E. *Oxygen: A Four Billion Year History*. Princeton, Princeton University Press, 2014.

Fenster, Julie. *Ether Day*. Nova York, Harper Perennial, 2002.

Fisher, David. *Much Ado about (Practically) Nothing: A History of the Noble Gases*. Nova York, Oxford University Press, 2010.

Greenberg, Arthur. *From Alchemy to Chemistry in Picture and Story*. Hoboken, John Wiley & Sons, 2007.

Hazen, Robert M. *The Story of Earth: The First 4.5 Billion Years, from Stardust to Living Planet*. Nova York, Viking, 2012.

Jay, Mike. *The Atmosphere of Heaven*. New Haven, Yale University Press, 2009.

Introdução: O último suspiro (p.9-20)

Dando-Collins, Stephen. *The Ides: Caesar's Murder and the War for Rome*. Nova York, John Wiley & Sons, 2010.

Goldsworthy, Adrian. *Caesar: Life of a Colossus*. New Haven, Yale University Press, 2008.

Parenti, Michael. *The Assassination of Julius Caesar*. Nova York, The New Press, 2003.

1. O ar primitivo da Terra (p.23-49)

Carson, Rob. *Mount St. Helens*. Seattle, Sasquatch Books, 2000.

Findley, Rowe. "Mountain with a death wish". *National Geographic*, v.159, n.1, 1981, p.3-33.

Mastrolorenzo, Giuseppe et al. "Lethal thermal impact at periphery of pyroclastic surges: evidences at Pompeii". *PloS ONE*, v.5, n.6, jun 2010, p.1-12; disponível em: http://journals.plos.org/plosone/article?id=10.1371/journal.pone.0011127.

Rosen, Shirley. *Truman of St. Helens*. Seattle, Madrona Publishers, 1981.

Stylianidis, Nearchos, Olorunfunmi Adefioye-Giwa e Zane Thornley. "Complete vaporisation of a human body". *Journal of Interdisciplinary Science Topics*, v.2, n.1, 2013, p.1-4.

_____. "Human body vaporisation". *Journal of Interdisciplinary Science Topics*, v.2, n.1, 2013, p.1-3.

Zahnle, Kevin, Laura Schaefer e Bruce Fegley. "Earth's earliest atmospheres". *Cold Spring Harbor Perspectives in Biology*, v.2, n.10, out 2010, p.1-7.

Interlúdio: O lago explosivo (p.50-5)

Baxter, Peter J., M. Kapila e D. Mfonfu. "Lake Nyos disaster, Cameroon, 1986". *British Medical Journal*, v.298, n.5, 1989, p.1437-41.

Kling, George W. "The 1986 Lake Nyos gas disaster in Cameroon, West Africa". *Science*, v.236, n.4798, 1987, p.169-75.

Krajick, Kevin, "Defusing Africa's killer lakes". *Smithsonian*, v.34, n.6, 2003, p.46-50.

Scarth, Alwyn. *Vulcan's Fury*. New Haven, Yale University Press, 1999.

2. O diabo no ar (p.56-81)

Bown, Stephen. *A Most Damnable Invention*. Nova York, Thomas Dunne Books, 2005.

Craig, Peter. "Mankind in peace, the fatherland in war". *New Scientist*, v.101, n.1395, 1984, p.15-7.

Hager, Thomas. *The Alchemy of Air*. Nova York, Crown, 2008.

Interlúdio: Soldando uma arma perigosa (p.82-7)

Almqvist, Ebbe. *History of Industrial Gases*. Nova York, Kluwer Academic/Plenum Publishers, 2003.

3. A maldição e a bênção do oxigênio (p.88-115)

Bell, Madison Smartt. *Lavoisier in the Year One*. Nova York, W.W. Norton, 2010.

Bygrave, Stephen. "'I predict a riot': Joseph Priestley and languages of Enlightenment in Birmingham in 1791". *Romanticism*, v.18, n.1, 2012, p.70-88.

Malone, John. *It Doesn't Take a Rocket Scientist*. Nova York, John Wiley & Sons, 2002.

Poirier, Jean-Pierre e R. Balinski. *Lavoisier: Chemist, Biologist, Economist*. Filadélfia, University of Pennsylvania Press, 1998.

Rose, R.B. "The Priestley Riots of 1791". *Past & Present*, v.18, n.1, 1960, p.68-88.

Interlúdio: Mais quente que Dickens (p.116-22)

Haight, Gordon. "Dickens and Lewes on spontaneous combustion". *Nineteenth-Century Fiction*, v.10, n.1, 1955, p.53-63.
Perkins, George. "Death by spontaneous combustion". *Dickensian*, v.60, n.342, 1964, p.57.
West, John. "Spontaneous combustion, Dickens, Lewes and Lavoisier". *Physiology*, v.9, n.6, 1994, p.276-8.

4. O milagroso gás do prazer (p.125-51)

Fenster, Julie. *Ether Day*. Nova York, Harper Perennial, 2002.
Holmes, Richard. *The Age of Wonder*. Nova York, Pantheon, 2009.
Jay, Mike. *The Atmosphere of Heaven*. New Haven, Yale University Press, 2009.

Interlúdio: Le Pétomane (p.152-8)

Moore, Alison. "The spectacular anus of Joseph Pujol". *French Cultural Studies*, v.24, n.1, 2013, p.27-43.
Nohain, Jean e F. Caradec. *Le Pétomane*. Londres, Souvenir Press, 1992.
Provine, Robert. *Curious Behavior*. Cambridge, Harvard University Press, 2012.
Suarez, F.L., J. Springfield e M.D. Levitt. "Identification of gases responsible for the odour of human flatus and evacuation of a device purported to reduce this odour". *Gut*, v.43, n.1, 1998, p.100-4.
Suarez, F.L., J.K. Furne, J. Springfield e M.D. Levitt. "Morning breath odor: influence of treatments on sulfur gases". *Journal of Dental Research*, v.79, n.10, 2000, p.1773-7.

5. Caos controlado (p.159-85)

Bown, Stephen. *A Most Damnable Invention*. Nova York, Thomas Dunne Books, 2005.
Marsden, Ben. *Watt's Perfect Engine*. Nova York, Columbia University Press, 2004.

Interlúdio: Preparando-se para enfrentar a tragédia (p.186-95)

Bessemer, Henry. *Sir Henry Bessemer, F.R.S.: An Autobiography*. Londres, Offices of Engineering, 1905.
Jeans, William. *The Creators of the Age of Steel*. Londres, Chapman and Hall, 1973.
Lewis, Peter e Ken Reynolds. "Forensic engineering: a reappraisal of the Tay Bridge disaster". *Interdisciplinary Science Reviews*, v.27, n.4, 2002, p.287-98.

6. Rumo ao céu (p.196-222)

Fisher, David. *Much Ado about (Practically) Nothing: A History of the Noble Gases*. Nova York, Oxford University Press, 2010.

Fontani, Marco, Mariagrazia Costa e Mary Virginia Orna. *The Lost Elements*. Nova York, Oxford University Press, 2014.

Gillispie, Charles Coulston. *The Montgolfier Brothers and the Invention of Aviation*. Princeton, Princeton University Press, 1983.

Holmes, Richard. *Falling Upwards: How We Took to the Air*. Nova York, Pantheon, 2013.

Wolfenden, John. "The noble gases and the periodic table". *Journal of Chemical Education*, v.46, n.9, 1969, p.569-75.

Interlúdio: Luzes da noite (p.223-8)

Dewdney, Christopher. *Acquainted with the Night*. Nova York, Bloomsbury, 2008.

Ekirch, A. Roger. *At Day's Close: Night in Times Past*. Nova York, W.W. Norton, 2006.

Tomory, Leslie. *Progressive Enlightenment*. Cambridge, MIT Press, 2012.

7. Os efeitos secundários da precipitação radioativa (p.231-57)

Boese, Alex. *Electrified Sheep*. Nova York, Thomas Dunne Books, 2012.

Mahaffey, James. *Atomic Accidents*. Nova York, Pegasus, 2015.

National Park Service. "The Archaelogy of the atomic bomb", caps.1, 2, 3 e 4; disponível em: http://www.nps.gov/parkhistory/online_books/swcrc/37/contents.htm; acesso em 4 nov 2015.

Rhodes, Richard. *The Making of the Atomic Bomb*. Nova York, Simon & Schuster, 1988.

Simon, Steven, André Bouville e Charles Land. "Fallout from nuclear weapons tests and cancer risks". *New Scientist*, v.94, n.1, 2006, p.48-56.

Smith-Norris, Martha. "'Only as dust in the face of the wind': an analysis of the Bravo nuclear incident in the Pacific, 1954". *Journal of American-East Asian Relations*, v.6, n.1, 1997, p.1-34.

Welsome, Eileen. *The Plutonium Files*. Nova York, Dial Press, 1999.

Winkler, Allan. *Life Under a Cloud*. Champaign, University of Illinois Press, 1999.

Interlúdio: Albert Einstein e a geladeira do povo (p.258-66)

Bryson, Bill. *A Short History of Nearly Everything*. Nova York, Broadway Books, 2004.

Dannen, Gene. "The Einstein-Szilard refrigerators". *Scientific American*, v.276, n.1, 1997, p.90-5.

Illy, József. *The Practical Einstein*. Baltimore, Johns Hopkins University Press, 2013.

Trainer, Matthew. "Albert Einstein's patents". *World Patent Information*, v.28, n.2, 2006, p.159-65.

8. Guerras meteorológicas (p.267-91)

Fleming, James R. "The climate engineers". *Wilson Quarterly*, primavera 2007, p.46-60.

Gleick, James. *Chaos*. Nova York, Penguin, 1987.

Langmuir, Irving. "Control of precipitation from cumulus clouds by various seeding techniques". *Science*, v.112, n.2898, 1950, p.35-41.

Lorenz, Edward. *The Essence of Chaos*. Seattle, University of Washington Press, 1995.

Interlúdio: Estrondos de Roswell (p.292-302)

McAndrew, James. "The Roswell Report". Air Force Historical Studies Division, 1995; disponível em: http://www.afhso.af.mil/shared/media/document/AFD-101027-030.pdf; acesso em 4 nov 2015.

Muller, Richard. *Physics for Future Presidents*. Nova York, W.W. Norton, 2009.

Pretor-Pinney, Gavin. *The Wave Watcher's Companion*. Nova York, Penguin, 2011.

9. Bancando os extraterrestres (p.303-25)

Bennett, Jeffrey. *Beyond UFOs*. Princeton, Princeton University Press, 2010.

Kasting, James e David Catling. "Evolution of a habitable planet". *Annual Review of Astronomy and Astrophysics*, v.41, n.1, 2003, p.429-63.

Créditos das figuras

p.25; 42: cortesia U.S. Forest Service.

p.45; 53: cortesia U.S. Geological Survey.

p.101; 133; 163; 172; 190; 213: cortesia Wellcome Trust.

p.232: cortesia Getty Images.

p.243: cortesia Los Alamos National Laboratory.

p.246: cortesia Departamento de Defesa dos Estados Unidos.

p.247: cortesia Biblioteca do Congresso dos Estados Unidos.

p.263: cortesia Los Alamos National Laboratory.

p.271: cortesia miSci – Museum of Innovation and Science.

p.293: cortesia coleção *Forth Worth Star-Telegram*, coleções especiais, Universidade do Texas nas bibliotecas Arlington.

p.300: cortesia Joe Nickell/*Skeptical Inquirer*.

p.309: cortesia Nasa.

p.338: cortesia National Archives.

Agradecimentos

Como as moléculas num suspiro, um sem-número de peças individuais teve de se reunir para tornar este livro possível, e eu mais uma vez fico maravilhado com quão generosos todos foram com sua ajuda. Algumas palavras numa página não são suficientes para expressar minha gratidão, e se deixei alguém fora desta lista, continuo grato, ainda que constrangido.

Para os entes queridos: agradeço ao meu pai por seu amor pela ciência e pelas grandes frases e à minha mãe pelas histórias que contava e por ser uma boa perdedora. (Acho que a provoquei em todos os livros até agora.) A cada ano me sinto mais afortunado por conhecer meus irmãos Ben e Becca, e foi uma delícia observar meus pequenos sobrinha e sobrinho, Penny e Harry, tornarem-se pessoas de verdade. Tanta coisa mudou com meus amigos em Washington, D.C., Dakota do Sul e outros lugares, mas através de casamentos, mudanças e tudo o mais, ainda compartilhamos os bons tempos.

Meu agente, Rick Broadhead, e meu editor, John Parsley, viram ambos quanto potencial tinha esta ideia e me ajudaram a moldar e refinar o livro do começo ao fim. *O último suspiro de César* não estaria aqui sem eles. Quero também agradecer a todos os demais dentro e em torno da Little, Brown que trabalharam comigo neste livro e em outros, inclusive Malin von Euler-Hogan, Chris Jerome, Michael Noon e Julie Ertl.

Finalmente, meus agradecimentos especiais aos muito, muito inteligentes cientistas e historiadores que contribuíram para capítulos e passagens individuais, seja dando mais substância a histórias, ajudando-me a localizar informação, seja oferecendo seu tempo para explicar alguma coisa. Eles são numerosos demais para que eu os arrole aqui, mas fiquem certos de que não me esqueci de sua ajuda…

Índice remissivo

Os números de página *em itálico* referem-se a ilustrações.

Este livro foi composto por Mari Taboada em Dante Pro 11,5/16
e impresso em papel offwhite 80g/m² e cartão triplex 250g/m²
por Geográfica Editora em julho de 2019.